高等职业教育教材

动物普通病

胡永灵　胡　辉　主编

中国轻工业出版社

图书在版编目（CIP）数据

动物普通病/胡永灵，胡辉主编. —北京：中国轻工业出版社，2026.1
高职高专“十二五”规划教材
ISBN 978-7-5019-8299-8

Ⅰ.①动… Ⅱ.①胡…②胡… Ⅲ.①动物疾病-诊疗-高等职业教育-教材 Ⅳ.①S85

中国版本图书馆 CIP 数据核字（2011）第 134255 号

责任编辑：贺　娜　　责任终审：劳国强　　封面设计：锋尚设计
版式设计：宋振全　　责任校对：杨　琳　　责任监印：张　可

出版发行：中国轻工业出版社（北京鲁谷东街 5 号，邮编：100040）
印　　刷：三河市万龙印装有限公司
经　　销：各地新华书店
版　　次：2026 年 1 月第 1 版第 5 次印刷
开　　本：720×1000　1/16　印张：17.5
字　　数：352 千字
书　　号：ISBN 978-7-5019-8299-8　定价：35.00 元
邮购电话：010-85119873
发行电话：010-85119832　010-85119912
网　　址：http://www.chlip.com.cn
Email：club@chlip.com.cn

如发现图书残缺请直接与我社邮购联系调换
252177J2C105ZBQ

《动物普通病》编委会

主　编　胡永灵　胡　辉

副主编　邱伟海　高德臣　成仲庚
　　　　白春杨　李旭红　杨兴东

编　者　（按姓名汉语拼音排列）
　　　　白春杨　黑龙江农垦科技职业学院
　　　　成仲庚　娄底职业技术学院
　　　　高德臣　辽宁职业学院
　　　　胡　辉　怀化职业技术学院
　　　　胡永灵　湖南环境生物职业技术学院
　　　　李旭红　岳阳职业技术学院
　　　　罗世民　怀化职业技术学院
　　　　邱伟海　湖南环境生物职业技术学院
　　　　杨兴东　周口职业技术学院
　　　　张传师　重庆三峡职业学院
　　　　张冬波　辽宁职业学院
　　　　张保平　常德职业技术学院
　　　　郑印焕　辽宁抚顺市农业特产学校
　　　　周克冰　衡阳技师学院
　　　　朱宏兵　池州职业技术学院

主　审　袁　慧　湖南农业大学　教授

前　言

随着我国畜牧兽医事业的不断发展，我国的兽医定位也在不断发生深刻的变化，由最初的服务役用动物为主转移到以服务食用动物为主。而目前以及未来兽医要解决的问题，除了继续保障畜牧业的健康，更重要的是保证动物性食品链的质量与安全；此外野生动物的保护、特种经济动物的大量养殖、城市伴侣动物的饲养量显著增加，以及未来竞技动物的职业化，都将是兽医服务内容的延伸。为兽医包括城市兽医开辟了一个较大的临床服务领域。因此，必须及时更新动物普通病课程的教学内容，以适应当前畜牧兽医发展的形势。

本教材的编写是在同类教材的基础上，为适应现代畜牧业的发展和宠物医学的需要，相应增加了犬、猫、禽等动物常见病、多发病与动物新发病。紧跟生产实际，注重实用价值与新技术。为配合当前高职院校学生参加全国执业兽医资格考试的需要，教材在编辑过程中除按现行教学大纲要求外，还参考了当前全国执业兽医资格考试大纲。另外在编写范围与深浅度方面充分征求了同行及部分学生的意见。力求符合当前以及未来动物普通病课程教学的实际需要。

本教材由胡永灵、胡辉主编，胡永灵、邱伟海、胡辉、高德臣、成仲庚、白春杨、杨兴东担任主要的编写工作。由李旭红、张冬波、张传师、张保平、朱宏兵、周克冰、郑印焕担任部分编写与校稿工作，具体分工见各章后。本教材由湖南农业大学袁慧教授审稿。

本教材在编写过程中参考了同行的部分相关资料，在此向参考文献的作者一并表示诚挚的谢意。

由于编写时间仓促，编者水平有限，书中不妥之处在所难免，恳请专家、同仁批评指正，也欢迎广大读者提出宝贵意见。

编　者

2011 年 5 月

目　录

第一篇　内科疾病

第二篇　外科与外科手术

第三篇　产 科 疾 病

第四篇　动物普通病综合实训

第一篇　内科疾病

第一章　心血管系统疾病

知识目标

- 掌握心血管系统疾病的病因、症状、诊断与防治。
- 熟知心血管系统疾病的发病机理。

技能目标

- 熟练地进行心力衰竭的诊断、治疗。
- 熟练地进行心包疾病的诊断、治疗。
- 熟练地进行贫血的诊断、治疗。

第一节　概　　述

血液循环过程中，心脏的正常节律性搏动，具有泵功能作用；血管则是血液周流的管道，血液借助于血压在血管内周流，将氧气、营养物质和生理活性物质运送至全身，同时把二氧化碳、组织代谢产物带出体外。此外，微循环能调节器官的血流量，维持循环血量，稳定血压和进行物质交换。本系统的两个机能单位——心脏和血管，都能单独衰竭而产生心力衰竭和血管衰竭。

心血管疾病，特别是心脏疾病，大多继发或并发于许多传染性疾病、普通病、中毒性疾病或微量元素缺乏等过程中，饲养管理不当或使役不合理，也可引发心力衰竭和循环虚脱。马属动物的心血管病，常因无法挽救而死亡。因此在做任何系统疾病检查时，必须注意血液循环状态的检查，以及早发现异常，采取预防和治疗措施，避免造成经济损失。

在临床诊断血液循环系统疾病时，一般要检查血液形态学和进行血液理化学状态的测定；在治疗血液循环系统疾病时常采用止血、泻血、输血等方法。

第二节 心血管疾病

一、心力衰竭

心力衰竭，指心肌收缩力减弱或衰竭，心脏排血量减少，动脉压降低，静脉回流受阻等而呈现全身血液循环障碍的疾病。心力衰竭既是一个独立的疾病又是一种临床症状。马和犬多发。

根据病程分为急性和慢性心力衰竭两种类型，其病因可分为原发性和继发性两种。

1. 病因

（1）急性原发性心力衰竭 因使役过度和不当，长期闲置的家畜，突然使役时间过长或过重；或因静脉输液量超过心脏的最大负荷、尤其是过快地注射对心肌有较强刺激性药液，如钙制剂等。

（2）急性继发性心力衰竭 多继发于急性传染病，如马传染性贫血、传染性胸膜肺炎、口蹄疫、猪瘟以及某些内科疾病，如各种急性心脏疾病、胃肠炎、肠便秘、日射病、寄生虫病（如弓形体病）和各种中毒性疾病的经过中，这多由于病原菌或毒素直接侵害心肌所致。

（3）慢性心力衰竭 又称充血性心力衰竭，常继发或并发于心脏本身的各种疾病，如心包炎、心肌炎、慢性心内膜炎，以及血液循环障碍的某些慢性疾病，如慢性肺泡气肿和慢性肾炎等。

2. 症状

（1）急性心力衰竭 病初，畜精神沉郁，食欲不振，使役或运动中容易疲劳、出汗（马），呼吸加快，肺泡呼吸音增强，可视黏膜轻度发绀，体表静脉怒张，第一心音增强，脉搏细数，马可增至80 次/min 以上，有时出现心内性杂音。病情发展急剧时，黏膜高度发绀，体表静脉怒张，呼吸高度困难。胸部听诊有广泛啰音；两侧鼻孔流出带泡沫状鼻液，脉搏明显增强。第一心音极为高朗，常带有金属音，脉搏加快可达 100 次/min 以上，伴发阵发性心动过速；脉性细弱，脉不感手。有的倒地痉挛，体温降低。

（2）慢性心力衰竭 病情发展缓慢，病程长达数周、数月，心脏机能从正常发展到心力衰竭要经过一段代偿过程。除精神沉郁和食欲减退外，不耐使役，易于疲劳、出汗。黏膜发绀，体表静脉怒张。垂皮、腹下和四肢水肿；触诊有捏面粉样感觉，无热无痛。患畜经一夜驻立后，腹下出现局限性水肿。心音减弱，脉数增多，脉性微弱，经常出现机能性杂音，心脏叩诊浊音界扩大。

心力衰竭，特别是右心衰竭，静脉淤血，除发生胸、腹腔和心包腔积液外常引起脑、胃肠、肝、肺和肾脏等实质器官的淤血。

3. 诊断

主要根据发病原因，静脉怒张，脉搏增数，呼吸困难，胸前水肿以及心、肺听诊与叩诊等临床特征，进行综合分析，建立诊断。同时要注意急性或慢性，原发性或继发性的鉴别诊断。

4. 治疗

（1）首先让病畜安静休息　症状较轻的急性心力衰竭患畜，只要适当休息，饲喂柔软易于消化的富含营养的草料等，不用药物治疗也可康复。

（2）减轻心脏负担　根据病畜体质，静脉淤血程度以及心音、脉搏强弱，酌情放血 1 000 ~ 2 000mL（贫血病畜不要放血），随后静脉缓慢注射 20% ~ 25% 葡萄糖溶液 500 ~ 1 000mL，增强心脏机能，改善心肌营养。

（3）增强心脏收缩力和排血量　应用各种强心药。当心搏动过速（100 次/min 以上）伴发静脉淤血、水肿的慢性心力衰竭患畜，宜用洋地黄类强心药，还可应用安钠咖、复方奎宁注射液。

（4）对症疗法　急性心力衰竭患畜，心搏动强盛，胸壁震动，可应用镇静剂如安溴注射液 50 ~ 100mL，静脉注射（马、牛）。对慢性心力衰竭患畜，出现消化不良时，可根据病情适当地应用缓泻剂和健胃剂内服；出现水肿而尿量过少的患畜，可应用利尿药治疗。

（5）辅助治疗　当心力衰竭时，心肌组织代谢能量显著增加，故宜用葡萄糖来改善心肌代谢。临床上多用三磷酸腺苷、辅酶 A、细胞色素 C、B 族维生素和葡萄糖等能量合剂，作为辅助治疗，其疗效较为理想。

二、心 包 炎

心包炎是指心包的炎症。以心区疼痛，心包摩擦音或拍水音，心浊音区扩大为特征。根据病情分为原发性心包炎和继发性心包炎，根据病程可分为急性心包炎和慢性心包炎。心包炎多发生于牛、猪。

1. 病因

急性传染性心包炎，临床上多为继发或并发性；慢性传染性心包炎，可以由急性心包炎演变而来，也有并发于各种慢性传染病，如肺结核、马鼻疽等；非传染性心包炎主要诱发于某些内科疾病，如肺炎、化脓性胸膜炎、心肌炎，维生素缺乏症，矿物质代谢病的经过中。

牛采食混杂尖锐异物的饲料，前胃过度充满和腹压急剧增高时，致使尖锐异物从网胃穿透膈肌或刺伤心包而发病。

2. 症状

病初，眼结膜充血、潮红，当静脉发生淤血时，眼结膜发绀，有时呈现黄染。心搏动开始亢进，之后由于心包内渗出液的积聚或纤维蛋白的沉积，则心搏动减弱，触诊心区有痛性反应。

病初，心音增强，高朗的心音随病势而发展，心包内有浆液性渗出液，腐败性气体产生，摩擦音消失，呈现心包拍水音或金属音。叩诊心区浊音界扩大，上方有时与肩关节水平线同高，后方可达 7 ~ 8 肋间。若有腐败性气体时，在其浊音界的上方可出现鼓音或浊鼓音。脉搏从病初起就疾速，增至 100 次/min 以上，多者还可达 120 次/min 左右。脉性先充实，后微弱细小，不感手，也可发生节律不齐。

当病程超过 1 ~ 2 周后，静脉怒张，颈静脉搏动明显，患牛下颌间和垂皮等处也先后发生水肿。

呼吸浅表、疾速，腹式呼吸较为明显，即使轻微的运动，易于出现呼吸迫促，甚至发生呼吸困难。在病的后期，呼吸困难更为严重。有时伴发痛性咳嗽，并且听到各种啰音。消化系统的机能紊乱，先便秘，继而下痢。患畜消瘦，脱水。

体温升高，病初达 39 ~ 40℃，有时达 41℃以上。热型有时呈稽留热，有时呈弛张热。当病程延续过久，体温可下降到常温。脉搏增减与体温升降不相适应(分离现象)，这也是本病的重要症状之一。

创伤性心包炎多发生于创伤性网胃炎之后。表现顽固性前胃弛缓，运步小心、谨慎，不安；驻立或卧下时发生磨牙、呻吟等疼痛表现。食欲时好时坏，异食，反刍缓慢无力或停止。瘤胃蠕动减弱，甚至消失。反复发生轻度膨胀。强行走动则出现愿走上坡、软路，不愿走下坡、硬路。站立时企图保持前躯高位而后躯低位的姿势，患牛的肩部、肘关节和臀部肌肉也往往发生震颤。

3. 诊断

根据病史，心区有压痛反应、心包摩擦音或拍水音，心区浊音界扩大、颈静脉怒张呈索状，颌下间隙和垂皮等处水肿，以及血液学变化等，一般可以作出诊断。还可依据心包穿刺液检验，金属探测器等方法确诊。

4. 治疗

急性心包炎初期，避免剧烈运动和使役，除试用安钠咖、咖啡因和盐类泻剂，同时配合使用抗生素和磺胺药，结合治疗原发性疾病。

慢性心包炎，尤其是牛创伤性心包炎，目前还没有特效药，应及时淘汰。

三、急性心肌炎

急性心肌炎是伴发心肌兴奋性升高和心肌收缩机能减弱为特征的心脏肌肉炎症。根据炎症性质分为化脓性心肌炎和非化脓性心肌炎，按侵害组织分为实质性心肌炎和间质性心肌炎，按病情分为急性和慢性，临床上以急性心肌炎最为常见。

1. 病因

急性心肌炎多继（并）发于传染性病、脓毒败血症和中毒性疾病，很少单独发生。

此外，风湿病的发生过程中也有心肌炎发生。

2. 症状

急性非化脓性心肌炎多以心肌兴奋的症状开始，表现为脉搏疾速而充实，心搏动亢进，心音高朗。当患畜稍作运动后，心搏动加快，即使运动停止，仍可持续较长时间。这种心肌机能的反应现象，是确诊本病的依据之一。不过在临床上常被某些原发病或并发病的主要症状所掩盖。

在心肌细胞变性为特征的心肌炎，又多以心力衰竭为主，表现为脉搏增速和交替脉。有时第一心音强盛、伴有浑浊或分裂；第二心音显著减弱，多伴发缩期性杂音，其原因是心脏扩张、房室孔相对闭锁不全所致。

在心脏代偿能力丧失时，呈现黏膜发绀，呼吸高度困难，体表静脉怒张和颌下、垂皮和四肢下端水肿等症状。

脉搏于病的初期呈紧张、充实，随病势的发展，脉性变化显著，心跳与脉搏非常不相称，心跳强盛而脉搏甚微。当心肌病变严重时，出现明显地期前收缩，心律不齐。

3. 诊断

本病继发于多种传染病和中毒病。在原发病的基础上出现心动过速、心率增数与体温升高不相适应、心律异常、心音分裂、心浊音区扩大、相对闭锁不全性杂音、循环障碍等症状，即可做出诊断。

4. 治疗

治疗原则：主要在于减少心脏负担，增加心脏营养，提高心脏收缩机能和防治其原发病等。

治疗措施：给予良好地护理，避免过度的兴奋和运动。多次少量地饲喂易消化而且富有营养和维生素的饲料，并限制过多饮水。治疗应针对其原发病，可应用磺胺类药物、抗生素、血清和疫苗等特异性疗法。

四、外周循环衰竭

外周循环衰竭又称循环虚脱，是血管舒缩功能紊乱（称为血管性衰竭）或血容量不足（称为血液性衰竭）引起心排血量减少，组织灌注不良的一系列全身性病理综合征。临床特征为心动过速、血压下降、体温降低、末梢部厥冷、浅表静脉塌陷、肌肉无力乃至昏迷和痉挛。

1. 病因

（1）血容量突然减少　大手术失血过多，肝、脾等内脏破裂，胃肠道疾病较严重时引起的呕吐和腹泻等导致严重脱水，大面积烧伤使血浆大量丧失，中毒过程中引起脱水，各类型的心脏病等。

（2）剧痛和神经损伤　手术、外伤和其他伴有剧烈疼痛的疾病，脑脊髓损伤，麻醉意外等使交感神经兴奋或血管运动中枢麻痹，周围血管扩张，血容量相对降低。

（3）严重中毒和感染　出血性败血症，脓毒血症，穿孔性急性腹膜炎，大叶性肺炎，流行性脑炎以及感染创等。其中各种细菌毒素，特别是革兰氏阴性细菌，肠道细菌内毒素的侵害，以及霉形体、病毒、血液原虫、溶血性大肠杆菌、金黄色葡萄球菌，或继发感染等过程中。

（4）过敏反应　注射血清和其他生物制剂，使用青霉素、磺胺类药物产生的过敏反应。

2. 症状

病初，轻度兴奋，烦躁不安，出汗，耳尖、鼻端和四肢下端发凉，黏膜苍白，口干舌红，心率加快，脉搏快弱，气促喘粗，四肢与下腹部轻度发绀，显示花斑纹状，呈玫瑰紫色，少尿或无尿。

中期，随着病情的发展，病畜精神沉郁，反应迟钝，甚至昏睡，血压下降，脉搏微弱，心音浑浊，呼吸疾速，节律不齐，站立不稳，步态踉跄，体温下降，肌肉震颤，黏膜发绀，眼球下陷，全身冷汗粘手，反射机能减退或消失，病势垂危。

后期，血液停滞，血浆外渗，血液浓缩，血压急剧下降，微循环衰竭，第一心音增强，第二心音微弱，甚至消失。脉搏短缺。呼吸浅表疾速，后期出现陈-施二氏呼吸或间断性呼吸，呈现窒息状态。

3. 诊断

根据病史，结合临床表现可以作出诊断。有时具有循环衰竭迹象而查不出心脏异常，但根据存在已知的原发性病因作出诊断，应注意原发性病因所引起的特殊症状，从而确诊。

4. 治疗

治疗原则：补充血容量，纠正酸中毒，调整血管舒缩机能，保护重要脏器的功能，及时采用抗凝血治疗。

①补充血容量：常用乳酸钠林格氏液（0.167mol/L 乳酸钠与林格氏液按1∶2混合）作为平衡电解质溶液，静脉注射，同时给予10%低分子右旋糖酐溶液1 500~3 000mL，也可注射5%葡萄糖生理盐水，生理盐水，葡萄糖溶液等。

②纠正酸中毒：用5%碳酸氢钠注射液，牛、马1 000~1 500mL，猪、羊100~200mL 静脉注射；或用11.2%乳酸钠溶液，牛、马300~500mL，与5%葡萄糖生理盐水500~1 000mL一起静脉注射。

③调整血管舒缩机能：使用α-肾上腺素能受体阻滞剂（氯丙嗪，苄胺唑啉）、β-肾上腺素能受体兴奋剂（异丙肾上腺素，多巴胺）、抗胆碱能药（山莨菪碱，阿托品）等扩张血管药较佳。

④保护脏器功能：对处于昏迷状态且伴发脑水肿的病畜，为降低颅内压，可

用20%甘露醇注射液，马、牛1 000～2 000mL，猪、羊100～250mL，静脉注射，每隔6～8h重复注射一次。当出现陈－施二氏呼吸时，可用25%尼可刹米注射液，马、牛10～15mL，猪、羊1～4mL，皮下注射。当肾功能衰竭时，给予双氢克尿噻，马、牛0.5～2.0g；猪、羊0.05～0.1g；犬25～50mg，内服。此外，还应考虑应用三磷酸腺苷、细胞色素C、辅酶A、肌苷等制剂。

⑤抗凝血：为了减少微血栓的形成，可用肝素0.5～1.0mg/kg体重，溶于5%葡萄糖溶液内静脉注射，每4～6h一次。同时应用丹参注射液效果更佳。

第三节　血液及造血器官疾病

一、贫　血

贫血是指循环血液的单位容积中红细胞数、血红蛋白量和红细胞压积值低于正常水平的综合征。也是临床上一种最常见的病理状态，主要表现是皮肤和可视黏膜苍白，由组织缺氧而产生的各种症状。贫血不是独立的疾病，而是一种症状。

1. 病因

贫血的分类方法很多，根据病因可分为：

（1）出血性贫血　急性出血见于血管破裂，内脏出血，如肝、脾破裂；某些中毒病，如鼠药中毒。慢性出血见于胃溃疡，体腔及组织有出血性肿瘤及胃肠寄生虫。

（2）溶血性贫血　凡是以溶血为主的疾病，如马传染性、寄生虫病、中毒病及抗原抗体反应（新生幼畜溶血病、不相符血型输血）都表现溶血性贫血。

（3）再生障碍性贫血　造血器官，即骨髓受到放射性损伤，羊齿类植物中毒及氯霉素过敏而发生的贫血。

（4）营养性贫血　由于造血原料供应不足所引起的贫血，其中包括微量元素缺乏、维生素及蛋白质缺乏。具体病因详见仔猪营养性贫血。

2. 症状

（1）急性出血性贫血　症状根据机体状态，出血量的多少及出血时间的长短，其临床表现也不一致。

轻微出血时，病畜表现衰弱无力，常呆立，四肢叉开，运步不稳。严重时，常发生休克。有时发生呕吐，视力减弱，肌肉痉挛和可视黏膜苍白。体温降低，皮肤干燥且松弛，排出黏稠的冷汗，四肢厥冷。有的排尿失禁，瞳孔散大，反应迟钝。食欲消失，饮欲增加。

当大量失血时，皮肤及可视黏膜苍白。脉搏细弱，心音微弱，心脏听诊时可听到缩期杂音。气喘，呼吸加快。

血液学变化：血液变为稀薄，红细胞数及血红蛋白量降低，血沉加快。

（2）慢性出血性贫血　初期，症状不明显，呈渐进性消瘦及衰弱，严重时可视黏膜苍白，机体衰弱无力，精神不振，嗜眠；血压降低，脉搏快而弱，轻微运动时脉搏显著加快，呼吸快而浅表；心脏听诊时，心音低沉而弱，通常可听到有吹壶样的心内杂音，心浊音区扩大；由于脑贫血和氧化不全产物中毒，出现晕厥、视力障碍、嗳气、呕吐和膈肌痉挛性收缩；严重时，在胸腹部、下颌间隙以及四肢末端出现水肿；体腔内积液，经常下痢，最终因体力衰竭而死亡。

血液学变化：长时间的慢性出血性贫血时，血液中出现幼稚型红细胞，网织红细胞增多。血液相对密度降低，血沉加快。

（3）溶血性贫血　可视黏膜和皮肤苍白、黄染；脾脏肿大且敏感；心跳加速，喘气，运动无力；严重时出现血红蛋白尿；各种原因所引起的溶血性贫血，都伴有原发病的固有症状，可参考各有关疾病。

血液学变化：血清呈金黄色，红细胞减少，且大小不等，网状红细胞增多，血小板降低。

（4）再生障碍性贫血　可视黏膜及皮肤苍白，周期性出血，机体衰弱，易疲劳，气喘，心动过速。

当机体发生感染时，则体温升高，皮肤发生局部坏死等症状。

血液学变化：血液中红细胞减少，同时血红蛋白量也降低，再生型的红细胞几乎完全消失。当有红细胞大小不均症时，细胞分类的特征是嗜中性粒细胞减少，淋巴细胞相对减少，在血液中有时出现骨髓系统的不成熟的细胞和非典型的组织细胞，血小板减少，血沉加快。

3. 诊断

（1）急性出血性贫血　主要根据临床症状及发病情况做出诊断，但对内出血所造成的贫血必须细致的全面检查才能做出诊断。内出血最具诊断价值的是进行腹腔穿刺看是否有血液。

（2）慢性出血性贫血　根据原发病及出血的原因，临床症状，血液学变化，慢性外部出血时，临床上容易确诊。

（3）溶血性贫血　根据原发病，结合临床特征进行综合分析。临床上有贫血及黄疸，血清呈金黄色，尿胆素增加。在血液学方面，红细胞减少、大小不等，尤其是网状红细胞增多等，可以确诊。

（4）再生障碍性贫血　根据临床症状，结合血液学检查的结果，可以初步诊断，但最好进行骨髓穿刺，从骨髓象的观察，可以确诊。

4. 治疗

（1）急性出血性贫血　治疗原则是立即止血，增加血容量，抢救休克和补充造血物质等。

①止血：体外出血时，具有损伤且能找到出血的血管时，可用外科止血方法

进行结扎或压迫止血。如果效果不佳，可进行电热烧烙止血；全身止血可选用5%安络血注射液，止血敏，4%维生素 K_3 注射液。

②输血：少量输血（以同种相合血液），静脉缓慢注射，可加强血液凝固，根据条件可大量输血对治疗出血性贫血疾病是最好的方法（既有止血作用，又能补充血容量），最大输血量不超过16mL/kg体重血液。

③输液：应用高渗葡萄糖溶液等可补充血液量。10%葡萄糖，马、牛500～1 000mL，猪、羊250～500mL，静脉注射。

④补充造血物质：硫酸亚铁，马、牛2～10g，猪、羊0.5～2g，内服；枸橼酸铁，马、牛5～10g，猪1～2g，内服，2～3次/d；维生素 B_{12} 等肌内注射。

（2）慢性出血性贫血　治疗原则是止血，加强饲养管理，补充造血物质等。

（3）溶血性贫血　治疗原则是消除原发病，给予易消化营养丰富的饲料，排除毒物，输血换血。

其他治疗方法参照急性出血性贫血的治疗。

（4）再生障碍性贫血　治疗原则是加强饲养，消除发病因素，提高造血机能，补充血液量。

尽可能找出致病因素，提高造血机能，睾酮类具有刺激骨髓新生细胞的作用，丙酸睾酮，马、牛0.1～0.3g，猪、羊0.1g，肌内注射，1次/（2～3d）。或氟羟甲睾酮，马、牛0.1～0.3g，肌内注射，1次/（2～3d）；氯化钴，牛0.5g，羊0.1g，内服；有感染时可选用广谱抗生素，但不可以用抑制骨髓的氯霉素及合霉素等。

附　仔猪营养性贫血

由于铁缺乏而影响血红蛋白的生成而发生的贫血，又称为缺铁性贫血。地区性群发，其主要危害是严重影响生长发育。

正常、刚出生（前3d）的仔猪是不贫血的，出生后血液则逐渐下降，至8～10d时最低，仅有4～5g。而仔猪对血的需要与日俱增，机体贮存的铁和母乳中的铁在出生后第3d都不能满足仔猪的生长发育需要，如果不补充外源性铁剂就会引起贫血。圈养猪舍建筑的地面用水泥或石板，使仔猪出生后就不能与土壤接触，从而或多或少地丧失了对铁的摄取来源。

出生后5～7d时出现贫血症状，皮肤及可视黏膜苍白，心搏增快。仔猪活力显著下降，吮乳能力下降。仔猪发生营养不良，机体衰弱，精神不振，被毛粗乱，皮肤有皱褶，影响生长发育，仔猪极度消瘦。消化系统发生障碍，出现周期性腹泻及便秘，腹部卷缩，其体形呈两头尖的橄榄形猪。

血液学变化：血红蛋白量下降，红细胞数不变。

根据饲养环境条件及仔猪日龄大小等特点，还根据临床表现及血液学变化等特征，如血红蛋白量显著减少，随后红细胞数量也下降，不难诊断。

本病补充铁剂有疗效。常用硫酸亚铁 2.5g、氯化钴 2.5g，常水 1 000mL 溶解，按 0.25mL/kg 体重，每日一次灌服，连用 7~14d。或 2.5% 右旋糖酐铁注射液，出生后 2~3d 的仔猪一次肌内注射 1~2mL。

二、白 血 病

本病是造血系统的恶性肿瘤，其特征是骨髓中有广泛的优质白细胞（白血病细胞）增生，并进入血液、浸润破坏其他组织。本病根据增生的细胞不同，可分为骨髓性白血病（粒细胞性白血病）、淋巴性白血病（淋巴细胞性白血病）和单核细胞性白血病（网状内皮组织增生症）；根据病程不同可分为急性白血病和慢性白血病；根据血液中白细胞多少分为白血性白血病（白细胞明显增多）和非白血性白血病（白细胞减少）。

1. 病因

目前尚不明确，多认为与病毒感染、免疫缺陷和遗传因素有关。

2. 症状

（1）粒细胞性白血病　多见于 1~3 岁犬。表现为食欲不振，体温升高，严重贫血，呕吐，腹泻，饮欲增加，多尿，肝、脾、淋巴结肿大，病程超过 1 个月，多属预后不良。

血象检查：白细胞计数逐渐增高，淋巴细胞的比例急剧降低，而单核细胞有所增加。

骨髓象检查：幼稚粒细胞和各种未成熟的粒细胞显著增加，涂片上可见大量的不成熟和不正常的嗜中性粒细胞。骨髓中的其他成分，如幼红细胞系和单核细胞系均被这种异常原始细胞所取代。

（2）淋巴性白血病　多见于 4 岁以下的青年犬，猫发生较少。患犬、猫表现为精神沉郁，食欲不振，消瘦，呼吸急促或轻度呼吸困难，体表淋巴结肿大，并出现跛行，呕吐，腹泻，皮下组织形成多发性小结节，腹水增多。腹部触诊，脾肿大。剖检肠系膜淋巴结有肿瘤块。

血象检查：红细胞减少，呈轻度低色素性贫血，多染性红细胞和幼稚红细胞增加。白细胞总数高达 3 万~6 万，个别犬、猫白细胞正常或减少。在白细胞分类上，淋巴细胞增加。

骨髓象检查：多数病犬、猫出现异型淋巴细胞和大量幼稚淋巴细胞。

（3）单核细胞性白血病　表现为精神沉郁，食欲废绝，可视黏膜苍白，发热，咳嗽，扁桃体肿大，体表淋巴结和脾脏肿大。

血象检查：红细胞轻度减少，白细胞中度或高度增加，最高达8万。单核细胞增加，出现大量各分化过程的单核细胞。

骨髓象检查：可见未分化和分化型的各种单核细胞增生。

3. 诊断

本病主要根据临床症状和血象与骨髓象检查来确诊。

4. 治疗

尚无可靠治疗方法。主要是采取支持疗法控制病情，延长生命。

（1）抗肿瘤药物。甲氨蝶啶0.3～0.8mg/kg体重，静脉注射，每周一次。

（2）环磷酰胺2.0mg/kg体重，连日口服；或1.0mg/kg体重，静脉注射，每周一次。

（3）阿糖胞苷2～5mg/kg体重，静脉注射，每日一次，连用5～7d。

（4）口服或皮下注射泼尼松、氟美松等药物。上述药物并用效果更好。根据病情，投予蛋白合成激素，强心、保肝，给予维生素等，也可注射卡介苗等免疫增强剂，以增强机体的免疫力。

三、犬血友病

本病是一组遗传性血液凝固障碍性疾病，主要特征为易出血，常见于雄性犬。

1. 病因

血友病分为A、B两型，分别为第Ⅷ凝血因子和第Ⅸ凝血因子先天缺乏。如果其中某一因子缺乏，就会使凝血酶原激活物的形成发生障碍，凝血酶原形成凝血酶就会延缓，以致纤维蛋白的形成发生障碍。因此，患犬血液凝固时间延长，轻度创伤或手术后容易出血。

本病为不完全X染色体隐性遗传。患此病的犬与正常母犬交配所生的雌性仔犬全部是杂合子的隐性遗传犬，而雄性仔犬正常。隐性遗传犬再与正常犬交配所生仔犬中，雄性仔犬有1/2患病、雌性仔犬有1/2为隐性遗传犬。据报道，发生本病的几乎都是纯种犬，如爱尔兰犬、小型苏格兰牧羊犬等，杂种犬偶有发生。

2. 症状

本病的出血症状与病犬的第Ⅷ因子和第Ⅸ因子活性降低的程度基本一致。

轻症型，多见于断尾或手术后异常出血；重症型，多见于轻度外伤或碰撞，易引起严重出血和皮下血肿。常见于关节内出血、肌肉血肿、永久齿长出时从齿龈部出血等。

3. 诊断

根据临床特征、家族史及实验室检查可以确诊。

4. 治疗

无可靠的根治方法。主要以补充缺乏的凝血因子和对出血症状进行治疗为主。为此，最有效的是输健康犬的全血。第Ⅷ因子不稳定，所以血友病 A 需要输新鲜血。依贫血程度可用新鲜或冻融血浆。第Ⅸ因子较稳定，输储存的血液效果尚好。

（胡永灵　张冬波　周克冰）

复习思考题

一、问答题

1. 贫血按其发生的原因可分为哪几种？各常见于哪些原因？

2. 引起仔猪营养性贫血发生的原因有哪些？

3. 心力衰竭的诊断要点有哪些？

二、病例分析题

1. 某户养一宠物犬，近期食欲降低，咳嗽，流鼻液，体温基本正常。到门诊诊治，静脉输入 5% 葡萄糖配合抗生素，静脉滴注速度为 250 滴/min，输液过程中突然死亡。

试问：根据以上症状资料，你怀疑犬得了什么病？

2. 某种猪场，一栋猪舍的仔猪近期相继出现急性死亡现象。该猪舍的母猪曾经得过口蹄疫，仔猪精神高度沉郁，全身虚弱无力，运步踉跄，可视黏膜高度发绀，呼吸高度困难。听诊第一心音强盛，第二心音微弱。

试问：根据以上症状资料，你怀疑仔猪得了什么病？

第二章　消化系统疾病

知识目标

- 掌握幼畜消化不良的发病特点、预防和治疗。
- 掌握反刍动物胃肠道疾病的病因、症状、诊断、治疗和预防。
- 了解口、咽、食管疾病病因、治疗和预防。

技能目标

- 熟练地进行反刍动物胃肠道疾病的诊断、治疗。
- 熟练地进行幼畜消化不良、胃肠炎的诊断与治疗。

第一节　口、咽及食道疾病

一、口　炎

口炎是口腔黏膜炎症的总称，包括舌炎、腭炎和齿龈炎。按其炎症的性质可分为卡他性口炎、化脓性口炎、水泡性口炎、溃疡性口炎、真菌性口炎、中毒性口炎等类型。

1. 病因

口炎的类型不同，其病因也不一样。主要是受到机械性、物理性、化学性和病原微生物等因素刺激、侵害而引起。机械性因素引起的有采食过多有芒刺的饲草，饲料中混有尖锐物（如玻璃片、钉子等）和剪牙方法不正确；物理性因素引起的有采食过热的饲料（主要为猪、犬）；化学性因素引起的有误食高浓度的刺激性化学药物（主要有消毒药水、酸、碱等）和一些中毒性疾病；病原微生物因素引起的主要有口蹄疫、猪水疱病、牛传染性口炎、痘病病毒等。

2. 症状

任何类型的口炎，初期都表现为口腔黏膜红肿、热痛、敏感，口腔流涎、口温增高，咀嚼障碍，拒绝检查口腔等症。但由于口炎的性质不一样，临床症状也不一样。

（1）卡他性口炎　口腔黏膜有弥漫性的或斑点（块）性的潮红。硬腭肿胀，口温增高，舌面常有灰黄色或黄白色的舌苔，采食和咀嚼小心、缓慢，流涎，唇部有散在小结节或烂斑，或鼻镜干燥等。

（2）水泡性口炎　唇的内侧面、硬腭、口角、舌面和牙龈黏膜上有散在米粒大小或蚕豆大小透明水疱。3～4d 破溃形成红色烂斑，口腔流涎明显、咀嚼困难，有的5~6d后痊愈，有的发展为表现全身症状。

（3）溃疡性口炎　多为食肉性家畜，犬最为常见。病畜口腔黏膜和齿龈部分肿胀，呈暗红色，易出血。1~2d后形成淡黄色糜烂、坏死或溃疡面，散发出腐败性腥臭味，流涎中带有血丝，多伴有全身症状。

（4）真菌性口炎　口腔黏膜上柔软、灰白色稍隆起的斑点，主要见于猫和家禽口炎的初期，口腔黏膜白色或灰白色小斑点逐渐扩大为黄色或灰白色伪膜。剥离假膜，现红色烂斑。而且容易出血，末期假膜脱落后自然康复。

3. 诊断

根据临床症状，通过发病过程调查、实验室诊断，结合病因及特征分析进行诊断。但应注意与牛传染性水泡性口炎、口蹄疫、牛恶性卡他热、牛瘟、猪水泡病等传染性病鉴别诊断。

4. 治疗

治疗原则：清除病因、净化口腔、收敛消炎、加强护理。首先确定病因，继发性口炎，应先治疗原发病，细菌性口炎应选择抗生素治疗，真菌性口炎用合霉素。

口炎初期，可用弱酸消毒收敛液冲洗口腔，3~4次/d。炎症轻时，可用1%食盐水或2%的硼酸水洗涤口腔；炎症严重而有口臭时，用0.1%的高锰酸钾或0.1%雷佛奴尔洗涤液；唾液分泌旺盛时可用2%~4%硼酸溶液，1%~2%明矾或鞣酸溶液洗涤，或涂2%紫药水。口服溶菌酶10万U/次，3~4次/d。

慢性口炎时，可涂1%~2%蛋白银溶液或0.2%~0.5%硝酸银溶液。

水泡性口炎、溃疡性口炎、真菌性口炎时，先用2%~4%硼酸溶液洗涤口腔外，在溃疡面上涂碘甘油或者1%磺胺甘油乳剂。

病情严重者，应用抗生素及磺胺类药物，并给予维生素配合治疗。

二、咽　　炎

咽炎是指咽部黏膜、软腭、扁桃体（淋巴滤腺）及深层组织炎症的总称。按病程分为急性型和慢性型；按炎症性质分为卡他性咽炎、蜂窝组织性咽炎和鲁布氏性咽炎。临床上常把咽炎作为一种临床症状，多出现在马腺疫、口蹄疫、犬瘟热等疾病的发病过程中。

1. 病因

（1）原发性主要病因　多由于饲料中的芒刺、异物等机械性刺激，气候突变、夜间寒潮、皮肤受冷、饮用冷水导致感冒后发生，黏膜受酸、碱等化学性刺激，当应激、机体抵抗力下降，链球菌、大肠杆菌、巴氏杆菌、坏死杆菌等条件性致病菌感染所致。

（2）继发性主要病因　多继发于传染性胸膜肺炎，恶性卡他热，犊白喉，结核及血斑病。邻近器官炎症蔓延也可能是继发病因。

2. 症状

主要表现为咽部肿痛，头颈伸展、转动不灵活，触诊咽部敏感，吞咽障碍和流涎。一般病畜不愿意采食，勉强采食后咀嚼缓慢，吞咽时呈痛苦状，表现不安、摇头缩颈、流涎、甚至呻吟。当硬腭肿胀或机能障碍时，吞咽时常有部分食物、饮水从鼻腔流出，两侧鼻孔常被混有饲料的鼻液所污染。口腔积有黏稠的唾液，流涎，呈挂嘴牵丝状或开口时有多量唾液涌出，软腭红肿、有的附有脓性分泌物或假膜。触诊咽部时，病畜表现敏感、疼痛不安并有痛性咳嗽。

蜂窝组织炎和鲁布氏性咽炎，或继发性细菌感染等严重病例，多伴有全身症状，表现发热、脉搏和呼吸增数，咽喉部淋巴结肿大，甚至呼吸急促，频繁咳嗽，鼻孔内有脓性分泌物。

慢性咽炎，症状轻微（偶发性咳嗽）或不表现症状。

3. 诊断

根据头颈伸展、中鼻流涎、吞咽困难、触诊咽部敏感、疼痛，咽部淋巴结和下颌淋巴结肿胀，咽部黏膜潮红、肿胀等临床症状可以诊断。

4. 治疗

（1）治疗原则　抗菌消炎，加强护理。对吞咽困难的病畜，要及时输液和补充营养物质。

（2）药物治疗　根据不同类型的咽炎和病情，选择不同的治疗方法。初期，先冷敷后热敷，3 次/d，每次 30min。病情较严重的或用 10% 水杨酸钠液，牛、马 10mL，猪、犬 10～20mL，静脉注射。消除炎症，还可用普鲁卡青霉素，牛、马 200 万～300 万 U，猪、犬 20 万～30 万 U，肌内注射，1 次/d。蜂窝组织性咽炎宜用 10% 盐酸土霉素，牛、马 30～50mL，猪、羊、犬 5～20mL，肌内注射或静脉注射，2 次/d；也可先锋 5 号，牛、马 10～20g，猪、羊、犬 3～8g，肌内注射，2 次/d。

三、食道阻塞

食道阻塞（也叫食管阻塞）是由吞咽食物时异物过大过粗或吞咽机能障碍，导致食道被梗阻的一种疾病。各种动物都可发生，以牛、马、犬多见。其临床特征是吞咽障碍、流涎。按阻塞的程度分为完全阻塞和不完全阻塞。按其阻塞的部位分咽部食道阻塞、颈部食道阻塞和胸部食道阻塞。

1. 病因

（1）饲料加工调制不当　胡萝卜、甜菜、白薯、马铃薯等块根饲料；棉籽饼、豆饼、花生饼、稻草、甘薯藤等粗硬饲料；骨头、木块、棉线团、纤维丝等异物。

（2）原发性阻塞　多发生在饥饿、抢食时受到惊吓，因匆忙吞咽而阻塞于食道。

（3）继发性阻塞　常伴有异食癖（也称异嗜癖）、脑肿瘤、脑水肿和食管炎症、狭窄、痉挛、麻痹等疾病。

2. 症状

共同症状是发病前一切正常，突然发生阻塞，采食停止、不安、有用力吞咽动作。随后食物回流，口腔和鼻腔大量流涎（图 2－1）。频频出现吞咽动作，低头呻吟，常伴有痉挛和咳嗽。饮水和唾液从口鼻喷出。反刍动物出现瘤胃臌气，张口伸颈，呼吸困难。咽部食道阻塞、颈部食道阻塞于颈沟部，食道上部可触摸到梗塞物，压迫病畜梗阻部位敏感、疼痛。胸部食道阻塞时摸不到阻塞部物体，但插入胃管时可以感知有阻塞物。食道不完全阻塞时，能部分咽下唾液，嗳气，当食道完全阻塞时，饮水及采食后即从口腔逆出，流涎，瘤胃臌气及呼吸困难严重（图 2－2）。

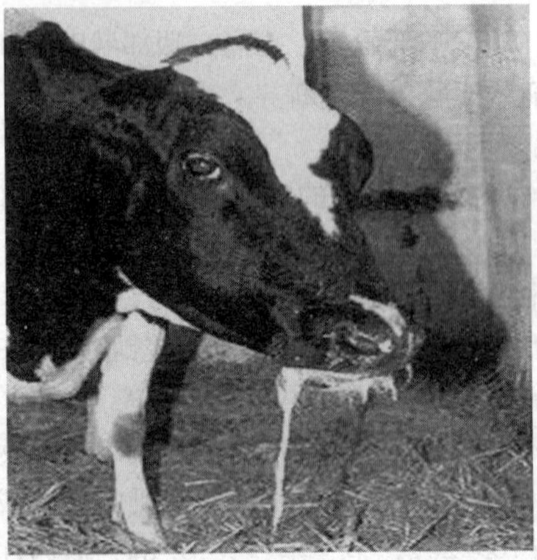

图 2－1　口腔和鼻腔大量流涎

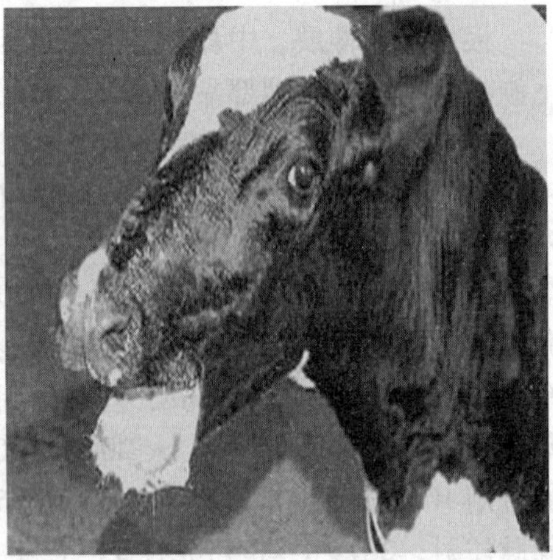

图 2－2　呼吸困难（张口伸颈）

3. 诊断

本病以其发病突然，临床表现流涎，吞咽障碍，伸颈抬头，瘤胃臌气可以作出诊断。触诊咽部、颈部食道阻塞时，可触摸到阻塞物。胃管探测：咽部、颈部食道梗塞时，胃管插入困难，胸部食道阻塞时，胃管插到阻塞部时，推进受阻。

4. 治疗

反刍动物继发瘤胃臌气时，先穿刺排气，排解呼吸困难，使病程缓和，然后进行治疗。为了镇痛和缓解食道痉挛，或用水合氯醛，牛、马 10～20g/次，猪、羊 2～4g/次，犬 0.3～1g/次，配成 2%～5% 溶液灌肠。

（1）掏取法　先用胃管灌入植物油 100～200mL，将牛头保定好，装开口器，用毛巾包盖切齿，助手用双手将阻塞物自下而上推送到咽部固定，术者用左手将牛舌拉出口外，右手伸入咽部取出阻塞物。

（2）胃管插入法　先灌服2%普鲁卡因20～30mL，经10min后，灌服液状石蜡或植物油100～200mL，用胃管小心地将梗塞物向胃内推送，将梗塞物送入胃内。

（3）疏导法　将缰绳系于左前肢在坡道上来回驱赶（适用于马、牛），同时皮下注射新斯的明，马3～10mg/次，牛3～10mg/次，猪、羊2～5mg/次，犬0.3～1mg/次，借助运动将阻塞物疏导。

（4）挤出法　用手抵住阻塞物的下端，对侧颈部垫一块木板，用掌力将阻塞物向咽部挤压。

（5）手术疗法　当上述方法无效时，可行食管切开术，取出梗塞物。

第二节　胃肠疾病

一、幼畜消化不良

幼畜消化不良是幼畜胃肠消化机能紊乱所致的疾病，是幼畜常见的胃肠道群发性疾病，但不具有传染性。其临床特征呈明显的消化不良和不同程度的腹泻。各种家畜都可以发生，以犊牛、仔猪、羔羊、幼犬多见。冬春季节或气候突变的季节多见。

1. 病因

幼畜消化不良不仅与幼畜在胎儿发育期的条件，而且与外界环境对幼畜机体的影响有关。不同发育阶段的幼畜，病因上既有相同，也有差别。

（1）吮乳期幼畜

①对妊娠母畜饲养不良：尤其是在妊娠后期的低营养水平饲料，往往导致幼畜发育不良，体质弱，抵抗力差，易引起消化不良。

②母乳品质不良：如奶汁过浓或过稀，缺奶或无奶，多见于母畜患乳房炎、子宫内膜炎、传染病、消化器官病或代谢病的过程中。

③饲养不当：如不能及时吃到初乳，幼畜饥饿而舔食污物，母子分离，幼畜在短时间内吃了大量的奶；或人工饲养不定时，不定量等。

④管理与护理不当：如厩舍卫生不良，过冷、过热、过潮使母畜乳头不干净等。

⑤幼畜患病继发：如胎粪秘结或感冒等。

（2）断乳期幼畜

①不适宜的饲料：断乳后给予粗硬不宜消化的干燥、腐败饲料和含有大量淀粉的代乳品等，饲料营养不平衡或饲料中存在过多的抗营养因子。

②气候不良：春、秋季节，气温下降或阴雨连绵，幼畜受寒冷，或饮食大量冷水。

③其他疾病继发：先天性胃肠机能衰弱或在换牙期间舔食各种异物引起。

2. 症状

（1）单纯性消化不良　精神沉郁，食欲减退，被毛蓬乱。体温、呼吸、脉搏，一般无明显变化，个别的体温升高。主要症状是腹泻，粪便呈淡黄色、灰黄色、灰绿色粥状或水样的粪便，酸臭味，其中混有气泡和未消化的凝乳块或饲料碎片。

（2）中毒性消化不良　精神沉郁，目光痴呆，食欲废绝，有轻度腹痛，体温升高，全身衰弱无力，喜卧地。脉搏疾速，呼吸加快，黏膜潮红或暗红，反应迟钝，脱水症状重剧。四肢末端发凉。剧烈腹泻，排出腥臭或腐败臭味水样粪便，有的内混有黏液、血液或肠黏膜。

3. 治疗

治疗原则是加强饲养管理，调整胃肠功能，抗菌消炎，补液解毒。

（1）加强饲养管理　畜舍保持干燥、温暖、清洁。在饮水中添加中性补液盐或电解多维。

（2）调整胃肠功能　腹泻不重的可用缓泻剂，以清理胃肠。用助消化药如胃蛋白酶、淀粉酶或乳酶生、酵母等恢复胃肠功能。严重腹泻要用止泻剂。

（3）抗菌消炎　及时使用抗生素或磺胺类药进行治疗，常用强力霉素、新霉素、诺氟沙星、恩氟沙星、环丙沙星等。

（4）补液解毒　严重病例，由于持续腹泻，机体出现脱水和酸中毒过程，应及时补液补碱。常用复方氯化钠注射液，口服补液盐、电解多维等。

二、胃肠卡他

胃肠卡他是胃肠黏膜表层的炎症，也称卡他性胃肠炎。以马、猪、犬、猫多见。胃肠黏膜表层性炎症，症状表现以胃卡他为主，或以肠卡他为主。按病程可分急性和慢性。特征为消化不良，便秘或腹泻。

1. 病因

（1）饲料品质低劣　饲料粗硬、霉变，还有经常喂温热饲料突改喂凉饲料，喂给粗糠或含有稻壳的酒糟，刺激胃肠黏膜引起表层炎症。

（2）饲养管理不当　饲料或饲养方式突然改变，饲料过热过冷，或不定时定量，过饥或过饱，或饮水不洁，久渴暴饮等。

（3）误食刺激性物质　食入有刺激性的药物或健胃酊剂过浓或过多等。

（4）继发某些疾病　寄生虫寄生、传染病、中毒病等。

2. 症状

一般表现为食欲减退，腹泻，有时出现异食。但因发病部位、病程经过不同，临床症状也有差异。

以胃卡他为主的胃肠卡他：体温无变化，食欲减退，咀嚼缓慢，有时吃自己的粪便，精神不振，常喜卧于暗处，怕骚扰。常有呕吐动作，呕吐初为食物，后为泡沫、黏液，有时混有胆汁或少量血液。有时腹痛，眼结膜充血黄染，口腔有特殊气味。粪少而干燥，并附有黏液。

以肠卡他为主的胃肠卡他：肠音增强，腹部紧缩，弓背。重病呈水样腹泻，肛门四周及尾粘粪污。有的里急后重，排黏液状便。严重时食欲废绝，体质衰弱，甚至肛门松弛或外翻、直肠脱出，眼结膜充血。

急性：临床上以肠卡他为主，表现为水样腹泻，肠音增强，缩腹弓背，后期肛门松弛或外翻。

慢性：精神不振，食欲不振，有时出现异食，表现渐行性消瘦，被毛逆行无光，可视黏膜苍白或略显黄染，便秘与腹泻交替出现。

马属动物肠卡他，分酸性肠卡他和碱性肠卡他。猪肠卡他多并发胃卡他，以肠机能混乱为主的胃肠卡他。

3. 诊断

以胃机能紊乱为主，则体温无变化，精神委顿，食欲减退，吃食咀嚼慢，常有呕吐或逆呕，贪饮，饮后又吐，粪干，眼结膜黄染，口臭。以肠机能紊乱为主，表现肠音增强，排水样粪，里急后重，严重时直肠脱出。

但猪胃肠卡他要与胃肠炎、毛首线虫病、结节虫病、姜片吸虫病和球虫病鉴别诊断：

（1）胃肠炎　与之相似处：眼结膜充血黄染，呕吐、排水样粪、精神不振等。不同处：体温高（40℃以上），腹部有压痛反应，排粪频繁，甚至失禁，虚弱，瘫痪，易发生自体中毒。

（2）猪毛首线虫病（猪鞭虫病）　与之相似处：间歇性腹泻，有时粪有血丝，黏液有恶臭等。不同处：眼结膜苍白贫血，体温稍高，体质极度衰弱。粪检有虫卵，剖检可见盲肠充血、出血、肿胀、间有绿豆大小的坏死病灶，黏膜呈暗红色，上面布满乳白色细针样虫体，虫体钻入处形成结节。

（3）猪食道口线虫病（结节虫病）　与之相似处：体温不高，食欲不振，便秘，有时下痢，发育障碍等。不同处：高度消瘦，粪检有虫卵。剖检可见大结肠有结节，结节破裂成溃疡。

（4）猪姜片吸虫病　与之相似处：体温不高，食欲减退，腹泻，发育不良等。不同处：流涎、低头拱背，肚大股瘦，眼睑、腹下水肿，粪检有虫卵。剖检可见小肠有虫体，虫体前端钻入肠壁。

（5）球虫病　与之相似处：体温不高，排粪、腹泻与便秘交替出现，食欲不佳等。不同处：直肠采粪，通过培养可见有孢子的囊泡。

4. 治疗

（1）初期炒银花、鸭跖草各25～150g水煎内服。

（2）后期大蒜、艾叶、牛筋草、六月霜各25～150g，水煎内服。

（3）粪干、量少，可用硫酸镁 30～80g，或蓖麻油 50～100mL，一次内服。如已出现腹泻，可用磺胺脒合剂（磺胺脒 1 份，酵母粉 1 份，鞣酸蛋白 2 份）12～15g，3 次/d，内服。水泻严重，应及时静脉注射 5% 葡萄糖盐水 250～500mL。如胃肠内容物异常发酵，可用硫酸钠或硫酸镁 25～50g、酒精 10mL、鱼石脂 3g，加水 500mL 一次灌服。如以胃的机能紊乱为主的，可用五倍子、大黄、龙胆各 5～10g 水煎内服，1 次/d，连服 3～5d。如病畜不吃精料，另加食醋 10～30mL。以肠机能紊乱为主，腹泻时，用恩诺沙星 0.1～0.2mg/kg 体重，矽炭银 2～8g 内服，每 12h 用 1 次，连用 5～7d。

5. 预防措施

喂猪的饲料不能过热过冷，应定时定量，避免过饱过饥，饮水要洁净。避免饲喂具有刺激胃黏膜的干硬饲料以及霉败变质的饲料。

三、胃　肠　炎

胃肠炎是消化道黏膜（胃黏膜和肠黏膜）及黏膜下组织重剧性炎症。按炎症的类型分为黏液性胃肠炎、化脓性胃肠炎、出血性胃肠炎、纤维素性胃肠炎等；按病因分为原发性胃肠炎和继发性胃肠炎；按病程分为急性胃肠炎和慢性胃肠炎。临床特征为腹泻、脱水、酸碱失衡。各种动物都可发生，以牛、马、犬、猪多发。

1. 病因

（1）原发性肠炎

①饲料品质不良：如霉变的玉米、豆粕、糠粕，冰冷腐烂的块茎、块根以及受霉菌污染稻草、麦皮、藤蔓、青贮料、配合饲料等。

②误食有毒植物和刺激性的化学物质：如某种不可食用的蘑菇或大黄叶，巴豆、闹羊花、毒芹等有毒植物以及酸、碱、汞、铅等刺激性的化学物质。

③饲养管理不当：如畜舍阴冷潮湿、卫生不好、过度使役、运输、拥挤、饥饿、受热等应激因素，使机体抵抗力下降。

④病原微生物感染：如大肠杆菌、沙门氏菌、坏死杆菌等。

（2）继发性胃肠炎　常见于某些传染病，如猪瘟、仔猪副伤寒、仔猪黄白痢、仔猪梭菌性肠炎、猪传染性胃肠炎、猪流行性腹泻、犊牛大肠杆菌病、轮状病毒、细小病毒、沙门氏菌病、硬度细小病毒病等，某些寄生虫病如猪球虫病、猪毛首线虫病、禽球状虫病、牛血毛首线虫；急性胃肠卡他和各种腹痛病治疗不当或病情重剧的过程中，均可出现胃肠炎的病理不定期和临床症状。

2. 症状

精神沉郁，被毛粗乱，食欲减退，饮欲增加，眼结膜潮红后黄染，口干臭，舌苔多且黄，四肢和身体末端体表温度下降。腹痛、腹泻，粪便呈现黄绿色或灰色，含有黏液和组织碎片，有的含有血液，恶臭。眼球下陷，皮肤弹性下降，脉搏细数。多数体温升高到41℃以上，随病情恶化而体温下降，后昏迷而死。

猪病初出现呕吐，有的腹痛反应。腹泻，粪便呈现黄绿色或灰色，腥臭，随病情发展粪便混有黏液和组织碎片，有的含有血液，恶臭。肛门松弛，排粪失禁。个别有里急后重的现象。

马以胃、小肠炎症为主，可视黏膜黄染，常有腹泻症状，体温略有升高。体质虚弱，脉搏增加。排粪迟缓，量少，粪小而干。有的还继发胃扩张。

3. 病理变化

肠内容物恶臭，常混有黏液和组织碎片。肠黏膜出血、坏死，有的肠黏膜上有糠麸样物覆盖，黏膜下水肿，坏死组织容易剥离，剥离后留下烂斑。病程长的可能有肠壁增厚。肠系膜淋巴结肿胀、充血、出血。

4. 诊断

根据食欲下降，舌苔变化，腹泻和粪便中的病理产物和病史，可以作出初步诊断。

5. 治疗

治疗原则：排除病因，清理肠胃，保护胃肠黏膜，制止胃肠内容物发酵，防止脱水和增强机体抵抗力。

马以缓泻为主。常用液体石蜡油500～1 000mL或植物油500mL，硫酸镁200～300mL内服，但要防止严重腹泻。

猪以止泻为主。制止炎症的发展，一般用抗生素，如磺胺－6－甲氧嘧啶、土霉素、强力霉素、诺氟沙星、恩诺沙星等。

防止脱水和纠正酸碱平衡。可用口服补液盐和小苏打。

四、犬急性小肠梗阻

犬急性小肠梗阻是由于坚硬食物或异物堵塞，以及小肠正常生理位置发生不可逆变化，致使肠腔不通并伴有局部血液循环严重障碍的一种急性腹痛病，临床上以剧烈腹痛、呕吐和休克为特征。

1. 病因

不能消化的食物和异物卡住或堵塞肠道，如骨头、果核、布条、塑料、线团、毛球、纠集成团的蛔虫体，以及肿瘤、肉芽肿、脓肿等。肠变位引发肠腔闭塞，通常发生在空肠或近端回肠以及回盲结合处。常见小肠掉入腹股沟管、大网膜孔、肠系膜破裂孔或膈破裂孔内，以及空肠缠结在肠系膜根上。

2. 症状

异物引起的肠梗塞，主要表现为顽固性的呕吐，食欲不振，饮欲亢进，精神沉郁并迅速变得痛苦；腹痛表现为常变更躺卧地点，号叫，弓背；呼吸、心率加快，体温偏高；后期严重脱水，体温低于正常。腹部触诊，可摸到臌气肠段，有时可触及肠内异物和梗阻包块；若异物引起肠穿孔，则可发生弥漫性腹膜炎或出现腹胀肿，表现为腹肌紧缩，触诊敏感、疼痛。

肠套叠，初期全身状况无明显变化，只表现排出带血的油样粪便，反复呕吐，食欲减退；以后出现阵发性腹痛，排粪停止，常有里急后重现象，脱水。触诊腹部发硬，并可在腹腔中摸到坚实而有弹性、弯曲而移动自如的香肠样肠段。

3. 诊断

根据呕吐、腹痛，触诊腹部敏感、腹壁紧张，及触诊到积气、积液气管和梗阻部等做出初步诊断。确诊需经 X 射线检查或腹部检查。

4. 治疗

本病为急性腹痛病，其治疗原则是止痛镇静，排除梗阻原因，恢复胃肠功能，补液及纠正电解质和酸碱平衡失调。关键在于对症治疗，尽早地施行剖腹术等急救措施。

第三节　反刍动物胃肠疾病

一、前胃弛缓

前胃弛缓是指前胃机能紊乱而表现出兴奋性降低和收缩减弱或缺乏，胃内容物运转缓慢，菌群失调，产生大量腐败和酵解的有毒物质，引起消化障碍，食欲、反刍减退以及全身机能紊乱的一种疾病。是耕牛、奶牛的一种常见内科病，特别是舍饲牛群更易发生本病。本病的特征是食欲、反刍减弱，瘤胃蠕动减弱或异常。

1. 病因

前胃弛缓的病因比较复杂，一般分为原发性和继发性两种。

(1) 原发性前胃弛缓　也称单纯性消化不良，病因多与饲养管理不良和自然气温变化频繁或幅度较大有关。

①饲料过于单一、品质低劣：长期饲喂多纤维，营养较少的稻草、麦秆、豆秸、甘薯藤、花生蔓等饲草，消化机能的负担加重，一旦变换饲料，容易引起消化不良。在饲草缺乏的地区，常因采食一些粗硬、刺激性强，难以消化的棉秆、小树枝等引起。

②饲料变质：冻烂的块根、霉变的饲料、饼粕（豆粕、棉粕、糠粕等）、粉渣和被霉菌污染的青贮料，导致消化机能障碍而引起本病。

③长期饲喂精料过多或过细：由于长期饲喂精料，导致消化器官弛缓，引起消化机能减退，一旦饲喂粗饲料就容易引起本病。

④缺乏某些维生素、矿物质或某些维生素和矿物质过多而引起不平衡：冬末春初，青绿饲料不足，或饲料配合不合理，容易引起矿物质和维生素的缺乏，特别是钙缺乏引起低血钙症，影响神经和体液调节机能，引起前胃弛缓。

⑤饲养管理不当：牛舍阴冷、潮湿；过于拥挤，通风不良，环境卫生不良；农忙过于劳累或冬季运动不足；阳光照射时间不足，神经反射性降低。特别是耕牛无统一的饲养标准，不按时饲喂，造成过饱或饥饿，尤其是在农忙季节过度使役，精料过多。奶牛突然变转饲料，或任其采食，扰乱消化程序而引发本病。

⑥应激反应：特别是奶牛、奶山羊由于受到饥饿、疲劳、断奶、离群、手术、创伤、疼痛、感染等应激因素，引起一系列复杂应激反应而引发前胃弛缓。

（2）继发性前胃弛缓　通常是一种临床综合征，其病因比较复杂，一般有以下几种。

①牛的胃肠疾病：常见的有创伤性网胃腹膜炎，迷走神经的胸支和腹支受损，瘤胃积食、瓣胃阻塞、皱胃溃疡、阻塞或变位，多伴有消化障碍，发生前胃弛缓。

②某些营养代谢病：如骨软病、产后瘫痪、酮病，牛产后血红蛋白尿症以及某些中毒性疾病，由消化机能障碍而伴发前胃弛缓。

③某些传染病：如牛肺疫、牛流行热等急性病，牛结核病、牛布氏杆菌病、前后盘吸虫病、肝片吸虫病、细颈囊尾蚴等慢性消耗性疾病。

此外还有用药不当，长期使用一些磺胺药和抗生素，使瘤胃菌群失衡，引起消化不良和前胃弛缓。

2. 症状

根据病程的发展过程，前胃弛缓可以分为急性型前胃弛缓和慢性型前胃弛缓。

（1）急性型前胃弛缓　多为急性消化不良，精神不振。食欲减退或消失，被毛粗乱，喜卧不站，反刍缓慢或停止。体温、脉搏、呼吸及全身机能无明显变化。奶牛产奶产量下降，便秘、粪便干燥，呈深褐色。瘤胃蠕动次数减少或正常，瓣胃蠕动间低沉。如果是饲料变质引起的，瘤胃的收缩力消失，呈轻度膨胀，下痢。如果是由应激引起的，瘤胃内容物黏、硬，无膨胀现象。一般病情较轻，容易康复。如果伴有瘤胃炎或酸中毒，病情会急剧恶化，表现呻吟，磨牙，食欲、反刍停止，排棕褐色糊样粪便，恶臭。鼻镜干燥，眼球下陷，黏膜发绀，皮温不整或体温下降。

（2）慢性型前胃弛缓　多由急性型前胃弛缓转变而来，有时食欲减退，有时正常，有的磨牙、异食，反刍不规则，间断无力或停止，嗳气次数减少，嗳出的气体有臭味。病情时好时坏，行走无力，被毛粗乱、皮肤干燥，缺乏弹性，日渐消瘦，有周期性腹泻，体质衰弱。瘤胃蠕动减弱或消失，内容物停滞，黏软或干硬。多数病例伴瓣胃蠕动减弱，瘤胃轻度膨胀。肠蠕动音减弱，便秘，粪便干燥，呈深褐色，有的有黏液附着，下痢，粪便呈稀糊样，腥臭，或腹泻与便秘交替出现。后期随着病情的发展，出现精神沉郁，鼻镜干裂，不愿行走或卧地不起，食欲、反刍停止，瘤胃蠕动音消失、瘤胃阻塞。脉搏细数，呼吸浅表和困难，眼球上陷，黏膜发绀，全身衰竭。

3. 诊断

根据发病原因、临床症状的反刍障碍，食欲不振，瘤胃听诊和触诊情况，结合患畜全身状况可以做出初步诊断。另外检测瘤胃内容物的性质，可以作为诊断和治疗的依据。

瘤胃内容物pH检测：瘤胃内容物一般为pH 6.5～7.0，前胃弛缓时，pH下降至5.5以下。也有少数病例pH升至8.0或更高。瘤胃液沉淀物活性试验：瘤胃液中微粒物质漂浮时间超过9s，说明有前胃弛缓。纤维素消化试验：将棉线浸于瘤胃消化液中，进行厌气温水（36℃）浴50h，如果棉线没有被断离，证明消化不良，说明是前胃弛缓，便可以判断。但注意与以下疾病相区别。

（1）酮血症　主要发生于产犊1～2月内的奶牛，尿中酮明显增加，呼出的气体带有大蒜味。

（2）创伤性网胃腹膜炎　泌乳量下降，姿势异常，体温偏高，腹壁触诊时有疼痛感。

（3）皱胃变位　奶牛，常突然发生于分娩后，左侧肋下听诊可以听到特殊的金属音。

（4）瘤胃积食　瘤胃被内容物充满，坚硬，瘤胃扩张，腹部膨大。

4. 治疗

前胃弛缓的治疗原则：加强饲养管理，排除病因，增强瘤胃机能，健脾补胃，防腐止酵，消导，强心补液，防止脱水和酸中毒等综合措施。

（1）加强饲养管理　原发性前胃弛缓，病初停食1～2d，饲喂一些营养丰富，容易消化的优质干草，适当运动，增强消化机能。同时用新斯的明，牛10～20mg、羊2～4mg；毛芸碱，牛30～50mg、羊5～10mg，皮下注射，以促进胃肠蠕动。但要注意病情危急，心脏衰竭，妊娠母牛，必须禁止使用，以防止虚脱和流产。

（2）防腐止酵　稀盐酸15～30mL、酒精100mL、煤酚皂溶液10～20mL、常水500mL，或用鱼石脂15～20g、酒精50mL、常水1 000mL，一次性内服，1次/d。同时可用10%氯化钠溶液100mL，5%的氯化钙溶液200mL，10%樟脑40～50mL，静脉注射，以促进瘤胃蠕动，提高疗效。

伴发瓣胃阻塞时，消化障碍，病情严重时可先用石蜡1 000mL、同时用新斯的明或氨甲酰胆碱，以促进瘤胃蠕动，促进内容物的排出。

晚期病例，瘤胃积液，伴随脱水和自体酸中毒时，用25%葡萄糖溶液500～1 000mL静脉注射，同时注射10%樟脑溶液40～50mL，内服适量小苏打水。

（3）中药治疗　健脾和胃，补中益气为主，牛宜用四君子汤：党参100g、白术70g、茯苓75g、陈皮50g、黄芪50g、当归50g、大枣200g、炙甘草25g，煎水去渣内服，1剂/d，连用2～3剂。

牛久病虚弱，气血双亏，应以补中益气，养气益血为主，方用八珍散加味：党参50g、白术50g、茯苓40g、甘草25g、当归50g、熟地50g、白芍40g、川芎40g、黄芪50g、升麻25g、山药50g、陈皮50g、干姜25g、大枣200g，煎水去渣内服，1剂/d，连服数剂。

病牛口色淡白，耳鼻具冷，口流清涎，水泻，应以温中散寒补脾燥湿为主，可用厚朴温中汤加味：厚朴50g、甘草25g、陈皮50g、茯苓50g、草豆蔻40g、广木香25g、干姜40g、桂心40g、苍术40g、当归50g、茴香50g、砂仁25g，煎水去渣内服，1剂/d，连用数剂。

二、瘤胃积食

瘤胃积食，是因前胃收缩力减弱，采食大量难于消化的饲草或容易膨胀的饲料所致。本病引起急性瘤胃扩张，胃容积增大、内容物停滞和阻塞、瘤胃运动和消化机能障碍，形成脱水和毒血症。本病是牛、羊常见的多发病之一，特别是舍饲的耕牛更为常见。

1. 病因

瘤胃积食的病因，主要见于贪食大量的青草、甘薯、胡萝卜、马铃薯等饲料；或因饥饿采食了大量稻草、干豆秸、干花生秧、干红薯蔓等，而饮水不足，难于消化，或因过食大麦、玉米、豌豆、大豆、燕麦等谷物，又饮大量水，饲料膨胀，从而导致瘤胃酸中毒。在前胃弛缓、创伤性网胃腹膜炎、瓣胃秘结以及皱胃阻塞等病程中，也常常继发本病。

2. 症状

瘤胃积食病情发展迅速，通常在采食后数小时内发病，临床症状明显。初期，病牛神情不安，目光凝视，有回顾腹部，间或后肢踢腹、腹痛表现。食欲、反刍消失，不吃草，不反刍，拱背，虚嚼，不断起卧，每当起卧时，往往呻吟。嗳气、流涎，有时作呕或呕吐，瘤胃蠕动音减弱或消失，触诊瘤胃，病畜不安，内容物坚实，用手拳按压，遗留压痕。有的病例瘤胃内容物坚硬如石。腹部膨胀，瘤胃背囊有一层气体，进行穿刺，可排出少量气体和带有腐败酸臭气味的泡沫状液体。腹部听诊，肠音微弱或沉寂，便秘，粪便干硬呈饼状，间或发生下痢。直肠检查发现瘤胃扩张，容积增大，充满坚实的内容物，有的病例，其中内容物呈粥状，但瘤胃显著扩张。

晚期病例，病情急剧恶化，奶牛泌乳量减少或停止，肚腹膨隆，瘤胃积液，呼吸促迫而困难。心悸，脉搏疾速，皮温不整，肢体末端冰凉，全身战栗，眼球下陷，全身衰弱，卧地不起，陷于昏睡状态。发生脱水与自体中毒，呈现循环虚脱。

3. 诊断

根据发生原因，过食后发病，瘤胃内容物充满而硬实，食欲、反刍停止等症状，可以确诊。但是应注意与下列疾病鉴别诊断。

（1）前胃弛缓　食欲反刍减退，瘤胃内容物呈粥状，不断嗳气，并呈现间歇性瘤胃臌气。

（2）急性瘤胃臌气　病情发展急剧，腹部显著膨大，瘤胃壁紧张而有弹性，叩诊呈鼓音，血循环障碍，呼吸困难。

（3）创伤性网胃炎　网胃区疼痛，姿势异常，神情沉郁，头颈伸直，不愿运动，周期性瘤胃臌气，应用副交感神经兴奋药物，病情显著恶化。

（4）皱胃阻塞　瘤胃积液，左下腹部显著膨胀，皱胃冲击性触诊时，疼痛、躲避，右肷部听诊和倒数第1～2肋骨弓部叩诊，呈铿锵音。

（5）牛黑斑病甘薯中毒　症状与瘤胃积食很相似，但呼吸用力而困难，鼻翼扇动，喘粗气，皮下气肿。

4. 治疗

治疗原则：恢复前胃运动机能，促进瘤胃内容物运转，消食化积，防止脱水与自体中毒。

一般病例，首先应停食，用酵母粉500～1 000g，一天内分两次内服，具有化食作用。用硫酸镁或硫酸钠300～500g，液体石蜡或植物油500～1 000mL，鱼石脂15～20g，75%酒精50～100mL、常水6 000～10 000mL，一次内服。进行泻剂，再用毛果芸香碱0.05～0.2g皮下注射，兴奋前胃神经，促进瘤胃内容物运转与排除。但心脏功能不全与孕牛忌用。在病程中，为了抑制乳酸的产生，应及时用青霉素或土霉素内服，间隔12h，再投药一次，继发瘤胃臌气时，应及时穿刺放气，以缓和病情。如危重病例，药物治疗无效时，即速进行瘤胃切开术，取出内容物，并用1%温食盐水洗涤。必要时，接种健康牛瘤胃液。加强饲养和护理，促进康复过程。

三、瘤胃臌气

瘤胃臌气是因前胃神经反应性降低，收缩力减弱，采食了容易发酵的饲料，在瘤胃内菌群作用下，异常发酵，产生大量气体，引起瘤胃和网胃急剧膨胀，肠与胸腔脏器受到压迫，呼吸与血液循环障碍，发生窒息现象的一种疾病。

瘤胃臌气按病因分为原发性瘤胃臌气和继发性瘤胃臌气；按其经过分急性瘤胃臌气和慢性瘤胃臌气；按发病性质分为泡沫性瘤胃臌气和非泡沫性瘤胃臌气等不同类型。

本病多发于牛和绵羊，山羊少见。夏季草原上放牧的牛羊，可能有成群发生瘤胃臌气的情况。

1. 病因

（1）原发性瘤胃臌气　通常多发于牧草茂盛的夏季，每年于清明之后，夏至之前期间，最为常见。发病原因主要是采食了大量易发酵的青绿饲料（红花草籽），特别是舍饲转为放牧的牛羊群，最容易导致急性瘤胃臌气的发生。

①采食开花前的幼嫩多汁的豆科植物，如紫云英、三叶草、野豌豆等；或鲜甘薯蔓、萝卜叶、白菜叶、再生草等。因采食过多，迅速发酵，酿生大量气体而引起。

②采食堆积发热的青草，或经霜、雪、冰霜冻结的牧草，霉败的干草以及多汁易发酵的青贮料，特别是舍饲的牛、羊，突然饲喂这类饲料，往往引起本病。

③奶牛和肉牛饲喂的饲料配合或调理不当，谷物饲料过多，而粗饲料不足，或饲喂未经浸泡和调理的黄豆、豆饼、花生饼、酒糟等；或饲喂胡萝卜、甘薯、马铃薯等块根饲料过多；或因矿物质不足，钙、磷比例失调等。

④舍饲的耕牛，长期饲喂干草，突然改喂青草，采食过多，或误食毒芹、乌头、白葜芦、佩兰、白苏以及毛茛科等有毒植物，或桃、李、梅、杏等的幼枝嫩叶，均可导致急性瘤胃臌气的发生。

（2）继发性瘤胃臌气　最常见于前胃弛缓，其他如创伤性网胃腹膜炎、食管阻塞、痉挛和麻痹、迷走神经胸支或腹支损伤、纵隔淋巴结结核肿胀或肿瘤、瘤胃与腹膜粘连、瓣胃阻塞以及前胃内存有泥沙、结石或毛球等，都可引起排气障碍，致使瘤胃壁扩张而发生臌气。

2. 症状

（1）急性瘤胃臌气　通常在采食大量易发酵性饲料后迅速发病，甚至有的在采食中突然呆立，停止采食，食欲消失，临床症状急剧发展。病的初期，举止不安，神情忧郁，结膜充血，角膜周围血管扩张。不断起卧，回头望腹，腹围迅速膨大。瘤胃收缩先增强，后减弱或消失，左肷部突出。腹壁紧张而有弹性，叩诊呈鼓音。呼吸困难。随着瘤胃扩张和臌气，膈肌受压迫，呼吸促迫、甚至头颈伸展、张口伸舌呼吸，呼吸数增至60次/min以上。心悸，脉搏疾速，脉搏数可达100~120次/min以上。后期心力衰竭，脉不感手，病情危急。泡沫性臌气，常有泡沫状唾液从口腔中逆出或喷出。瘤胃穿刺时，只能断断续续地排出少量气体。瘤胃液随着瘤胃壁紧张收缩向上涌出，阻塞穿刺针孔，排气困难。病的后期，心力衰竭，血液循环障碍，静脉怒张，呼吸困难，黏膜发绀，目光恐惧出汗，间或肩背部皮下气肿，站立不稳，步态蹒跚，往往突然倒地、痉挛、抽搐，陷于窒息和心脏麻痹死亡。

（2）慢性瘤胃臌气　多为继发性因素引起，病情弛张，瘤胃中度臌气，时而消长，常在采食或饮水后反复发生。通常为非泡沫性臌气，穿刺排气后，继而又臌气起来。

3. 诊断

急性瘤胃臌气，病情急剧，根据病史，采食大量易发酵性饲料发病，腹部膨胀，左肷部凸出，血液循环障碍，呼吸极度困难，确诊不难。

慢性臌气，病情弛张，反复产生气体。随原发病而异。通过病因分析，也能确诊。但在临诊时，应注意与前胃弛缓、瘤胃积食、创伤性网胃腹膜炎、食管阻塞以及白苏中毒和破伤风等疾病进行鉴别诊断。

4. 治疗

急剧病例，应及时抢救，采取有效的措施排气。治疗原则为排除气体、防止酵解、理气消胀、强心补液、健胃消导。

病的初期，使病畜头颈抬举，适度地按摩腹部，促进瘤胃内气体排除，同时应用松节油20~30mL，鱼石脂10~15g，酒精30~50mL，加适量温水，或8%氧化镁溶液600~1 000mL，一次内服，具有消胀作用。

严重病例，当发生窒息危险时，首先应用套管针进行瘤胃穿刺放气，防止窒息。非泡沫性臌气，放气后应用稀盐酸10~30mL，或鱼石脂15~25g，酒精100mL，常水1 000mL，放气后借助套管针注入瘤胃。泡沫性臌气，以灭沫消胀为目的，宜用表面活性药物，放气后应用菜籽油、豆油、花生油或香油300mL借助套管针注入瘤胃。

在治疗过程中，应注意全身机能状态，及时强心补液，增进治疗效果。消泡性臌气药物治疗无效时，即应进行瘤胃切开术，取出其中的内容物，按照外科手术要求处理、防止污染。

病情轻的病例，将病牛站在斜坡上，保持前高后低姿势，不断牵引其舌，或用木棒涂煤酚皂溶液，给病牛衔在口内，同时按摩瘤胃，促进气体排除，也能奏效。

四、瓣胃阻塞

瓣胃阻塞，主要是因前胃弛缓、瓣胃收缩力减弱、内容物充满而干涸，致使瓣胃扩张、坚硬、疼痛，导致严重消化不良所引起。因内容物停滞压迫，胃壁麻痹，瓣叶坏死，引起全身机能变化，是牛的一种严重的胃脏疾病。本病多见于耕牛，奶牛也常发生。

1. 病因

本病的病因，通常见于前胃弛缓，可分为原发性和继发性两种。

（1）原发性阻塞　主要见于长期饲喂麦糠、粉渣、酒糟和含有泥沙的饲料，或粗纤维坚硬的甘薯蔓、花生秧、豆秸、青干草以及豆荚、麦糠等。特别是铡短稻草喂牛，为本病的病因之一。其次，放牧转变为舍饲，或饲料突然变换，饲料质量低劣，缺乏蛋白质、维生素以及微量元素，或因饲养不正规，饲喂后缺乏饮水以及运动不足等都可引起。

（2）继发性阻塞　常见于皱胃阻塞、皱胃变位、皱胃溃疡、腹腔脏器粘连、生产瘫痪、牛产后血红蛋白尿、黑斑病甘薯中毒、急性肝脏病、牛恶性卡他热等急性热性病，以及血液原虫病等。在这些疾病经过中，往往伴发本病。

2. 症状

病初，呈现前胃弛缓，食欲不定或减退，便秘，粪成饼状，瘤胃轻度臌气，瓣胃蠕动音微弱或消失。于右侧腹壁瓣胃区触诊，病牛感疼痛；叩诊浊音区扩张，精神迟钝，时而呻吟；奶牛泌乳量下降。病情进一步发展，精神沉郁，反应减退，鼻镜干燥、龟裂，空嚼、磨牙，呼吸浅表、疾速，心脏机能亢进，脉搏数增至 80～100 次/min。瘤胃收缩力减弱。进行瓣胃穿刺检查，有阻力，手感到瓣胃收缩运动。直肠检查可见肛门与直肠痉挛性收缩，直肠内空虚、有黏液，少量暗褐色粪块附着于直肠壁。

3. 病理变化

瓣胃内容物充满、坚硬，其容积增大 1～3 倍。重剧病例，瓣胃邻近的腹膜及内脏器官，多具有局限性或弥漫性的炎性。瓣叶间内容物干涸，形同纸板，可捻成粉末状。瓣叶上皮脱落而变薄，有溃疡、坏死灶或穿孔。此外，肝、脾、心、肾，以及胃肠等部分，具有不同程度的炎性病理变化。

4. 病程及预后

本病的病程经过 1～2 周，轻症的及时治疗，可以痊愈。急性病例，经过3～5d，卧地不起，陷于昏迷状态。晚期病例，病情重剧，治疗效果不佳，预后不良。

5. 诊断

腹膜炎多与前胃其他疾病及皱胃疾病的病征互相掩盖，极为类似，临床诊断有时困难。可根据病史调查，临床病征，瓣胃蠕动音低沉或消失，触诊瓣胃敏感性增高，叩诊浊音区扩大，粪便细腻、纤维素少、黏液多；结合瓣胃穿刺可初步诊断。

6. 治疗

本病多因前胃弛缓而发病，治疗原则，应着重增强前胃运动机能，促进瓣胃内容物排除，增进治疗效果。

本病的预防，注意避免长期应用谷糠及混有泥沙的饲料喂养，同时注意适当减少坚硬的粗纤维饲料；铡干草喂牛，也不宜将饲草铡得过短，糟粕饲料也不宜长期饲喂过多，注意补充矿物质饲料，并给予适当运动。发生前胃弛缓时，应及早治疗，以防止发生本病。

第四节 腹膜疾病

腹膜是指动物体内腹腔和骨盆腔中的浆膜，可分为壁层与脏层，脏层被覆在腹腔与骨盆腔内各个器官的外层，包括系膜、韧带和网膜等。腹膜内有丰富的血管、淋巴管及神经纤维。血管外围蓄积大量脂肪，是由网状结缔组织所组成。在网膜内血管分支部分，有各种母细胞群（乳斑），具有吞噬异物与微生物的作用。

腹膜光滑湿润，有利于腹腔器官的运动。腹膜、韧带及肠系膜尚有固定器官的作用。同时其中的血管、淋巴管和神经与腹腔器官相互联系。腹腔内各器官如受到病原微生物的侵害而发生炎性变化，往往引起腹膜炎的发生。

一、腹 膜 炎

腹膜炎是由于受到病原微生物的侵害，或腹腔内器官炎症蔓延以及外伤、(胃、肠）穿孔、肿瘤、脓毒败血症等，引起腹膜局限性或弥漫性的浆液性乃至纤维蛋白性的炎症。

本病各种家畜和家禽都发生，其中以马最为常见。

1. 病因

病因有原发性的和继发性的。

（1）原发性腹膜炎　通常由于受寒、感冒、过劳，或某些物理化学因素的影响，机体防卫机能降低，抵抗力减弱，受到大肠杆菌、沙门氏菌、巴氏杆菌、化脓杆菌、鼻疽杆菌、结核杆菌、炭疽杆菌、猪丹毒杆菌以及链球菌和葡萄球菌等条件致病菌的侵害而发生。内在与外界理化因素的影响，会促进本病的发生和发展。

（2）继发性腹膜炎　主要见于胃肠、肝脏、脾脏、子宫及膀胱等感染性炎症，肠变位以及其他重剧性病痛等疾病经过中，病原菌从病变部或通过淋巴系统侵入到腹膜，以引起继发性腹膜炎。此外，尚有其他器官或胸膜炎症的连续蔓延，也有由于内脏淋巴结化脓性炎症，直接侵害腹膜，或因病原菌随血液运行至腹腔，引起转移性腹膜炎。

①创伤性腹膜炎：主要见于腹壁创伤、外科手术创及战伤，如腹壁切开术、瘤胃切开术、穿腹术、穿肠、去势术、卵巢摘除术、肝脏穿刺术、肠管吻合术、腹壁的弹伤和刀刺伤、腹部被踢，或其他器械的击伤等，则病原菌，特别是大肠杆菌通过腹壁创伤或手术伤而侵入腹腔，引起创伤性腹膜炎的发生和发展。

②穿孔性腹膜炎：通常见于腹腔及骨盆腔中的脏器的破裂或穿孔，例如胃、肠、肝、脾、子宫等器官破裂或急性胃扩张，肠胀气，直肠检查，或灌肠，以及配种、或难产和助产时所引起的胃肠道、子宫和直肠的破裂与穿孔，肠道与生殖道的菌群通过破裂孔，污染腹腔。还有如鸡新城疫、禽流感、大肠杆菌引起的卵黄膜破裂，从而引起穿孔性腹膜炎发生和发展的急剧病理过程。

③慢性腹膜炎：一般继发于邻近器官的慢性炎症。其中常见于牛创伤性网胃炎、慢性肝脏疾病、内脏结核、鼻疽、腹腔肿瘤以及内脏寄生虫病，或肝、脾、精索、肠系膜淋巴结慢性化脓性炎症过程，往往伴发慢性腹膜炎。

2. 症状

根据畜禽的种类、机体抵抗力、炎症扩散程度以及疾病的急性或慢性而有所不同。严重的急性腹膜炎常于数小时内死亡。马多患急性腹膜炎，牛多患慢性腹膜炎。

（1）马的弥漫性腹膜炎　多呈急性经过。病马精神委靡，眼窝下陷，食欲废绝，体温升高，热型不定；呼吸浅表疾速，且多为胸式呼吸，心动快速心脏衰弱，有时节律不齐，脉搏疾速而微弱。局部肌肉纤维性震颤，有时呻吟，全身出冷汗，不愿走动，或运步谨慎，常低头拱背站立。强迫行走，则举步谨慎。当转弯或卧地时则表现格外小心。有时企图卧地，或卧而复起。常常表现腹痛不安，摇尾，前肢刨地，回顾腹部，腹围紧缩。当腹水增多时，腹壁下垂。若继发肠胀气而腹部胀大，触诊腹部病畜躲避或抵抗。肠蠕动音初增强，后减弱或消失，后便秘。腹腔大量积液时，叩诊呈水平浊音，其上方为鼓音，下方为浊音。结膜充血，呈蓝紫色，口色赤紫，舌苔黄腻，口干臭。尿量少，相对密度高，浓稠，色深，常有蛋白尿。

急性局限性腹膜炎，仅局部敏感，全身症状不明显。慢性腹膜炎，症状轻微，发展缓慢，常表现慢性胃肠卡他症状，体温有时上升，消化不良，发生顽固性下痢，逐渐消瘦。腹膜同腹腔脏器粘连时有发生，有时也继发腹水，腹部膨大。

（2）牛的腹膜炎　症状不明显，精神沉郁，眼球下陷，四肢集于腹下，拱背而立，勉强行走，步态小心，有时表现疼痛，呻吟。食欲废绝，瘤胃蠕动停止，并有轻度臌气、便秘。体温变化不明显。如在创伤性腹膜炎初期，体温升高，病牛逐渐消瘦。直肠检查，发现在直肠中宿粪较多，可感到腹壁紧张和肠管有浮动状，其他病征都不太明显。

（3）母猪的腹膜炎　精神较差，喜伏卧，食欲不振，或仅吃少量稀食；严重时，食欲废绝，体温升高，呕吐，气喘，排粪很少。

（4）犬结核性腹膜炎　腹壁紧张，触诊时于腹膜上可触摸到小丘状肿瘤。而大家畜慢性腹膜炎，直肠检查，往往触诊到腹膜与其他器官，或各器官之间互相粘连，并感到腹膜面粗糙。

（5）禽卵黄腹膜炎　产蛋停止，采食量下降，腹部下垂，呈“企鹅”样。

3. 病理变化

（1）急性腹膜炎　腹膜充血、潮红、浑浊和粗糙、不透明，毛细血管新生。腹腔中具有一种浆液性浑浊渗出液，其中混有纤维蛋白絮片，腹膜面覆盖一层纤维蛋白膜，腹膜和腹腔各器官互相粘连。胃肠破裂或穿孔所引起的腹膜炎，则渗出液和腹腔内有食糜和粪便污染。任何类型腹膜炎，渗出液中都含有或多或少的红细胞。

（2）慢性腹膜炎　结缔组织增生，纤维蛋白机化，形成带状或绒毛状的附着物，或者结缔组织粘连。牛和猪由化脓杆菌感染而引起，则见有脓肿。此外，母牛和猪卵巢摘除手术后，常常形成腱索状骨样化，并与内脏器官相黏着。

4. 病程及预后

马的急性弥漫性腹膜炎，病程持续 2 ~ 4d，特别是穿孔性腹膜炎，往往于数小时内死亡。牛的急性弥漫性腹膜炎，病程延长至 7d 以上。局限性腹膜炎可形成粘连，病程达数周至数月之久。

5. 诊断

根据病史、症状和病理变化可作出诊断，必要时可作腹水检查。健康动物抽不出腹水或腹水量很少，颜色为淡黄、澄清。若腹水量增多，颜色改变，浑浊，甚或恶臭以及细胞成分和比例改变，即为腹膜炎和腹腔器官严重疾病的标志。

6. 治疗

治疗原则：病畜保持安静，消炎止痛，防止炎性渗出，促进炎性渗出物吸收。

腹壁创伤或手术创伤引起的，则应及时进行外科处理，同时对腹壁施行冷敷，有剧烈疼痛时，可应用盐酸吗啡，皮下注射。

为了消炎、缓解病情，减少疼痛刺激，以利炎症消退，可应用大剂量抗生素作腹腔注射。青霉素 320 万 U，链霉素 200 万 U，0.25% 普鲁卡因溶液 300mL，5% 葡萄糖溶液 500 ~ 1 000mL，加温（37℃左右），一次腹腔注射。为迅速制止炎症的发展，可同时肌内注射广谱抗生素或口服磺胺制剂。亦可用 25% 或 0.5% 普鲁卡因溶液作胸膜上封闭，以制止炎症。

防止肠臌气可内服鱼石脂。解除便秘，可用缓泻剂，并进行灌肠。减轻疼痛可用安乃近或冬眠灵，肌内注射。

为了增强机体的抵抗力，葡萄糖生理盐水 1500mL，马、牛一次静脉注射。改善血液循环，心脏机能，可及时应用安钠咖。如有大量渗出液时，宜用细套管针进行腹腔穿刺，排除腹腔渗出液。同时应用利尿素、安钠咖、醋酸钾，强心利尿。

二、腹　　水

腹水是大量浆液渗漏于腹腔内，故称腹腔积水。它不是独立的疾病，而是一种综合征。本病多见于犬、猫，牛也发生，马较少见。

1. 病因

因心脏、肾脏、门脉、肝脾、肠系膜淋巴结等慢性疾病及血液循环障碍，特别是门静脉淤血时，引起腹水。

（1）淤血性腹水　通常见于心脏瓣膜病、心包炎、犬心丝状虫病，肝硬变、实质性肝炎、肝肿瘤、肝棘球虫病、血吸虫病，肺泡气肿、间质性肺炎、肺结核以及肿瘤等。

（2）心肾机能不全腹水　心脏衰弱，肾病、慢性间质性肾炎，以及肠系膜动脉、门静脉或淋巴管受肿瘤所压迫，引起心、肾性腹水的发生。

（3）稀血性腹水　主要见于捻转血矛线虫病、肝片形吸虫病、肺虫病、锥虫病、马传染性贫血等，血液有形成分显著减少，水分增加，发生稀血性腹水，或称恶病质性腹水。

2. 症状

食欲减退，被毛粗乱，便秘，有时便秘和下痢交替出现，排尿减少，黏膜苍白或发绀，脉搏细数，体温正常，呼吸困难。病畜易疲劳，迅速消瘦，四肢下部浮肿。下腹部、呈两侧对称性膨胀，肷窝下陷。病畜体位改变时，腹部的形态也随着改变，腹部的最低处即膨起。

触诊腹部不敏感。如在一侧冲击腹壁，可听到拍水音，并可在对侧腹壁看到或摸到波动。叩诊两侧腹壁有对称性的等高的水平浊音，腹腔穿刺流出大量液体，透明或稍浑浊，淡黄、淡红或绿黄，有少量上皮细胞、红细胞和白细胞。

3. 病理变化

从腹膜病理变化看，由于受到腹水的浸染，其上皮细胞膨大、浑浊。有时上皮组织增生，腹膜变为肥厚，个别部分发生粘连和贫血。

4. 病程及预后

家畜腹水多为慢性经过，病程可持续数月乃至数年，病畜逐渐消瘦，会阴部、阴囊、包皮、乳房、下腹部等处发生浮肿。预后视病情而定，幼犬虽能痊愈，但多数病例预后不良。

5. 诊断

根据视诊、触诊及腹腔穿刺液试验结果，可确诊。需与下列疾病鉴别。

（1）腹膜炎　发热，全身症状明显，触诊腹壁、病畜感疼痛，腹腔液相对密度高，李瓦塔氏试验阳性。

（2）妊娠　母畜妊娠后期，下腹部向侧方膨隆，触压腹壁，可以感到胎动。

（3）子宫积水及蓄脓　通过直肠检查，进行试验性穿刺，以及腹壁触诊和叩诊的结果，即可确定诊断。

（4）膀胱麻痹　膀胱极度扩张，充满尿液，腹部略显膨隆，直肠内触诊，膀胱充满而紧张，触压有波动。

（5）膀胱破裂　膀胱和尿道结石，疼痛不安，不排尿，大量尿液流入腹腔，皮肤、汗液都具有尿臭。同时体温升高，其后陷于虚脱状态。

6. 治疗

首先着重治疗原发病，如肝硬变、心脏衰弱、肾脏功能不全等。

淤血性腹水：须应用强心利尿剂，促进血液循环，防止浆液渗透。可用洋地黄配安钠咖、利尿素、醋酸钾等药物进行治疗。犬发生腹水，可用洋地黄 0.3g，利尿素 0.3g，配合分作 6 次内服，2 次/d。

稀血性腹水：除治疗原发病外，应加强饲养护理，供给富有营养的饲料，同时应用强心剂和健胃剂，增进治疗效果。为了增加强心利尿作用，大家畜可用

10%氯化钙溶液100~150mL，静脉注射。小家畜可用氯化钙1~2g内服，并适当控制饮水，减少浆液渗透。

腹腔穿刺：下腹部右侧，距白线2~3cm，距胸骨剑状软骨部10~15cm，穿刺前，先用安钠咖皮下注射，防止虚脱。

第五节　禽胃肠疾病

一、嗉囊阻塞

嗉囊阻塞又称嗉囊弛缓、硬嗉囊，是家禽常见的内科疾病。家禽的嗉囊是食管扩大而形成的，主要功能是贮存食物。鸡的嗉囊较发达，食物充满时，突出于胸前稍偏右侧；鸭、鹅没有真正的嗉囊，仅在食管颈段形成纺锤形扩大部以贮存食物。嗉囊壁的构造与食管相似，黏膜内还有大量黏液腺分泌黏液；肌膜也由外纵行肌层和内环肌层组成，进行收缩和运动。在嗉囊内还有大量的微生物栖居，对食物进行初步发酵作用。嗉囊阻塞可发生于任何年龄的家禽，但最主要发生于幼火鸡。轻者影响营养物质的消化吸收，生长发育迟缓。成年家禽则产卵量下降或重者造成死亡。

1. 病因

长期饲喂粗硬多纤维和发霉的饲料。饲喂干草、麦秸、籽实、硬壳的谷物，或麻绳、尼龙绳等混入饲料内。此外，饲料配合不当、缺乏维生素及矿物质饲料，是诱发本病的主要原因。

2. 症状

食欲减退，精神不振，贫血及消瘦。嗉囊膨大而紧张，其中充满很坚实内容物，长时间不能排空。当将病禽倒提或张口时则有恶臭的淡色液体流出。若不及时抢救，造成嗉囊破裂或者穿孔，多会死亡。

3. 病理变化

嗉囊内有粗硬、带壳的谷粒等堆积，内容物坚实。嗉囊壁弛缓而胀满。

4. 治疗

为了排出嗉囊内容物，首先注入20~30mL植物油或50~100mL水，然后按摩，再将病禽头向下垂，尾部抬高，由口排出内容物。若无效，必须作嗉囊切开术（也是常见有效的方法），排出卡在嗉囊中的内容物。手术方法：术部拔毛，用2%碘酊消毒，作1.5~2cm长的切口，取出异物，用消毒液洗嗉囊。然后先缝合嗉囊，再缝皮肤。术后1~2d内喂易消化的饲料。

二、嗉囊卡他

嗉囊卡他是家禽采食霉变或易发酵的饲料以及其他的异物，在嗉囊中腐败发酵并产生大量气体，使嗉囊胀满的常见内科疾病，常见于鸡、火鸡、鸽子等。不论是成年禽或幼雏均可发生。

1. 病因

主要由于采食发霉变质的或易发酵的饲料，如种子、变质鱼粉、腐肉、酒糟以及其他的异物如烂布团、细绳、塑料碎片、化肥、污水和坚韧的杂草等，在嗉囊中不易或不能消化，停滞时间过长，则腐败发酵并产生大量气体，使嗉囊胀满，而引发本病。

某些中毒（如磷、砷、食盐及汞的化合物）亦可引起。

嗉囊卡他也可继发于鸡胃虫、鹅口疮、鸡新城疫及维生素缺乏症。

2. 症状

精神沉郁，两翼下垂，头向下，鸡冠呈紫色，从口或鼻孔排出污黄色的浆液及黏液。食欲消失。嗉囊柔软、发热，压迫嗉囊时则有恶臭的气体或液体内容物从口中排出。严重时病禽反复伸颈、频频张口、呼吸困难。病禽迅速消瘦衰弱，最后因窒息而死亡。

本病多呈急性经过，若病期延长则可发展为嗉囊下垂。

3. 治疗

为清除嗉囊内容物，将病禽尾部抬高，头朝下，拨开鸡口同时轻轻向口的方向挤压嗉囊，将内容物排出。冲洗嗉囊可用注射器吸取0.5%高锰酸钾溶液、3%硼酸溶液或5%碳酸氢钠溶液，经口注入冲洗嗉囊。

为了消除炎症可内服抗菌药，如阿莫西林、诺氟沙星、环丙沙星、磺胺二甲嘧啶等。

当嗉囊内容物不能排出时，可进行嗉囊切开术（见嗉囊阻塞）。

三、禽类肌胃角质层炎

禽类肌胃角质层炎又称肌胃糜烂，本病主要发生于3～6周龄的雏鸡。

1. 病因

一般认为禽类肌胃角质层炎发生与饲料中添加鱼粉过量有关。据试验，添加鱼粉量分别为1%、3%、5%、10%时，其发病率为23.1%、71%、91%、100%。鱼粉加热处理后，较易发生本病，可能是鱼体中所含有的游离组氨酸经高温处理及细菌的分解为组胺和挥发性盐基氮有关。

2. 病理变化

（1）肉眼变化　从外观可见嗉囊呈黑色，肌肉苍白，从口腔到直肠的消化道内有暗褐色液体，尤其是嗉囊、腺胃及肌胃内积满暗黑色液体（经镜检多数为红细胞）。腺胃松弛、无弹性，腺胃乳头部扩张、膨大、不鲜明，且黏膜增厚，有1～2mm大的溃疡。肌胃黏膜面皱裂排列不规则，肌胃与腺胃结合部位，以及在十二指肠开口部附近有不同程度的糜烂及米粒大或较大的散在性溃疡。较严重的病例在靠近十二指肠移行部的肌胃有3~5mm大的胃穿孔，且流出大量的暗黑色黏稠液体，沾污十二指肠或整个腹腔。在消化道中以十二指肠病变较显著，其内容物呈黑色，黏膜易剥离，其他脏器均无变化。

（2）组织学变化　肌胃角质层及腺胃腺体组织结构消失，炎症反应不显著，主要呈急性坏死，而腺体层有许多异嗜细胞及淋巴细胞浸润，严重者浆膜的肌层发生断裂，断裂边缘有少量单核细胞浸润，其他器官无明显的病变。

3. 症状

主要症状为发育不良，鸡冠变白，精神委靡不振，食欲不佳，脱水，全身羽毛逆立，头下垂，嗜眠，偶见病鸡或死亡鸡从口腔或鼻腔流出暗黑色液体。

4. 诊断

主要根据病理解剖，如肌胃与腺胃结合部及十二指肠开始部有溃疡及糜烂，消化道内容物呈黑色，同时对饲料进行分析，检查鱼粉的含量、鱼粉的来源等。

5. 治疗

发病2~3d可用弱的消毒剂，如0.01%高锰酸钾溶液，0.03%福尔马林溶液，0.2%硫酸铁或硫酸铜溶液，作饮水。磺胺类制剂：磺胺二甲嘧啶，用0.1%~0.2%混合于饮水中。

预防　控制鱼粉的用量。

四、卵黄腹膜炎

卵黄腹膜炎是由于卵巢释放出的卵黄进入于腹腔或其他病理因素引起卵黄膜破裂而落入腹腔中所致。本病多发生于产蛋母鸡。

1. 病因

根据临床资料分析，发生的原因有以下几种：

（1）由于饲料中钙、磷及维生素A、维生素D、维生素E不足，蛋白质过多，使代谢发生障碍，使卵巢卵泡膜或输卵管伞损伤，致使卵黄落入腹腔中。

（2）当成熟卵黄即将向输卵管伞落入时，鸡突然受惊吓，卵黄往往可误落入腹腔中。

（3）继发于鸡白痢、沙门氏菌病。病鸡的内脏器官中都含有病菌，特别是卵黄囊，卵巢滤泡变形，卵黄呈绿色或灰绿色，卵黄破裂，形成腹膜炎。

2. 症状

病初，母鸡不产蛋，随后则精神不振，食欲不良，行动缓慢，腹部过度肥大而下垂，呈“企鹅样”，有的母鸡腹部拖地而行。触诊腹下有疼痛感，有的还有波动感。

3. 病理变化

腹腔内有很多卵黄和大量脂肪堆积。此外，还有纤维素渗出物，致引起肠绊互相粘连。有时有腹水。

4. 诊断

本病根据临床特征和腹部触诊，不难获得正确诊断。进一步进行尸体剖检，则可确诊。

5. 防治

本病无治疗意义。发现病鸡应及时淘汰。主要可根据病因制定预防措施。

(1) 首先在产蛋期供给充足的钙、磷及维生素饲料，调整蛋白质饲料。

(2) 鸡在产卵期间，禁止驱赶和突然惊吓。

(3) 及时防治鸡白痢、沙门氏菌病。

（胡永灵 李旭红 邱伟海）

复习思考题

一、名词解释：肌胃糜烂、腹膜炎、前胃弛缓、食道阻塞。

二、问答题

1. 在饲养管理方面如何预防幼畜消化不良的发生？
2. 试述急性瘤胃积食临床特征与治疗措施。
3. 在临床上如何进行胃肠炎的诊断？在治疗上应采取哪些措施？
4. 简述犬急性小肠梗阻的诊断方法与治疗措施。

第三章 呼吸系统疾病

知识目标

- 掌握支气管、上呼吸道疾病特点、预防和治疗。
- 掌握肺脏疾病病因、症状、诊断、治疗和预防。
- 掌握胸膜疾病病因、治疗和预防。

技能目标

- 能熟练地进行感冒、支气管炎的诊断与治疗。
- 能熟练地进行卡他性肺炎、大叶性肺炎的诊断与治疗。

第一节 支气管与上呼吸道疾病

一、感 冒

感冒是由于受寒冷的影响，机体的防御机能降低，引起以上呼吸道感染为主的一种急性热性病。本病一年四季，尤以春、秋气候多变时多见，各种家畜均可发生。

1. 病因及机理

寒冷的突然袭击所致，如厩舍条件差，受贼风侵袭；舍饲的家畜在寒冷的气候条件下露宿，使役出汗后被雨淋风吹等。

寒冷因素作用于全身时，机体机能降低，上呼吸道黏膜的血管收缩，分泌减少，气管黏膜上皮纤毛运动减弱，致呼吸道常在菌大量繁殖。由于细菌代谢产物的刺激，引起上呼吸道黏膜的炎症，因而出现咳嗽、流鼻液，甚至体温升高等全身症状。

2. 症状

精神沉郁、头低耳耷、眼半闭、羞明流泪、结膜充血并有轻度肿胀。耳鼻端发凉、皮温不均，但体温升高。呼吸、脉搏增速。咳嗽、鼻黏膜充血、肿胀、流清鼻涕，时间长则鼻液脓稠，这时鼻炎明显。由于鼻痒，常见患畜摩擦鼻部止痒，尤以羊为常见。食欲减少或废绝，常有便秘（以猪较多见）。病重的畏寒怕冷、拱腰战栗、行走不灵，甚至躺卧不起。牛则磨牙、鼻镜干燥、反刍停止。猪多怕冷、喜钻草堆，仔猪尤为明显。有的病畜眼红多泪、口舌干燥。如能及时治疗，一般可很快痊愈，如治疗不及时，幼畜则易于继发支气管肺炎。

3. 治疗

治疗原则以解热镇痛、祛风散寒为主。

内服阿司匹林或氨基比林，牛 10 ~ 25g，猪、羊 2 ~ 5g。便秘的，可同时应用泻剂。

也可选用 30% 安乃近、复方氨基比林、复方奎宁（孕畜禁用）、穿心莲、柴胡等注射液，马、牛 20 ~ 40mL；猪、羊 3 ~ 5mL，一次肌内注射。

为了防止继发感染，可适当将磺胺类药物或抗生素，先锋霉素、维生素 C 加入葡萄糖生理盐水 500 ~ 1 000mL 混合静注，2 次/d。

二、支气管炎

支气管炎是支气管黏膜表层或深层的炎症。

1. 病因

（1）原发性支气管炎　主要是由于受寒或感冒，机体抵抗力降低，原呼吸道的内源性常在菌（如肺炎球菌、链球菌、化脓杆菌等）和外源性非特异病原菌大量繁殖而致病；机械性的刺激；化学性刺激，吸入气体如氯、氨、二氧化硫或火灾时热气流或投药或误咽时，异物进入气管引起发病。

（2）继发性支气管炎　多继发于某些传染病（如牛结核、口蹄疫、猪肺瘟、犬瘟热及传染性支气管炎、马腺疫、鼻疽、流行性感冒等）；寄生虫病（丝虫病等）；邻近器官的炎症蔓延（如喉炎、气管炎、肺炎等）。

2. 症状

（1）大支气管炎　主要症状是咳嗽，病初呈短、干、痛咳，以后随渗出物增多变为湿、长咳嗽；流鼻液，病初呈浆液性，以后流出黏液性或黏液脓性；肺部听诊，可听到湿性啰音和干性啰音，全身症状较轻，体温升高 0.5 ~ 1℃，一般 2 ~ 3d 后下降，呼吸和脉搏稍快。

（2）细支气管炎　通常是由大支气管炎蔓延而引起，因此初期症状与大支气管炎相同，当细支气管发生炎症时，多以腹式呼吸为主，全身症状明显，体温升高 1 ~ 2℃。主要症状是呼吸困难，可视黏膜发绀，脉搏加快，肺部听诊，肺泡呼吸音普遍增强，可听到干性啰音和小水泡音或捻发音。肺叩诊音较正常高朗，继发肺气肿时，叩诊呈鼓音。

（3）腐败性支气管炎　除具有急性支气管炎的症状外、呼出的气体有恶臭味和流有腐败臭味的鼻液，全身症状严重。

3. 诊断

以临床症状咳嗽、流鼻液，听诊有干、湿性啰音以及 X 射线检查肺部有纹理较粗的支气管阴影为主要诊断依据。应注意与其他性肺炎进行区别（见其卡他性肺炎）。

4. 治疗

原则是祛痰止咳和消除炎症。

（1）祛痰止咳　可选用溶解性祛痰剂，人工盐20～30g，茴香末50～60g，制成舔剂，牛1次内服，或用碳酸氢钠15～30g，远志30～40mL，温水500mL，牛1次内服。猪、羊酌减，犬、猫可内服复方甘草片、止咳糖浆。频咳且分泌物较少时，可选用镇痛止咳剂，如磷酸可待因，犬、猫也可应用盐酸吗啡0.1g，杏仁水10mL，茴香水300mL，充分混合，每次1匙，2～3次/d。

（2）消除炎症　为促进炎性产物的排出可采用蒸气吸入疗法（松节油、克辽林等），氨苄青霉素做气管内注射，或头孢拉定静脉注射，效果较好。若是病毒引起的，同时配合应用病毒灵或双黄连。

第二节　肺部疾病

一、卡他性肺炎

卡他性肺炎又称小叶性肺炎，主要为部分肺小叶群的炎症，炎症性质为卡他性。多半由支气管炎蔓延至肺泡而同时或先后发病，故又称支气管肺炎。临床特征以出现弛张热，叩诊肺区有散在的岛屿性浊音，听诊浊音区、肺泡音消失。

各种家畜均可发生，幼年动物更为多见。本病多发生于早春和晚秋季节。

1. 病因

（1）原发性病因　卡他性肺炎多数是在细支气管炎的基础上发生的，因此凡能引起支气管炎的各种致病因素，都是卡他性肺炎的病因。首先是受寒和感冒，特别是突然受到寒冷的刺激最易引起发病；幼年和老弱、过度疲劳、维生素缺乏的动物，由于抵抗力低易受各种病原微生物（如肺炎球菌、绿脓杆菌、衣原体、霉菌及病毒等）的侵入而发病。其次是受物理、化学及机械性刺激或有毒的气体、热空气的作用等。

（2）继发性病因　在咽炎及神经系统发生紊乱时，常因吞咽障碍，将饲料、饮水或唾液等吸入肺内或经口投药失误，将药液投入气管内引起异物性肺炎。某些传染病（猪流感、猪肺疫、马犬鸡传染性支气管炎、口蹄疫、牛恶性卡他热、犬瘟热）和寄生虫病（弓形虫病、肺丝虫病）或衣原体性等疾病均可引发肺炎。

2. 症状

病初，呈急性支气管炎的症状，随着病情的发展，当多数肺泡群出现炎症时，全身症状明显加重，患病动物精神沉郁，食欲减退或废绝，眼结膜潮红或发绀，体温升高至40～41℃，呈弛张热，有的呈间歇热。脉搏随体温的变化也相应改变，脉搏频率牛、马可达60～80次/min，猪、羊可超过100次/min，第二心音增强，呈混合性，呼吸困难，呼吸增数，呼吸频率牛、马30～40次/min，猪、羊可达100次/min左右。咳嗽症状较明显，初期为干、痛咳，后为湿性咳嗽，流出少量浆液性、黏液性或黏液脓性鼻涕，其流出量视炎症范围而定。

胸壁听诊时，初期现干性啰音，随渗出增多而变湿性啰音，由于渗出物常堵塞细支气管和肺泡，空气不能进入，故病灶区肺泡呼吸音减弱或消失，而健康部位肺泡音代偿性增强。胸壁叩诊，当病灶较大且接近肺的表面时，可发现散在的浊音区。

血液学变化，白细胞总数和嗜中性粒细胞增多，并伴有核左移现象。

X线检查，显示肺纹理增重，伴有散在灶性阴影区（图3-1）。

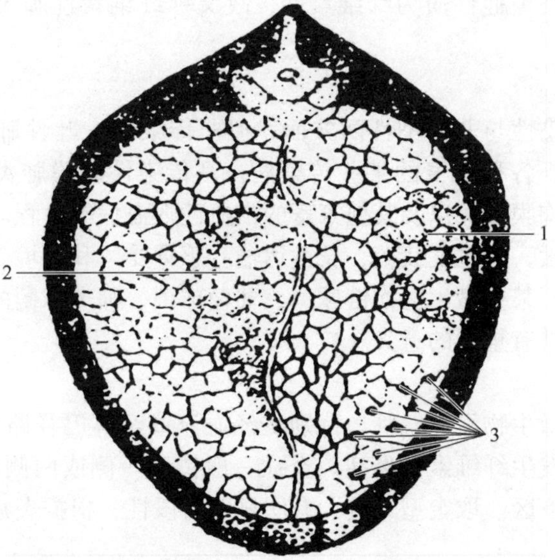

图3-1　牛肺炎模式图

1—肺表面的肺炎病灶　2—肺深部的肺炎病灶　3—个别肺小叶发炎

3. 诊断与鉴别诊断

根据病史和典型临床症状，即弛张热型，叩诊岛屿性浊音以及全身状况较重等，一般可做出初步诊断。可与支气管炎和大叶性肺炎区别。大叶性肺炎时，呈典型经过，稽留热型，胸壁叩诊，肺有大面积的浊音区，听诊有支气管呼吸音，依此可与本病鉴别。某些传染病（如猪气喘病、流行性感冒等）除表现本病症状外，尚具有流行病学特征和各原发病的固有症状。

4. 治疗

治疗原则为加强护理，制菌消炎，祛痰止咳。

制菌消炎：可使用磺胺类药物（见支气管炎）和抗生素，如青霉素，牛、马80万～100万U，猪、羊20万～40万U；链霉素，牛、马100万～200万U；猪、羊40万～80万U，溶解后混合，一次肌内注射，2次/d，连用数日。或四环素，牛、马每次1～2g，猪、羊0.3～0.5g溶于生理盐水作静脉注射，1～2次/d。

祛痰止咳以及对症疗法，可按照支气管炎的治疗方法进行。

中药治疗，宜清热降火，祛痰止咳。桑白皮30g、地骨皮30g、花粉30g、天冬30g、知母30g、贝母24g、黄芩30g、麦冬30g、栀子30g、桔梗24g、甘草18g，水煎去渣灌服（牛、马）。

二、大叶性肺炎

大叶性肺炎或格鲁布性肺炎，为一种高热且多呈定型经过的急性肺炎，炎症侵害大片肺叶。其炎症性质为纤维素性，故又称纤维素性肺炎。各种家畜皆有发生。

1. 病因

一般分为传染性与非传染性两方面，但非传染性大叶性肺炎在临床上很少见，一般多继发于各种家畜的某些传染病，马传染性胸膜肺炎、牛肺疫、猪肺疫、山羊传染性胸膜肺炎以及其他家畜的出血性败血症等过程。此外，降低机体抵抗力的各种因素，如过度疲劳，长途运输。感冒受寒和环境卫生等，皆可成为本病发生的因素。某些微生物如链球菌、葡萄球菌、肺炎球菌的继发感染，对本病的发生发展也具有重要的意义。

2. 发病机理

侵入机体的微生物沿支气管，特别是经血流或经淋巴径路侵害大片的肺叶，使多数肺泡同时发生纤维素性炎症。炎症一般位于一侧或两侧肺的尖叶、副叶、心叶和膈叶的前下区。取定型经过、有明显的阶段性，根据炎症的发展，可分为以下各期。

（1）充血渗出期　本期病程很短，持续12～36h。肺毛细血管扩张充血，随后浆液、纤维蛋白及白细胞和大量红细胞渗出。肺泡上皮肿胀脱落，充塞于肺泡和肺支气管内，病变部肺泡内的空气被排除，渗出物发生凝固，肺组织变为致密如肝样，进入肝变期。

（2）肝变期　肝变初期因凝固的渗出物内红细胞较多，外观呈红色，故称红色肝变期。此后，红细胞崩解，血红蛋白被吸收，红色减退，凝固物内以白细胞和纤维蛋白为主，外观呈灰色，称灰色肝变期。肝变期病程延续4～5d。

（3）溶解吸收期　在此期内，大量白细胞崩解，释放出来的蛋白分解酶将纤维蛋白等溶解，一部分被吸收，一部分于咳嗽时随痰排除，空气又进入肺泡，肺泡细支气管上皮及毛细血管再生而逐渐恢复。某些病变部位可能保持不溶解，渗出物被增生的结缔组织所代替而形成机化。未被吸收的肝变部分还可能发生坏死，液化形成肺脓肿，或在腐败菌的作用下形成肺坏疽。

3. 症状

病初，顿发高热，且呈稽留热型，持续6～7d后骤然下降至常温，食欲下降或停止，心悸亢进，呼吸增数，大片肺叶受侵时，则现呼吸困难。黏膜潮红带黄，肝变期变为弱咳，溶解期则现长的湿性咳嗽，鼻液为黏液脓性。充血和红色肝变期，鼻液内混有血液而呈铁锈色鼻液。听诊肺泡呼吸音粗厉，随后液体渗出时呈现湿性啰音，肝变区肺泡呼吸音消失。溶解期由于空气重新进入肺泡而又可听到湿性啰音。

叩诊：充血期呈现过清音，肝变期则现明显的大片浊音区。

血液检查：白细胞总数增多，嗜中性粒细胞比例增多且呈现核左移。

4. 诊断

本病特征为高热稽留热型，持续6~7d后骤然降至常温；临床上明显的定型经过，肺区叩诊大片浊音区以及有时出现的铁锈色鼻液。

非传染性纤维素性肺炎和传染性纤维素性胸膜肺炎的区别，主要应依据疫情调查。实际临床上，非传染性的很少，一般作为传染性胸膜炎或出血性败血症的出现。所以，如果发现同一地区同时或先后出现数个以上的病例，就应考虑按传染性疾病处理。

5. 治疗

除加强护理外，药物疗法可早期使用新胂凡钠明，通常按0.015g/kg体重计算，溶于5%葡萄糖生理盐水500mL内静脉注射。间隔3~5d后，再重复注射一次。注射前0.5h可先注射强心剂。注射时勿漏入皮下，如注射后出现虚脱现象，应及时皮下注射0.1%肾上腺素3~5mL（牛、马）。防止继发感染，可配合使用抗生素和磺胺类药物。

对症疗法，可使用强心剂和高渗氯化钠液、葡萄糖液进行输液。

为制止渗出，可静脉注射10%氯化钙液100~150mL（牛、马），病的恢复期为促进渗出物的吸收和排除可使用利尿剂，如利尿素，牛、马5~10g，猪、羊0.5~2g，1次/d，内服。

三、幼畜肺炎

幼畜肺炎是一种卡他性炎症，本病可发生于各种幼畜，特别是纯种的牛群和猪群，以及乳牛企业，由于它每年以厩舍流行的方式主要发生于早春、晚秋气候多变的季节，常引起大量发病。恢复后的犊牛、仔猪、马驹，间或羔羊的发育受到阻碍，所以在畜牧养殖业上有着重要意义。

1. 病因

本病发生的原因是多方面的，首先是幼畜的呼吸道在形态上和机能上均发育不完全，如呼吸道黏膜较幼嫩，血管丰富而通透性较大，咽的周围淋巴结发育不良，支气管腺分泌黏液较少，纤毛上皮运动较差，其清除异物和屏障防御机能较弱。肺的组织很柔软，在肺上分布的血管是浅表的。同时，神经反射装置尚未成熟。因此，幼畜肺炎与其他感染性疾病最易发生。饲养和管理不良，常是本病的主要诱因。如利用营养价值不全的饲料饲喂妊娠后期的母畜，则出生的幼畜体质常虚弱，对外界环境因素抵抗力降低。在干乳期获得维生素 A 和胡萝卜素不足的乳牛，生产的犊牛抵抗力降低，容易患肺炎。

2. 症状

幼畜肺炎有急性型和慢性型两种。

（1）急性型　多见于1～3月龄的幼畜。精神委靡，食欲减退或废绝。结膜充血，以后发绀。热度中等，心动次数增加，重症时因心脏血管机能变化而出现水肿；心音微弱，心律不齐。呼吸困难，多呈腹式呼吸，甚至头颈伸张。病初引人注意的症状是咳嗽，开始干而痛，后变为湿性咳嗽。马驹、犊牛和羔羊于每次咳嗽之后，常伴有吞咽动作，时而发生喷鼻声。同时出现鼻液，初为浆液性，后变为黏稠脓性。胸部叩诊呈现局灶性浊音。若病灶较小或在深部时，则叩诊音变化不大。听诊时在病初期因有支气管炎和支气管周围炎故有呼吸音加强，干性或湿性啰音，以后形成肺炎时，在病灶部呼吸音减弱或消失，可能出现捻发音。

（2）慢性型　多发生于3～6月龄的幼畜。最早的也是最显著的症状为一种间断性的咳嗽。起初比较稀疏，特别见于起立、卧下和身体运动之时，后来日益频繁。从病初起或者逐渐呼吸加速，呼吸困难（特别是在运动时），以及湿性和干性啰音，间或有支气管呼吸音。多数病例于胸壁叩诊时能诱发咳嗽。除多数病例仅有中度发热外，全身情况和食欲没有明显变化。

幼畜肺炎常并发喉头炎、气管炎、胸膜炎、胃肠卡他，若有并发症存在时，则症状复杂而严重。

3. 病理变化

幼畜的肺炎病变多发生在肺尖叶和肺中部，少见于膈叶。切面呈红色，黄褐色和灰色，压之有泡沫流出，不含空气。肺表面或深部有时形成化脓灶或坏死区。间或发生肝变。纵隔及支气管淋巴结肿大，切面充盛多汁。如并发胸膜炎时，肺表面，胸膜面上有绒毛样纤维蛋白沉着。有时肺与胸膜粘连。

X 射线检查，一般在肺的心叶有许多散在的灶状阴影，而很少为弥散状的阴影。

4. 诊断

本病可根据病史，如环境条件；临床症状，如咳嗽、肺部变化和 X 射线检查心叶的灶状阴影等而确诊。病原诊断须排除微生物感染，如犊牛病毒性肺炎、出败、肺炎型鹦鹉病、淋巴肉芽肿病等；仔猪蛔虫性肺炎、丝虫性支气管肺炎（小猪后圆线虫、犊牛网尾线虫、羔羊圆形线虫）等。

5. 治疗

治疗原则主要是加强护理、抑菌消炎、祛痰止咳以及对症治疗。

（1）加强护理　厩舍内要保持清洁，通风良好。天气暖和时要使幼畜随母畜在附近牧地放牧，或行适当运动，并给予哺乳母畜和幼畜以营养丰富的饲料。

若饲料中维生素含量不足，对肺炎幼畜可向乳中加入鱼肝油5~10mg，或给予维生素A、维生素C和维生素D制剂。当病畜消化不良时，可将上述维生素制剂作皮下或肌内注射。

在肺炎病程中，为了消除肺内静脉淤滞和氧不足的现象，可使病畜在新鲜空气场所自由运动；或管理在宽大而通风良好的畜舍内，这样可以减轻呼吸困难和咳嗽，从而也可改善肺内血液循环和丰富血氧。

（2）抑菌消炎 为了抑制病原微生物的发育，消除炎症和避免并发病的发生，广泛地使用抗生素疗法。青霉素肌内注射，犊牛、马驹160万~320万U，或链霉素肌内注射，犊牛、马驹100万U，羔羊或仔猪用量可酌减，2次/d，痊愈为止。也可用磺胺制剂，如10%磺胺嘧啶钠20~40mL（犊、驹），加入25%葡萄糖溶液，或葡萄糖生理盐水100mL静脉注射，2次/d。也可内服长效磺胺，驹、犊第一次0.2g/kg体重，以后1次/d，每次用半量；羔羊和仔猪用量酌减。为了增加磺胺制剂的疗效，在用磺胺制剂的同时，可加用磺胺增效剂。

为了促使炎症消散，也可用上述剂量的青霉素或链霉素，溶于5mL注射用水内，向气管内缓缓注入，1次/d；连用5~9次为一疗程。

病情严重时可应用四环素，按幼畜体重每1kg用10mg，溶于5%葡萄糖溶液中，行静脉注射，每日1~2次。

根据幼畜病情，也可并用抗生素和磺胺或两种抗生素以增强疗效。

对慢性病例，还可配合自家血液疗法。犊、驹自家血液15~30mL，皮下注射（羔羊和仔猪可酌减），每3~5d用1次，以增强机体抵抗力，加速疾病的痊愈。也可用同种健康动物血液肌内注射，按0.5mL/kg体重。

（3）祛痰止咳 咳嗽频繁而重剧的，可用止咳祛痰药，如复方甘草合剂或氯化铵等内服。

（4）对症治疗 为了防止渗出，可早期用钙制剂。心脏衰弱的可用维他康复强心剂。

四、霉菌性肺炎

霉菌性肺炎是由于环境卫生不良与霉败饲料中的霉菌或霉菌孢子，通过呼吸道吸入而发生。家禽还伴有气囊和浆膜的霉菌病。

1. 病因

由于饲料堆放时间过长，遭受阴雨连绵而使霉菌大量繁殖。搬动饲料时，霉菌及霉菌孢子可污染畜舍的空气，而被家畜吸入。当家畜采食时，饲料中带有霉菌而吸入。在马、牛主要由于烟色曲霉菌所引起，家禽为淡蓝色曲霉菌及葡萄状白霉菌，以及蓝色青霉菌等。

上述霉菌的孢子在潮湿的环境下很容易发育，在自然界中广泛分布。健康畜禽对自然情况下存在浓度的曲霉孢子的感染具有一定的抵抗力，当机体抵抗力减弱，或者有呼吸道卡他性炎症时，成为本病的发生因素，尤其是环境及饮料中尘埃太多时容易发生感染。

2. 症状

马具有小叶性肺炎的症状，从鼻孔流出污绿色黏液，显微镜检查可见霉菌的菌丝。黏膜苍白，肺部可听到啰音。病畜不能站立，经常卧地，四肢呈游泳样运动，家禽患病时多伏卧、拒食，对外界反应淡薄。如病程延长，则见呼吸困难，呈张口呼吸，有人认为这是本病的特征性症状之一。当详细观察，可见其吸气时颈部气囊明显扩大，一起一伏，呼吸时有嘎嘎声，晚上尤为明显，食欲增加，患禽多离群，闭目昏睡，精神委顿，消瘦很快，此外，冠及肉髯为暗紫色，并起皱、羽毛松乱。常有下痢，一般出现症状后 2 ~ 7d 内死亡。

3. 病理变化

在马、牛的肺脏上有大小不等的结节，小的如芝麻粒大，大的有豌豆大。小结节有的呈散在性和也有的互相融合。在小结节中间有化脓，其中含有霉菌丝。家禽的呼吸道黏膜有微绿色霉菌苔膜，尤其是支气管黏膜有炎症时，同时在支气管黏膜和气囊内有黄色干酪状或微绿色苔膜。肺脏中有大小不等至干酪性或者粟粒状结节，被结缔组织包围的支气管肺炎病灶。此外，还有化脓性、干酪性或者颗粒状结节，被结缔组织和出血病灶所包围；或者于肝变的肺组织中，有时在肝脏、脾脏及肾脏中也有这种结节。

4. 诊断

根据流行病学、症状及病理学变化可做出初步诊断；确诊则需进行微生物学检查。取病灶组织少许，置载玻片上，加生理盐水 1 ~ 2 滴，用细针将组织捣碎，在显微镜下检查，如见菌丝和孢子，即可做出诊断。

5. 治疗

根据病情可选用下列方法，硫酸铜：硫酸铜溶液（1∶3 000），作为饮水用，连用 3 ~ 5d，个体病禽可用细胶管投服。马、牛 600 ~ 2 400mL/次，连用 3 ~ 5d。羊、猪 120 ~ 480mL，家禽 3 ~ 5mL，灌服，1 次/d。

钾：在每升饮水中加碘化钾 5 ~ 8g。个体畜禽内服量为：马、牛 2 ~ 6g，猪、羊 0.5 ~ 2g，鸡 8mg；3 次/d。在年幼畜禽，药量酌减。

二性霉素 B：二性霉素 B（合霉素 B）能抑制若干引起全身性感染的霉菌，如组织胞浆菌、隐球菌、球孢子菌、念珠菌、芽生菌及孢子丝菌等。将二性霉素 B 用 5% 葡萄糖溶液稀释成每 1mL 溶液中含 0.1mg，缓慢静脉注射。按 0.12 ~ 0.22mg/kg 体重。

中草药：鱼腥草 60g、蒲公英 30g、筋骨草 15g、桔梗 15g、山海螺 30g、煎汁代替饮水，可供 1 000 只 10 ~ 20 日龄幼鸡 1d 服用，连用 2 周。

第三节 胸及胸膜疾病

一、胸 膜 炎

胸膜炎是伴有渗出液与纤维蛋白沉积的胸膜炎症。主要特征是胸腔内含有纤维蛋白性渗出物。按其病程可分为急性与慢性；按其病变的蔓延程度可分为局限性与弥漫性；按其渗出物的数量可分为干性和湿性；按其渗出物的性质可分为浆液性、浆液－纤维蛋白性、出血性、化脓性和化脓腐败性等。本病各种家畜都能发生，但常见于马类动物。

1. 病因

急性原发性胸膜炎比较少见，可发生于胸壁挫伤、穿透创、胸膜腔肿瘤，或机体抵抗力衰弱时微生物浸入胸腔所致。大多数胸膜炎乃是一种继发性的疾病。一般继发于吸入性肺炎、犊牛地方流行性肺炎、腹膜炎、创伤性心包炎、肋骨和胸骨骨折、骨疽或骨坏死、化脓性肺炎、鼻疽、腺疫、脓毒症、出血性败血病、胸部食管穿孔等。也有继发于牛、绵羊和山羊传染性胸肺炎，牛的脑脊髓炎和结核病等。胸膜炎的主要病原是巴氏杆菌、结核杆菌，化脓杆菌、支原体及纤毛菌等。

2. 症状

原发性病例在初期，常有精神不振，被毛蓬乱、食欲减少，震颤，体温升高，可达40℃以上，以后则降至39～40.5℃，呈弛张热或热型不定。如为化脓性胸膜炎，体温可能更高。有时由于病原与发炎性质而不同，故热型不定。触压胸壁表现疼痛，常向对侧躲避，甚至发生战栗或呻吟。病畜多取站立姿势，肘部外展，不愿走动、亦不愿躺卧。若因过度衰弱而躺卧时，多卧于健侧。安静时，间或有低沉微弱的咳嗽。

(1) 胸部叩诊　在病的初期以及在纤维蛋白性胸膜炎时，有时病畜表现疼痛及咳嗽加剧。在渗出性胸膜炎，因渗出液积聚，胸廓下部叩诊呈现水平浊音区。在马两侧浊音常为同一水平。而牛在躺卧时，由于渗出液转移，水平浊音区通常消失或缩小，若将病畜位置移动，则水平浊音也随之而变化。但在粘连性胸膜炎，则浊音区可能无变化。在浊音上部呈现清晰鼓音。

(2) 胸部听诊　病的初期，胸膜有纤维蛋白性渗出物附着而变得粗糙，可听到胸膜摩擦音；随着渗出液的蓄积，摩擦音消失，有时可听到拍水音，该部位的肺泡呼吸音减弱或消失，健康部位肺泡呼吸音则增强。

(3) 血液学变化　白细胞总数和嗜中性粒细胞数增多，核左移，淋巴细胞减少。

(4) 胸腔穿刺　胸腔积聚有大量渗出液时，穿刺时可以流出，颜色淡黄，李瓦塔氏试验阳性，如穿刺液有腐败臭味或脓汁时，则表示病情恶化，胸膜已化脓坏死。

（5）其他症状　食欲变化无常，身体消瘦，心音减弱，常有蛋白尿，尿中氮含量减少，渗出物开始吸收后，尿液又显著增加，呈现多尿。

3. 病理变化

急性胸膜炎的特征是胸膜潮红、粗糙而干燥（水肿、变厚、充血）。可在其上面见到一层疏松附着、容易撕碎的蛛网状或者较厚的纤维蛋白膜（纤维蛋白性或干性胸膜炎）。在渗出期，胸腔中含有大量纤维蛋白块团和浑浊的液体（马15～20L,甚至高达60L；猪2～10L）。胸膜增厚，胸膜的脏层和壁层发生粘连。肺的腹侧面衰萎，色彩暗红。

慢性胸膜炎时，有的肉芽组织大量增生，有的在发炎的胸壁上形成纤维蛋白性结缔组织，有的因结缔组织增生，使胸膜壁层与脏层或膈发生粘连。

4. 诊断

根据临床症状和病史，确诊并不困难。纤维蛋白性（干性）胸膜炎的特征，听诊时可以听到摩擦音，按压和叩诊胸壁时，常表现有触痛。渗出性胸膜炎的主要特征是胸廓下部出现水平浊音区。X射线检查，更容易确诊。

5. 治疗

治疗原则是消除炎症，制止渗出，促进渗出物吸收和排除，以及防止自体中毒。首先应停止劳役，给予柔软、富含营养的饲料，如为渗出性胸膜炎，则应适当限制饮水。

为了促进炎症的消散，可在胸壁上涂擦10%樟脑酒精、芥子精等刺激剂，而后可实行温包。亦可应用紫外线照射与透热疗法进行治疗。

为了抑制渗出物的产生，在马可用10%氯化钙100～200mL静脉注射，1次/d,可持续数日。

加速炎性渗出物的吸收与排除，马可用利尿剂、强心剂及轻泻剂。例如，撒乌安注射液50～100mL静脉注射，1/d次，可连用数日。

对有高热的病例，可用青霉素、链霉素、土霉素或磺胺药，必须采用适当剂量和持续一定日期，如磺胺噻唑每天为15～30g，二次分服，连续用到症状消失。

胸腔渗出液积聚过多，呼吸高度困难时，可进行胸腔穿刺，排除积液。必要时，可反复施行。化脓性胸膜炎，在施胸腔穿刺排出积液后，可用0.02%呋喃西林或0.1%雷佛奴尔消毒液冲洗胸腔。然后注射青霉素100万～200万U或磺胺噻唑油剂（磺胺噻唑30～50g，溶于新鲜植物油内）。

二、胸腔积液

胸腔积液是胸腔内积有漏出液，胸膜上并无炎症变化的一种疾病。此为其他器官或全身疾病的一种症状，常以呼吸困难为特征。

本病通常为两侧性，但也可因局部血液循环扰乱而发生一侧性胸水。

1. 病因

本病常因心脏疾病和肺脏的某些慢性疾病或静脉干受到压迫时，由于血液循环障碍而引起。慢性贫血和稀血症，以及长期的消耗性疾病也可引起胸腔积水。当有瘤压迫于胸导管上时，可发生乳糜性水胸。

2. 症状

病初，胸腔有少量漏出液积聚（绵羊 500mL，马 2 000mL），常看不出明显的临床症状。只有在液体积聚过多时，临床上出现呼吸浅表而困难，体温正常，心音高朗，在水平浊音区也可听到心音。叩诊时两侧呈水平浊音；若身体位置移动，液体水平也随着改变。听诊时，在浊音区听不到肺泡音，有时可听到支气管呼吸音。穿刺液为漏出液。本病若发生腹水，心包积水及皮下水肿，预后一般不良。

3. 诊断

根据缺乏全身性症状和叩诊胸壁的水平浊音不难确诊。但是，本病很容易与腹膜炎混同；胸膜炎有热征、摩擦音、胸部疼痛、咳嗽等。胸腔积水无上述症状出现。胸膜炎多发生于一侧，本病多发生于两侧。胸膜炎为渗出液而胸水则为漏出液。

4. 治疗

首先为改善饲养，加强护理，并适当限制饮水。根据临床症状配合对症治疗。如胸腔积液不多时，可用利尿剂和强心剂，以促进吸收和排除。当胸腔积液过多、呼吸特别困难、有窒息危险时，可施行穿胸术排出积液。

（邱伟海　白春杨　朱宏兵）

复习思考题

一、名词解释：霉菌性肺炎、大叶性肺炎、卡他性肺炎、胸腔积水

二、问答题

1. 简述支气管炎的诊断依据与治疗措施。
2. 试述大叶性肺炎不同时期临床表现与治疗措施。
3. 如何预防霉菌性肺炎的发生？

第四章　泌尿器官疾病

知识目标

- 掌握肾炎的病因、症状、诊断、治疗和预防。
- 掌握膀胱炎和尿石症的病因、症状、诊断、治疗和预防。
- 了解尿毒症、尿道炎的病因、治疗和预防。

技能目标

- 能熟练进行肾炎的诊断、治疗。
- 能熟练进行尿石症和膀胱炎的诊断、治疗。

第一节　肾脏疾病

一、肾　炎

肾炎是指肾小球、肾小管或肾间质发生炎症的病理变化的统称。主要特征是肾区敏感和疼痛，尿量减少，尿液含有病理产物。各种家畜均可发生，主要以马、牛和犬多见。

1. 病因

（1）感染的原因　多继发于某些传染病，由于病毒和细菌及其毒素作用于肾脏所引起。此外，由于邻近器官的炎症（肾盂肾炎、膀胱炎、子宫内膜炎、阴道炎）的转移蔓延而引起。

（2）中毒的因素　有内源性中毒，如胃肠道炎症、代谢疾病、皮肤疾患、大面积烧伤或烫伤时所产生的毒素、代谢产物或组织分解产物等。外源性中毒，如摄食有毒植物、大量霉变饲料、有强烈刺激性的药物或化学物质。有毒物质经肾排出时产生强烈刺激而发病。

（3）变态反应性肾炎。

（4）饲养管理不良等诱因　机体遭受风、寒、湿的作用，营养不良以及过劳等。

2. 症状

（1）急性肾炎　病畜精神沉郁，体温升高，食欲减退，消化不良，反刍紊乱。肾区敏感、疼痛，病畜不愿活动。站立时，拱背，后肢叉开或收于腹下。强迫行走时背腰僵硬，运步困难，步态强拘，小步前进。严重时，后肢不能充分提举前进。

按压肾区或行直肠触诊时，可发现肾脏肿大且敏感性增高。病畜呈疼痛反应，表现站立不安，拱腰摇尾，躲避或抗拒检查。

病畜频频排尿，多数病畜有少尿现象，个别病畜有无尿现象。尿液蛋白质检查呈阳性，尿沉渣检查呈阳性。

病程延长时，可出现血液循环障碍和全身静脉贫血现象。水肿并不一定经常出现，严重病例可伴发喉水肿、肺水肿或体腔积水。

（2）慢性肾炎　多由急性肾炎发展而来，但慢性肾炎发展缓慢，且症状多不明显，在临床上不易发现。

病初，患畜全身衰弱，疲乏无力，食欲不定，继而出现食欲减退，消化不良或严重的胃肠炎，病畜逐渐消瘦。病至后期，于眼睑、胸腹下或四肢末端出现水肿。严重时可发生体腔积液或肺水肿。

尿相对密度增高，蛋白质含量增加，尿沉渣中可见肾上皮细胞、少量红细胞和白细胞。重症病畜血中非蛋白氮蓄积，而引起慢性氮血症性尿毒症。

（3）间质性肾炎　根据肾受损害的程度不同，临床症状有差异。主要表现为尿量增多（初期）或减少（后期），尿沉渣中见有少量蛋白质、红细胞、白细胞及肾上皮细胞。脉搏充实、紧张。随病程的持续、出现心脏衰弱，尿量减少，相对密度增高，皮下水肿（心性水肿）。直肠内触诊肾脏，体积缩小，呈坚硬感，但无疼痛、无敏感现象。最后由于肾机能障碍，导致尿毒症而死亡。

3. 病程及预后

（1）急性肾炎　病程视肾脏的损害程度而不同，一般可持续1～2周或更多的时间，经适当的治疗和良好的护理而痊愈；或因病程拖长，转为慢性肾炎。重症病畜，多因肾机能不全或伴发尿毒症而死亡。

（2）慢性肾炎与间质性肾炎　经过缓慢，预后不良。

4. 诊断

主要根据病史，典型的临床症状，特别是尿液的变化做出诊断。必要时，亦可进行肾功能测定（酚红排泄试验、尿液浓缩、稀释试验），以确诊。

5. 治疗

治疗原则：清除病因，加强护理，消炎利尿及对症疗法。

（1）改善饲养管理　病初可施行1～2d的饥饿或半饥饿疗法。以后应酌情给予富含营养、易消化且无刺激性的饲料。限喂含盐饮水。

（2）消除感染　抗生素：宜选用青霉素，马、牛800万～1200万U，猪、羊320万～480万U，肌内注射，每隔6～8h注射一次。链霉素，马、牛5～8g，猪、羊1～3g，肌内注射，2次/d。

（3）抗变态反应　可选用醋酸泼尼松或地塞米松，肌内或静脉注射。

（4）利尿消肿　速尿，马、牛5～10mL，猪、羊2～5mL，肌内注射，1～2

次/d，连用3～5d后停药。利尿素，马、牛5～10g，羊、猪0.5～2g，内服。也可应用醋酸钾或25%氨茶碱注射液。

二、尿毒症

尿毒症是指肾功能衰竭发展到严重阶段，代谢产物和毒性物质在体内蓄积而引起机体中毒的全身综合征候群。它不是一种独立的疾病，而是泌尿器官疾病晚期发生的临床综合征。临床上可出现神经、消化、血液、循环、呼吸、泌尿和骨骼等系统的一系列症状和特征。各种动物均可发生。

1. 病因

尿毒症为继发综合征，主要是各种原因引起的急性或慢性肾衰竭，或者是由慢性肾炎、慢性肾盂肾炎等各种肾脏疾患所引起。

（1）毒性物质蓄积能引起尿毒症，归纳为5类毒物。

①胍类化合物：是精氨酸的代谢产物。

②胺类物质：包括脂肪族胺、芳香族胺和多胺。

③酚类化合物：是芳香族氨基酸的代谢产物。

④中分子毒性物质。

⑤大分子毒性物质。

（2）水、电解质代谢和酸碱平衡紊乱可引起尿毒症。尿毒症患畜常有钠、水潴留，代谢性酸中毒及低钠、低钙血症等。

2. 症状

临床上将尿毒症分为真性尿毒症和假性尿毒症两种类型。

真性尿毒症主要是因含氮产物，如胍类毒性物质在血液和组织内大量蓄积（氮质血症）。病畜表现精神沉郁，厌食，呕吐，意识障碍，嗜睡，昏迷，腹泻，胃肠炎，呼吸困难，严重时呈现陈－施二氏呼吸，呼出气有尿味。有出血性素质，贫血和皮肤瘙痒现象。血液非蛋白氮含量显著升高。

假性尿毒症是由其他（如胺类、酚类等）毒性物质在血液内大量蓄积，致使脑血管痉挛和由此引起的脑贫血所致，又称抽搐性尿毒症或肾性惊厥。临床上主要表现为突发性癫痫样抽搐及昏迷。病畜呕吐，流涎，厌食，瞳孔散大，反射增强，呼吸困难，并呈阵发性喘息，卧地不起，衰弱而死亡。

3. 诊断

根据病史调查，临床症状，血液和尿液生化检验结果，进行综合判断，做出确诊。

4. 治疗

治疗原发病，加强饲养管理，减少饲料蛋白和氨基酸的含量，补充维生素是防止尿毒症进一步发展的重要措施。

为缓解酸中毒，纠正酸碱失衡，可静脉注射碳酸氢钠。为纠正水与电解质紊乱，应及时静脉输液。为促进蛋白质合成，减轻氮质血症，可采用腹膜透析疗法，以清除体内毒性物质。

第二节 尿路疾病

一、膀胱炎

膀胱黏膜或黏膜下层的炎症。临床特征为疼痛性的频尿和尿液中出现较多的膀胱上皮细胞、脓细胞、血液及磷酸铵镁结晶。本病多发生于犬、牛，有时也见于马。

1. 病因

(1) 病原微生物感染　多数病畜是由于非特异性细菌感染，如化脓杆菌、葡萄球菌、绿脓杆菌等通过血液循环或尿道侵入膀胱所致，或是由于导尿时导尿管或手指消毒不彻底所引起。

(2) 邻近器官炎症的蔓延　动物患肾炎、输尿管炎、尿道炎，母畜患阴道炎、子宫内膜炎时，可蔓延至膀胱而发病。

(3) 机械性损伤　导尿管损伤膀胱黏膜或膀胱结石及膀胱新生物的刺激而发生。

(4) 各种有毒物质或强烈刺激性药物　如松节油、斑蝥、甲醛等，刺激膀胱黏膜时，亦可发生。

2. 症状

(1) 急性膀胱炎　特征性症状是排尿频繁和疼痛。膀胱黏膜敏感性增高，病畜频尿或呈排尿姿势，但每次排尿量较少或呈点滴状流出。排尿时表现疼痛。严重者由于膀胱黏膜肿胀或膀胱括约肌痉挛收缩，引起尿闭。公畜阴茎频频勃起，母畜摇摆后躯，阴门频频开张。

直肠触诊膀胱时，病畜表现疼痛不安，膀胱体积缩小呈空虚状。当膀胱颈组织增厚或括约肌痉挛时，由于尿液积留致使膀胱高度充盈。

尿液成分变化：卡他性膀胱炎时，尿液浑浊，尿中含有大量黏液和少量蛋白；化脓性膀胱炎时，尿中混有脓液；出血性膀胱炎时，尿中含有血液或血凝块；纤维蛋白性膀胱炎时，尿中混有纤维蛋白膜或坏死组织碎片，并具氨臭味。

尿沉渣中见有大量白细胞、脓细胞、红细胞、膀胱上皮细胞、组织碎片及病原菌。并有尿酸盐结晶。

(2) 慢性膀胱炎　症状与急性膀胱炎基本相似，程度较轻，无排尿困难现象，但病程较长。

3. 诊断

根据典型的临床症状和尿液检查，不难诊断，必要时可采用膀胱镜检查。要注意区别膀胱麻痹、膀胱痉挛和尿石症。

4. 治疗

膀胱炎的治疗原则是改善饲养管理、抑菌消炎、防腐消毒以及对症治疗。

本病治疗可参考肾炎治疗。

二、尿 道 炎

尿道黏膜的炎症。在临床中属于少见的一种泌尿器官疾病，可发生于牛、犬和马。

1. 病因

尿道的细菌感染：如导尿时，由于导尿管消毒不彻底，无菌操作不严密或尿道受伤被细菌感染；尿结石的机械性刺激和化学药物的刺激损伤了尿道黏膜后，细菌感染。

此外，邻近器官炎症的蔓延，如膀胱炎、包皮炎、阴道炎及子宫内膜炎时，炎症可蔓延至尿道而发病。

2. 症状

病畜频频排尿，排尿时，尿液呈断续状流出。此时公畜阴茎频频勃起，母畜阴唇不断开张，严重时可见到黏液——脓性分泌物不时自尿道口流出。尿液浑浊，其中含有黏液、血液或脓液，甚至混有坏死、脱落的尿道黏膜。

触诊或导尿检查时，病畜表现疼痛不安，并抗拒或躲避检查。

3. 诊断

根据频尿、排尿疼痛，尿道肿胀、敏感，导尿管插入紧张及疼痛不安，尿液中存在炎性产物但无肾、膀胱上皮细胞，可诊断为尿道炎。

4. 治疗

治疗原则：消除病因，抑菌消炎、防腐消毒（参看肾炎的治疗）。

当严重尿闭及膀胱高度充盈时，可考虑施行手术疗法。

三、尿 石 症

尿石症是指尿路中的盐类结晶凝结物，刺激尿路黏膜而引起出血、炎症和阻塞的一种泌尿器官疾病。各种动物都可发病。

1. 病因

长期饮水不足：饮水不足时则尿液浓缩，致盐类浓度过高而促进尿石的形成。

饲料中维生素 A 或胡萝卜素不足或缺乏时，可引起中枢神经系统机能紊乱，导致盐类形成的调节机能障碍。同时尚可引起肾及尿路上皮形成不全（角化）及脱落，导致尿石形成的核心物质增多而促进发病。

肾及尿路感染性疾患时，尿中细菌和炎性产物积聚，可成为盐类晶体沉淀的核心而形成结石。此外，近年来曾发现有应用磺胺类药物治疗病畜时，而出现结石形成的病例。

2. 症状

当尿石的体积细小且数量较少时，一般不显任何症状。但体积较大的结石，则呈现明显的临床症状。

尿石位于膀胱腔时，大多数病畜表现有尿频或血尿，膀胱敏感性增高。

尿石位于膀胱颈时，可呈现明显的疼痛和排尿障碍。病畜频频呈现排尿动作，但尿量较少或无尿排出。排尿时病畜呻吟，腹壁抽搐。

尿道结石，公马多阻塞于尿道的骨盆部，公牛则多发生于乙状弯曲或会阴部位。当尿道不完全阻塞时，病畜排尿痛苦且排尿时间延长，尿液呈断续或点滴状流出，有时排出血尿。当尿道完全阻塞时，则呈现尿闭或肾性腹痛现象。病畜后肢屈曲叉开，拱背缩腹，频频举尾，屡呈排尿动作，但无尿排出。尿道探诊时，可触及尿石所在部位，尿道外部触诊时有疼痛感。直肠内触诊时，膀胱胀满，体积增大，富弹性感，按压膀胱也不能使尿排出。长期的尿闭，可引起尿毒症或发生膀胱破裂。

3. 诊断

根据病史，临床症状，尿变化，尿道触诊以及直肠检查，进行综合诊断。如有条件时，可施行 X 射线透视或造影检查。

4. 治疗

给病畜以流体饲料和大量饮水。必要时可用利尿剂，以期形成大量稀释尿；对有草酸盐尿石的病畜，应用硫酸阿托品或硫酸镁；对有磷酸盐尿石的病畜，应用稀盐酸进行治疗。

对体积较大的膀胱结石，施行尿道切开手术或膀胱切开手术以取出结石。必要时，可施行尿道改向手术或阴茎切除手术；为了防止尿道阻塞引起的膀胱破裂，可施行膀胱穿刺排尿。

（胡永灵　张冬波　张传师）

复习思考题

一、问答题

1. 试述肾炎的临床特征。

2. 试述肾炎的症状及综合治疗的措施。

3. 试述膀胱炎的诊断要点及治疗方法。

二、病例分析题

1. 一头奶牛，体温 40.5℃，脉搏 75 次/min，呼吸数为 24 次/min。食欲减退，反刍减少，排尿减少呈暗红色。拱背垂头站立，不愿走动，驱赶行走两后肢举步不高。触诊肾区敏感，直肠检查，肾脏肿大。听诊第二心音增强，尿液检查，尿中含有大量的红细胞、白细胞和肾上皮细胞。

试问：根据以上症状资料，你怀疑奶牛得了什么病？该如何治疗？

2. 一宠物犬，近一段时间时常出现尿频，排尿时呻吟，腹壁抽搐，外部触诊膀胱内有坚硬感，患犬表现疼痛感，人工导尿膀胱空虚。

试问：根据以上症状资料，你怀疑该犬得了什么病？该如何治疗？

第五章　神经系统疾病

知识目标

● 掌握脑膜脑炎的发病特点、预防和治疗。

技能目标

● 能熟练进行日射病和热射病的诊断、治疗。

一、脑膜脑炎

脑膜脑炎主要是受到传染性或中毒性因素的侵害，首先软脑膜及整个蛛网膜下腔发生炎性变化，继而通过血液和淋巴途径侵害到脑，引起脑实质的炎性反应；或者脑膜与脑实质同时发炎。一般通称脑膜脑炎，呈现一般脑症状或灶性症状，是一种伴发严重的脑机能障碍的疾病。

本病主要发生于马、犬，间或发于猪、牛和羊；其他动物亦有发生。

1. 病因

主要由于内源性或外源性的传染性因素引起的，亦有中毒性因素所致。

（1）条件致病菌的侵害　例如链球菌、葡萄球菌、肺炎球菌、双球菌、巴氏杆菌、化脓杆菌、坏死杆菌、李氏杆菌、猪流感嗜血杆菌以及沙门氏菌等。

（2）继发于传染病和寄生虫　受到马蝇蛆、马圆虫的幼虫、脑包虫、猪与羊囊虫以及血液原虫病的侵袭，狂犬病等某些传染病经过中出现脑膜脑炎。

（3）饲养管理不当　受寒、感冒、过劳、中暑、脑震荡、车船输送、卫生条件不良、饲料霉败或精料（豆类）饲喂过多等，均能促进本病的发生。

（4）中毒性因素　主要在铅中毒，猪食盐中毒，马、驴霉玉米中毒等过程中，都具有脑膜脑炎的病理现象。

2. 症状

（1）病畜呈现兴奋与抑制交替发作现象。

兴奋期：病畜知觉过敏，皮肤感觉异常，甚至轻轻触摸即引起剧烈疼痛，个别有举尾现象；瞳孔缩小，视觉扰乱，反射机能亢进，容易惊恐，呼吸疾速，脉搏增数。

抑制期：呈现嗜眠、昏睡状态，以及各种强迫姿势，瞳孔散大，视觉障碍，反射机能减弱乃至消失。呼吸缓慢而深长；脉搏有时减少。在末期濒死前，多呈现潮式呼吸，间断呼吸，脉微欲绝。

（2）出现灶性症状：主要是痉挛和麻痹两个方面。如眼肌痉挛：眼球震颤，斜视，瞳孔左右不同（散大不均匀），瞳孔反射机能消失；咬肌痉挛：牙关紧急

(咬牙切齿)，轧齿（磨牙）；唇、鼻、耳肌痉挛：则唇、鼻和耳肌收缩；项肌和颈肌痉挛或麻痹：项和颈部的肌肉强直，头向后上方或一侧反张；倒地时，四肢作有节奏的游泳样运动；咽和舌肌麻痹时，吞咽障碍，舌脱垂；眼肌和耳肌麻痹时，斜视、上眼睑下垂；耳弛缓下垂；单瘫与偏瘫：一组肌肉或某一器官麻痹，或半侧机体麻痹。

上述病症，不一定同时出现，有时某一器官或某一组肌肉痉挛，或麻痹比较明显，有时则痉挛现象较为多见，或有时有麻痹现象。

3. 病程及预后

急性病例一般在 24h 内死亡。病程缓和的，病程数天乃至一周后，多预后不良。

4. 病理变化

软脑膜小血管充血、淤血，轻度水肿，有的有小出血点。蛛网膜下腔和脑室内的脑脊液增多、浑浊，含有蛋白质絮状物；脉络丛充血，灰质与白质充血，并散在小出血点。有的大脑皮层、基底核、丘脑、中脑、脑桥等部位有针尖大至小米粒大的灰白色坏死灶，脑实质疏松软化。病毒性与中毒性的病例，脑组织与脑膜的血管周围淋巴细胞浸润。结核性脑膜脑炎，具有胶样或化脓性浸润。

慢性病例，软脑膜肥厚，呈乳白色，并与大脑皮层密接。

5. 诊断

根据病史调查，临床症状及病情发展过程，可以诊断。

但在临床实践中，有些传染病或中毒性疾病所引起的脑功能障碍，则与本病容易误诊，要注意鉴别。

(1) 急性热性传染病　通常由于受到病原微生物及其毒素的侵害，往往引起中枢神经系统机能紊乱，有时与本病容易混同。但一般脑症状不明显，与本病区别。

(2) 马传染性脑脊髓炎　临床症状很相似，但马传染性脑脊髓炎主要发生于马，而牛、羊、猪等则无感受性，多于秋季流行，除中枢神经系统机能紊乱外，还有高度黄胆，与本病有明显区别。

(3) 霉玉米中毒　其临床症状与本病相似，但其主要发于驴、骡、马，而其他动物很少发生。虽有明显的神经症状，却有胃肠黏膜充血、出血和坏死，伴发腹痛、下痢，与本病鉴别。

(4) 李氏杆菌病　神经型的临床症状与本病类似。但其主要侵害羊（绵羊和山羊)、牛和猪，而马属动物少见，多发于春秋两季，有时呈地方性流行，伴发下痢、咳嗽，以及败血症现象。

6. 治疗

治疗原则：加强护理，降低颅内压，保护大脑，消炎解毒。

(1) 护理　应将病畜放置在宽敞、通风、安静的畜舍中，多铺褥草，墙壁应平滑，防止兴奋发作冲撞。若系传染因素引起的，更需隔离观察，严密消毒，加强防疫卫生，防止传播。病的初期，体温高，颅顶灼热，可以用冷水淋头，诱导消炎。

(2) 降低颅内压　体质较好的动物可适当放血，再静脉注射10% ~25% 葡萄糖溶液；如果血液浓稠，可用20%甘露醇溶液，或25%山梨醇溶液，按1 ~2g/kg体重，静脉注射，应在30min内注射完毕，降低颅内压，改善脑循环。若在注射后2 ~4h出现大量排尿，中枢神经系统紊乱现象，即可好转。

(3) 镇静安神　用2.5%盐酸氯丙嗪溶液，牛、马10 ~20mL，猪、羊2 ~4mL，肌内注射。亦可用10%溴化铵溶液，牛、马50 ~100mL，静脉注射。

(4) 消炎解毒　盐酸四环素，大动物2 ~3g，混入5%葡萄糖生理盐水1 000 ~2 000mL，静脉注射，但肝脏与肾脏功能障碍时，不宜应用，可改用青霉素，必要时配合链霉素，肌内注射。

(5) 辅助治疗　强心利尿，可以用高渗葡萄糖，小剂量，多次静脉注射；同时用安钠咖，氨茶碱，皮下注射；也可以用40%乌洛托品，牛、马40 ~50mL，加适量维生素C和B族维生素，配合葡萄糖生理盐水，静脉注射，均为有益。

二、日射病及热射病

动物在炎热季节中，头部受到日光直射时，引起脑及脑膜充血和脑实质的急性病变，导致中枢神经系统机能严重障碍，称为日射病。在炎热季节潮湿闷热的环境中机体产热多，散热少，引起严重的中枢神经系统功能紊乱，称为热射病。又因大量出汗、水盐损失过多，可引起肌肉痉挛性收缩，故又称为热痉挛。

实际上，日射病、热射病，都是由于外界环境中的光、热、湿度等物理因素对动物体的侵害，导致体温调节功能障碍的一系列病理现象，故统称为中暑。

本病见于猪、马、牛、羊、犬等，在炎热季节中较为多见，病情发展急剧，甚至迅速死亡。

1. 病因

盛夏三伏，潮湿闷热，辱暑熏蒸，各种动物常发生日射病及热射病。其发病原因，包括饲养管理不当，长期缺少运动，体质虚弱，或因暑热炎天，劳役过度，出汗过多，饮水不足，或因畜舍狭小，通风不良，潮湿闷热等。

2. 症状

(1) 一般性症状　大多数病畜精神沉郁，站立不稳、卧地不起，甚至昏迷。但也有的表现兴奋不安，乱冲撞，难以控制。随病程恶化，出现心律不齐，血液循环障碍，静脉淤血，黏膜发绀，呼吸困难，张口吐舌。

(2) 日射病 初期，精神沉郁，有时眩晕，四肢无力，步态不稳，共济失调，突然倒地，四肢作游泳样运动。眼球突出，神情恐惧，有时全身出汗。病情发展急剧，心血管运动中枢、呼吸中枢、体温调节中枢的机能紊乱，甚至麻痹。心力衰竭，静脉怒张，脉微欲绝；呼吸急促，节律失调；有的体温升高，皮肤干燥，汗液分泌减少或无汗。瞳孔初散大，后缩小。兴奋发作，狂暴不安。有的突然全身性麻痹，皮肤、角膜、肛门反射减退或消失，腱反射亢进，常常发生剧烈的痉挛或抽搐，迅速死亡。

(3) 热射病 体温急剧升高，甚至达到43℃以上；皮温增高，直肠内温度灼手，全身出汗。特别是在潮湿闷热环境中劳役或运动时的牛、马，突然停步不前，鞭打不走，剧烈喘息，晕厥倒地，状似电击。猪，病初不食，喜饮水，口吐泡沫，有的呕吐。继而卧地不起，神识昏迷，或痉挛、战栗。

3. 病理变化

日射病及热射病的病理学变化，两者之间有其共同的特征，即脑及脑膜的血管高度淤血，并有出血点；脑脊液增多，脑组织水肿；肺充血和肺水肿；胸膜、心包膜，以及肠黏膜，都具有淤血斑和浆液性炎症，乃至肝脏、肾脏、心脏和骨骼肌发生变性。

4. 诊断

根据发病季节（炎热夏季、多因使役过度、饮水不足，阳光直接照射或因通风不良，闷热）动物体质情况，以及临床症状可以作出诊断。

5. 治疗

治疗原则：防暑降温，镇静安神，强心利尿，缓解酸中毒。

先将家畜放到通风阴凉处，冷敷料和用冷水擦洗，并结合饮用大量冷人工盐水，以促进机体散热。同时可用2.5%氯丙嗪，牛、马10~20mL，猪、羊4~5mL，肌内注射，缓解痉挛，促进散热。

肺充血和肺水肿时，视体质，可立即放血，大动物1 000~2 000mL，小动物100~200mL，放血后，用复方氯化钠溶液，大动物1 000~2 000mL，小动物100~300mL，静脉注射，隔3~4h，重复注射一次。若无复方氯化钠溶液，也可用5%葡萄糖生理盐水和维生素C，促进血液循环，缓解呼吸困难，减轻心肺负担，保护肝脏，增强解毒机能。

心力衰竭、虚脱时，宜用25%尼可刹米，大动物10~20mL，皮下或静脉注射。或用0.1%肾上腺素溶液，大动物3~5mL，10%~25%葡萄糖溶液，大动物500~1 000mL，小动物50~200mL，静脉注射。其后，可用安钠咖或樟脑注射液，皮下注射，1次/4~6h，促进康复过程。

有自体中毒现象，5%碳酸氢钠溶液，牛、马500~800mL，静脉注射。

6. 预防

在炎热季节中，必须作好饲养管理和防暑工作，保证家畜健康。

三、脊髓震荡与挫伤

1. 病因

脊髓震荡和挫伤是因外力的作用使椎骨骨折或脊髓损伤所致。脊髓组织病变明显称为脊髓挫伤，病变不明显称为脊髓震荡。临床上以脊髓节段性运动障碍，排粪、排尿障碍，感觉障碍为特征。

2. 症状

损伤的部位、范围及程度不同，症状有异。脊髓全横径损伤时，出现损伤节段后侧的中枢性瘫痪、双侧深浅感觉障碍和植物神经功能异常，表现排粪、排尿障碍和汗腺功能障碍；脊髓半横径损伤时，病侧的深感觉障碍和运动麻痹，对侧的浅感觉障碍。脊髓灰质腹角损伤时，损伤部所支配区域的反射消失、运动麻痹和肌肉萎缩。

不同节段的脊髓损伤的临床症状表现不同，如第一至第五节（C1～C5）段颈髓全横断损伤，支配呼吸肌的神经核与延髓呼吸中枢的联系中断，动物呼吸停止，迅速死亡；半横径损伤时，四肢轻瘫或瘫痪，四肢肌肉张力和反射正常或亢进，损伤部位后方痛觉减退或丧失，排粪排尿障碍。如第六节段颈髓至第二节段胸髓（C6～T2）全横断损伤，呼吸不中断，呈现以膈肌运动为主的呼吸动作(膈呼吸)，共济失调，轻瘫或瘫痪，前肢肌肉张力和反射减退或消失，肌肉萎缩。后肢肌肉张力和反射正常或亢进，损伤部后方感觉减退或消失，排粪、排尿障碍。

3. 治疗

保持安静，避免活动，减少刺激，多铺垫草，防止褥疮，消除感染，消炎止痛，兴奋中枢，促进反射为本病的治疗原则。必要时实行人工导尿和直肠取粪。肌肉麻痹时，应勤按摩，或实行其他的理疗或电疗法。

（邱伟海　李旭红）

复习思考题

1. 日射病与热射病发生时如何急救？其预防措施有哪些？
2. 当脑膜脑炎发生时我们可以采取哪些综合性防治措施？

第六章　被皮系统疾病

知识目标

- 了解皮肤病的种类及发病病因、主要临床表现和基本的诊断方法。
- 掌握脱毛症、皮炎、自咬症、湿疹的临床特点和治疗方法。

技能目标

- 熟练地掌握脱毛症的诊断方法和治疗措施。
- 熟练地掌握皮炎的诊断方法和治疗措施。
- 熟练地掌握自咬症、湿疹的诊断方法和治疗措施。

动物的被皮系统是由皮肤及皮肤衍生物组成，皮肤是由表皮、真皮和皮下组织三层结构构成，它具有保护、感觉、调节体温、分泌、排泄以及贮藏营养物质的作用。皮肤衍生物包括毛、皮肤腺、蹄等。小动物皮肤病在临床疾病中占有很大的比例，特别是犬、猫等宠物疾病中，皮肤病占有相当的比例。由于病因复杂，种类繁多，因而对皮肤病的认识不够深入，在认识中存在误区，从而导致诊断困难或产生误诊，或者用药不当，故动物皮肤病的治疗不理想，治愈率不高。

动物皮肤病的种类繁多，临床上将动物皮肤病大致可以分为下列几种：

①生物性因素皮肤病：如寄生虫性皮肤病、细菌性皮肤病、真菌性皮肤病、病毒性皮肤病等。

②物理性因素有关的皮肤病：由冻伤、电伤、烧伤、烫伤、创伤、殴斗伤等引起。

③化学性因素有关的皮肤病：如酸或碱性物质、粉尘过敏、食物过敏、药物过敏环境中的化学物质（花粉、灰尘等）等引起。

④自体免疫性皮肤病：由系统性红斑狼疮、自身免疫溶血性贫血、免疫介导性血小板减少症等引起。

⑤激素性皮肤病：由甲状腺机能减退、肾上腺皮质机能亢进、性激素不足或亢进、生长素不足等引起。

⑥其他皮肤病：如脂溢性皮炎、中毒性皮炎、营养代谢性皮肤病。

动物皮肤病的诊断：动物皮肤病的一般症状为脱毛、掉毛或出现斑块，常因瘙痒而发生摩擦，抓 、啃、咬致使病变部发生破溃、出血，进而发生感染。兽医在诊断皮肤病过程中，多采取问诊，视诊等一般检查方法，多凭经验来进行诊断。在有条件的情况下也进行实验室诊断，更有利于疾病的确诊。

一、脱 毛 症

这是指患病动物在非正常换毛季节呈现局部性或全身性被毛脱落，它不是一种疾病，而是许多皮肤病的一种症状，这种脱毛症常由于动物的内分泌紊乱及蠕形螨和癣菌所致，也可见于犬的洗澡不合理、理化因素的刺激、外伤和遗传等。

1. 病因及临床症状

（1）内分泌紊乱性脱毛　可发生于各种动物，其早期变化为色素沉着、多皮屑、被毛稀疏等，随后出现脱毛症，对称地分布在患畜的腹肋、胸股部。目前多见的有甲状腺素性、肾上腺素和性腺机能紊乱。

（2）由癣菌病引起脱毛　是由皮肤条件性致病真菌（又称皮霉菌）所致，能引起表皮层，毛和爪的损伤。

（3）蠕形螨病引起脱毛　蠕形螨局部感染常见于面部和腿部，多数病畜呈慢性，个别病畜发展致深部组织化脓。

（4）洗澡不合理引起脱毛　此种情况主要发生在犬，犬缺乏汗腺，仅在脚垫、鼻头有汗腺。犬的皮肤为中性皮肤，如果洗澡次数过多或用不合适的洗发液、如酸性或碱性洗发液，长期使用会不利于犬的角质层，引起皮肤对病原微生物的抵抗力下降。

（5）先天性脱毛　又称稀毛症，具有遗传性，多发生于卷毛狗，黑白色杂种犬，杜伯曼犬，腊肠犬和威伯赛犬，多由基因突变出现。小犬出生后偶有局部（额、头顶、下腹、股部）无毛或出生后正常，但不久后开始脱毛，鳞屑增多，几年后整个机体都脱毛，仅留头部，四肢和尾部的被毛，甚至全身性脱毛，除脱毛外，其他并无异常。

2. 诊断

主要依据饲料分析、饲养管理、临床症状、激素含量测定，伍德氏灯观察，显微镜观察等方法，找出病因，或发现真菌、蠕形螨等。

3. 治疗

针对病因，采取不同措施：治疗时先剪掉炎症区及周围的被毛，用酒精等清洁病灶，大面积炎症需用硫磺皂或洗发剂洗澡，去掉表面病皮，局部使用低毒、高效、易渗透的药物，如石硫合剂、0.5%敌敌畏、敌百虫等涂擦可望治愈。有人推荐，使用0.75%酒精鱼腾酮局部涂擦疗效较好，病情严重者，可进行综合治疗，常用的治疗药物，口服或注射甲硝唑、伊维菌素、维生素B_6及复合维生素B，兼外用甲硝唑霜、苯甲酸苄酯乳剂等均有疗效。如果病畜伴发细菌感染应考虑局部或全部使用抗生素治疗。

癣菌病，首选药物为灰黄霉素，每日剂量按15mg/kg体重，喂饲高脂肪食物以促进肠道吸收，局部可涂擦克霉唑等抗菌制剂。

有睾丸足细胞瘤的雄性动物需摘除睾丸，同时口服或注射睾丸激素。卵巢机能紊乱的母畜应切除两侧卵巢或子宫。试用甲状腺素，按说明书服用，4～8周为1疗程，头2周用药量递增，以后递减，可收到较好的疗效。

二、皮　炎

不论何种原因引起动物皮肤的炎症均称为皮炎。多发生于皮肤的表皮和真皮层。临床上以红斑、丘疹、水疱、局部湿润、结痂、脱屑、瘙痒和灼热感为特征。

（一）接触性皮炎

1. 病因及临床症状

这是一种由于环境中的物理、化学因素作用畜体引起的皮肤炎症，家畜在生活过程中，皮肤与地面、墙壁、树木，特别是与粪便、污渍相接触，特别是腹部皮肤因被毛稀疏、经常接触地面，更易受到草、混凝土、柏油面、塑料、地板以及表面残留的化学物质，如杀虫剂、消毒剂的刺激和腐蚀，皮肤的炎症可能是由于直接用化学剂刺激所致，或者是因过敏反应引起。

临床常表现为腹部、大腿和胸等部位突然出现红肿、脱皮、结痂、组织渗出和继发感染，对于犬来说，由于犬的舐咬，这种炎症也会在犬的足和会阴等处见到。

2. 诊断

主要依据临床症状和病史。

3. 治疗

目的是减少接触刺激，控制感染，促进愈合。

（1）消除环境致病因素，如与动物体接触的化学制剂、水泥地、青草等。

（2）创部可使用黏膜消毒药，如用雷佛奴尔清洗，而后使用皮质激素膏剂，或配合应用抗生素；较严重的病例可选用可的松。

（3）大面积较为严重的炎症，应同时服用皮质激素和抗生素。

（二）擦烂

皮肤表面过度的潮湿会影响正常的表皮层角化，降低皮肤自然屏障的抵抗力，而易被损伤和感染，当伴有一定程度的擦伤时，这种湿性皮炎为擦烂，主要发在动物皮肤的皱褶内。炎症的初期表现为红肿、疼痛，如不及时发现和治疗，常因组织渗出和继发感染而加重皮肤炎症反应，甚至出现恶臭、溃疡。

治疗目的主要是降低湿度，减少摩擦，控制感染。

（1）保持皮肤清洁、干燥。

（2）坚持每日患部涂擦皮质激素、抗生素制剂或者龙胆紫。

（3）慢性病例可应用1%硝酸银灼烧或彻底的皮褶切除手术。

（4）趾间擦烂，剪除趾间长毛，以有利于通风和清洁。雨天应冲洗掉趾间的污染杂物，擦干后涂药。

(5) 伴有严重化脓感染的病畜，应全身使用抗生素。

(三) 急性湿性皮炎

这是一种伴有严重继发感染的渗出性皮炎。多见于传染性因素，如细菌、病毒、真菌感染，外寄生虫（螨、蜱、虱、蚤）和内寄生虫（微丝蚴）侵害，此外还有血吸虫皮炎、杆虫性皮炎、钩虫性皮炎。临床上以发病急、疼痛明显、迅速蔓延为特点。24h 内出现大面积红肿、炎性渗出、化脓、脱毛和结痂等病理变比。常在有致密绒毛的犬种，如德国牧羊犬中发生，多见于温暖、潮湿的夏季。

治疗时要剪掉病灶周围的被毛，应用防腐消毒剂轻轻擦去炎性分泌物及结痂，局部保持干燥或涂龙胆紫、抗生素等药剂，如有瘙痒需使用皮质激素，剧痛而神经紧张的犬应使用镇静、止痛药物。

三、自 咬 症

自咬症是食肉毛皮动物或杂食性动物发生的以定期兴奋、啃咬自己身体某一部分为特征的一种慢性疾病。在兴奋时，病畜常啃咬自己身体的一定部位，咬坏皮毛，严重者可导致败血症，最后因极度衰竭而死亡。本病多见于水貂、狐狸等胆小动物，任何季节都可发生，以春、秋两季多见。貂群发生本病时，没有明显的地区性，常以散发为主。

1. 病因

本病发生原因目前尚无确切结论。

(1) 营养因素　貂缺乏铬、钴元素可引起代偿性自咬，继而引起皮肤炎症，产生强烈的痒感使自咬加重。另外，神经兴奋性升高也是促进自咬的一个重要的因素。

(2) 感染因素　有人认为，自咬症可能与某些病毒的感染有关。另外，认为皮肤上有体表寄生虫（螨、虱子等）或者是一些真菌（癣等）感染，导致体表瘙痒、烦躁而诱发自咬。有报道认为狐狸自咬症是寄生于外耳道痒螨引起，即耳痒螨穿透耳膜，分泌毒素进入大脑，导致中枢神经紊乱所致，并提出用阿维菌素治疗有效，后经实践检验被否定。

(3) 环境的应激因素　断奶、分窝、分群等因素引起的心理负担；转群、长途的运输、新的环境、新的饲养人员或用具等因素引起的不适应；过冷、过热或者是在炎热的时候，突然气温持续的骤然下降等因素引起的温度改变；电闪雷鸣、鞭炮声、长期的汽车喇叭声、暴雨击打棚顶声等因素造成动物视觉和听觉的异常刺激；饲养员经常变更的艳丽服装、经常性的陌生人出现等因素引起的惊恐；注射疫苗、驱虫、生病等生理异常刺激引起；饲料的突然改变或者是饲料中的某种原料或成分发生突然的改变等因素引起。毛皮动物生性多疑，视觉、嗅觉和记忆力很发达，对环境因素的突然改变都会产生强烈的反应。

（4）遗传因素　随着饲养管理水平的逐渐提高，这种发病的比例将逐渐减少。

（5）病毒性的神经症状　是被动性自咬。由于病毒破坏了动物的神经系统，使病畜发生了神经错乱，病畜的意识丧失，不能识别自己的身体而发生自咬症。

2. 症状

病畜神经高度兴奋，在地上呈单向转圈运动，尽力啃咬自己身体某一部位，如尾巴、臀部、膝部、脚掌及腹部等处，并发出刺耳的尖叫声。病畜啃咬被毛，咬伤皮肤，甚至撕破肌肉，造成尾巴断裂，局部大量出血等后果。病畜反复发作，发作期长短不一，间隔期从5d、10d到20d不等。

有的病畜发病时一般多呈急性经过，病势急剧，病发作时咬住自己的尾巴或咬住患部不松嘴。有时甚至把后腿咬烂、生蛆并继发感染而死亡，或将尾巴全部咬断。急性或病势严重的病狐，多数以死亡而告终，慢性自咬症的北极狐，患部被毛残缺不全，一般不至于死亡。自咬的部位因个体而异，没有固定位置，但每个自咬狐自咬的位置不变，总是一个地方，多数以咬尾巴和后肢为常见。有的咬尾端，有的咬尾根，也有的咬臀部或腹部侧面，发病时间多在喂食前后或意外音响刺激时。

3. 诊断

根据临床上反复发生神经兴奋、啃咬自体的症状即可得出诊断。

4. 治疗

要控制本病的发生，必须采取综合性防治措施。一是要加强饲养管理，育成畜要供给全价饲料，适当补充钴、铬、镍等微量元素，并防止银的过量摄入。二是要实行严格的卫生制度；及时隔离病畜，坚决淘汰有自咬恶癖的种畜，对病畜的笼舍进行彻底消毒。

（1）提供全价营养物质的供给，即保证动物的蛋白质、脂肪、糖类、矿物质和微量元素的供给，保证各种营养物质的平衡。可用维生素 H 1mg，维生素 B_2 2～4mg（也可用酵母代替），维生素 B_3 3～4mg，维生素 $B_6$1～2mg 口服；3%维生素 C 溶液 2mL 滴入口腔；0.1%亚硒酸钠 2mL 肌内注射。

（2）对于环境应激引起的自咬，应加强饲养管理工作，在运输、引种、转群、分窝、打疫苗之前，在动物的饲料中提前添加维生素 C 和镇静药物，就能大量地减少由于受到惊吓而引起的自咬。有些养殖户将这种情况的自咬动物，两只放到一块，也有一定的效果。

（3）对于遗传因素引起的自咬，凡是有遗传性自咬的毛皮动物，不能作为种用，不管是公畜还是母畜。这方面的工作做好之后，由遗传因素引起的10%比例自咬就能逐渐地消灭了。特别是那种父母辈自咬，而后辈也自咬的一定要注意淘汰。

（4）对于体表寄生虫和真菌感染的治疗方法和药物，主要有伊维菌素、阿维菌素、通灭等药物。也可以将旱烟梗或烟蒂熬水（稍微浓一些）洗或搽（由边上往中间处搽，否则会越搽面积越大）患部。

（5）对症治疗。患部止痒，消除刺激。可先用886擦剂涂擦，严重者用887浴液药浴。对肛门腺炎引起的自咬症，应局部消炎或手术摘除化脓的肛门腺。

四、湿　疹

湿疹（eczema）是动物常见的一种皮肤病，也是一种反复发作极不易治疗的疾病，是一种常见的由多种内外因素引起的表皮及真皮浅层的炎症性皮肤病，广义来说，是指皮肤的急性或慢性炎症，通常指除接触性皮炎、脂溢性皮炎、特异性皮炎等以外的皮炎，一般认为与变态反应有一定关系。

1. 病因

（1）遗传因素　某些类型的湿疹与遗传有密切的关系。

（2）环境因素　很多研究证实环境因素是湿疹患病率增加的重要原因之一，如生活环境寒冷、潮湿、干燥、皮肤不洁、污垢等因素刺激机体，使皮肤发生过敏，引起湿疹。

（3）感染因素　某些湿疹与微生物的感染有关。这些微生物包括金黄色葡萄球菌、马拉色菌、气源性真菌，如交链孢霉、分枝孢霉、点青霉、烟曲霉、镰刀霉、产黄青霉、黑曲霉及黑根霉等。

（4）饮食因素　与饮食因素有关，动物食物可分为植物类、动物类、矿物类，在近代的食物中还经常应用一些化学合成的食物，如糖精、醋酸、枸橼酸、香精、合成染料等。对某些个体来说，饮食不当可以导致湿疹的发生。当缺乏某些营养物质，导致皮肤的抵抗力低，也可引起湿疹的发生。

（5）药物因素　药物因素是某些湿疹，尤其是湿疹型药疹的最主要的原因。一般来说，任何药物均有引起湿疹性药疹的可能性。某些内用药物、外敷药物、消毒药物的不当使用是引起湿疹的重要原因。

（6）其他因素　湿疹的产生尚可由疲劳、紧张、情绪激动等神经性精神因素及日光、紫外线、长期摩擦等气候、物理因素所引起。

2. 症状

（1）急性湿疹　病初，患部呈点状或形状不同的红斑性湿疹、肿胀、糜烂、结痂。患犬可见有瘙痒感。随着病情的发展可出现丘疹期、水疱期、脓疱期、不同时期表现不同。如脓胞期、糜烂期大多有微生物感染，皮肤散有异常臭味。但几期均有皮肤瘙痒感。有时犬因搔抓、摩擦造成皮肤损伤使皮炎加重。典型的急性湿疹呈湿润性的小丘疹，并在丘疹上有散在的小水泡，有的可见有糜散状态。

（2）亚急性湿疹　以丘疹、丘疹疮为主，且滋水较多，具有瘙痒，不断摩擦和舐咬患部皮肤。

（3）慢性湿疹　多由急性湿疹转变而来，或重复刺激所致，特点是反复发作、皮肤增厚、脱屑、色素沉着、被毛粗硬、逆立、出现苔藓样变，并有鳞屑脱落，剧烈的瘙痒，不断摩擦舐咬和抓伤患部，多见于背部或四肢。

3. 诊断

主要根据病史及临床特点，皮肤刮取物分析及相关实验室检查来进行诊断，诊断较容易。急性湿疹表现为多形性、对称分布，倾向渗出；慢性湿疹呈苔藓样变；亚急性湿疹损害介于上述两者之间。

4. 治疗

（1）治疗原则　脱敏、制止渗出、防止感染、促进康复。

（2）方法

①肾上腺皮质激素疗法：用地塞米松片 0.2mg/kg 体重，口服；或醋酸波尼松片 1.0mg/kg 体重，口服。患部皮肤涂布醋酸氟轻松或醋酸去炎松软膏。防止皮肤感染，可和红霉素软膏交替涂抹。

②脓疱期可用青霉素、庆大霉素肌内注射，防止感染。症状较重的病例，可和地塞米松注射液混合肌内注射，2 次/d。

（成仲庚　胡永灵）

复习思考题

1. 什么是脱毛症，哪些因素可以引起动物的脱毛？
2. 如何诊断动物患有自咬症？
3. 试述急性湿疹的临床表现和治疗措施。

第七章　内分泌系统疾病

知识目标

- 了解内分泌系统疾病病因、分类以及发病机理。
- 掌握甲状腺机能亢进与减退疾病的病因、发病特点和预防。

技能目标

- 熟练掌握内分泌系统疾病的诊断。
- 熟练地进行甲状腺机能亢进、甲状腺机能减退的诊断、治疗。
- 熟练地进行糖尿病的诊断、治疗。

一、犬、猫甲状腺机能亢进

甲状腺机能亢进简称甲亢，是甲状腺素和三碘甲腺原氨酸分泌过多的一种疾病。常见于中老年猫，偶见于犬，病因尚不明确。一般认为，主要与甲状腺肿瘤有关，且多见于甲状腺癌。

1. 病因

犬的甲状腺机能亢进是由甲状腺肿瘤引起，其原发性肿瘤的1/3是腺瘤，2/3是腺癌。

2. 症状

（1）高基础代谢症候群　包括多尿、饮欲亢进以致烦渴，食欲亢进，体重减轻，肌肉无力、消瘦、易疲劳、体温升高等症状。

（2）高儿茶酚胺敏感性综合征　包括肌肉震颤、心动过速、各导联心电图振幅增大及易惊恐，烦躁不安、易喘气等症状。

（3）甲状腺毒症　包括肠音增强、排粪次数增加、粪便松软。骨骼脱矿物化而发生骨质疏松。过多的甲状腺素可作用于心血管系统，使心率加快，心输出量增加，外周循环阻力降低，最终导致高输出性心力衰竭。

（4）毛发异常　甲状腺机能偏高时，可见病犬毛发干燥，常易折断。

3. 诊断

甲状腺肿大是诊断本病的另一重要特征。甲状腺位于咽到胸口的气管两侧，正常情况下摸不到，当甲状腺肿大或发病后1~2个月内生长迅速，并突出于皮肤内，抚摸呈两叶状较硬组织，基本上诊断为甲状腺癌或腺瘤。此法可诊断约70%以上。但也有甲状腺没有明显肿大的病例，此时可检查血液中的甲状腺素或三碘甲腺原氨酸浓度，若发现两者升高（血清甲状腺素 >40μg/L或三碘甲腺原氨酸2 000ng/L），也可以确诊。

4. 治疗

（1）抗甲状腺药物疗法　以硫脲类为主，猫常用硫氧嘧啶和丙硫嘧啶。丙硫嘧啶，10mg/kg 体重，内服，每天 1 次。病情好转后，减少用药剂量。碘制剂可作为硫脲类的替代药物。犬可每天口服饱和碘化钾液 5 滴，连续 1 ~2 周。

（2）放射碘疗法　在有条件时，可进行放射碘疗法。可减少甲状腺素的合成。

（3）手术摘除法　对长期服药无效或停药后复发的犬、猫，应做甲状腺部分切除。

二、犬甲状腺机能减退

本病是由于甲状腺激素（甲状腺素和三碘甲腺原氨酸）合成或分泌不足而导致全部细胞的活性与机能降低的疾病，临床上以全身发胖，代谢率下降、黏液性水肿、嗜眠、畏寒、性欲减退、不育、皮肤被毛异常（躯干部被毛稀少）为特征。本病常见于犬，主要发生于 4 ~6 岁的犬，母犬发病率高，猫偶有发生。临床上可分为原发性、继发性和第三种性甲状腺机能减退。

1. 病因

（1）甲状腺本身疾病　如慢性淋巴细胞性甲状腺炎、肿瘤和非炎性甲状腺引起，约占甲状腺机能减退的 90%。

（2）继发性的甲状腺机能减退　是损伤了垂体，促甲状腺激素（TSH）分泌不足以满足所需，可分先天性和后天性或两种结合型，前者与垂体侏儒症有关，后者是垂体肿瘤压迫或取代垂体所致，常伴有 TSH 或 TSH 及其他垂体激素的分泌减少。

（3）第三种性甲状腺机能减退　多是由于下丘脑病变，使其分泌促甲状腺激素释放激素（TRH）机能下降所致。

（4）碘缺乏　碘是机体合成甲状腺激素的必需原料，缺乏碘可导致甲状腺激素的合成减少。

（5）甲状腺素的释放、结合或转运异常。

2. 症状

甲状腺素缺乏可影响所有器官系统的机能，临床表现是多方面的。

（1）先天性的，表现为精神忧郁、性格呆板、神经性痉挛，呆小，四肢短，皮肤干燥，体温降低。

（2）皮肤呈两侧对称性无瘙痒的脱毛，患部由颈、背、鼻梁、胸侧、腹侧、耳廓及尾部等处开始，逐渐扩展到全身。尾部脱毛像鼠尾巴，有大量色素沉积。

（3）皮肤光滑干燥，有的脱屑增加转为脂溢性病变，并有轻度瘙痒。触之有冷感。

(4) 重病犬、猫发生黏液性水肿，面部和头部皮肤形成皱纹，触之有肥厚感和捻粉样，但无指压痕。

(5) 雌犬、猫乏情期延长，发情减退或停止，雄犬、猫性欲或精子活力降低。

(6) 肥胖倾向，关节僵硬，四肢无力，体温低。

(7) 心率缓慢，心脏扩大，严重者心包积液，甚至胸腔和腹腔积液。

(8) 有时，病犬出现昏迷和癫痫。

3. 诊断

根据临床症状及血液生化检查，血清 T4、T3 值降低，血清碘含量降低，胆固醇升高，基础代谢率降低，可以确诊。但要与肾上腺皮质机能障碍的初期和某些皮肤疾病相鉴别。

4. 治疗

(1) 采用甲状腺素补给法 给予三碘甲腺原氨酸 5μg/kg 体重，口服，每日三次。对伴有心力衰竭、心律不齐及糖尿病的，应逐渐增加剂量。一般 6 周可见效。甲状腺干粉，5～20mg/d，分 3 次饲喂。以后每 2 周增加 10～20mg，最多不能超过 80mg，维持量为 30～60mg。但过量使用，可发生类似甲状腺机能亢进的症状，如多尿、烦渴、不安及喘气，长期使用可出现消瘦和心动增快的症状。

(2) 对症治疗 应及时补充铁制剂、叶酸、维生素 B_{12} 等。

三、犬、猫糖尿病

糖尿病是由于胰岛素的绝对或相对不足和靶细胞对胰岛素的敏感性降低，引起碳水化合物、蛋白质、脂肪、电解质和水的代谢紊乱的一种内分泌疾病。临床上以多尿、多饮、多食、高血糖和体重减轻为主要特征。近年来随着宠物食品构成，以及饲喂方式的改变，犬、猫糖尿病发病率呈现出逐年上升的态势。

1. 病因

(1) 胰岛 β 细胞的损伤 主要见于胰腺炎，还有见于外伤、手术损伤及肿瘤等。

(2) 遗传性因素 除北京犬，德国牧羊犬等家族性遗传糖尿病少见外，其他品种的犬都有一定的家族遗传性糖尿病。

(3) 长期营养过量 长期营养过量，使动物过度肥胖，从而导致可逆性胰岛素分泌减少。

(4) 长期应用某些药物 如糖皮质激素及孕激素类，此类药物能使肝糖原异生作用加强，拮抗胰岛素，使组织对葡萄糖的利用减少，提高了血糖水平，但一旦停药，血糖恢复正常，糖尿病症状消失。另外，应用促肾上腺皮质激素、胰高血糖素、雌激素、肾上腺素都能诱发犬糖尿病，应用非类固醇药物如氯丙嗪、二苯基乙内酰脲等亦可引起高血糖。

（5）发情性糖尿病　母犬在发情时雌激素和孕激素增加能降低胰岛素的作用，可引起暂时性的糖尿病。

（6）应激　创伤、感染、妊娠及各种急性病等均能引起糖尿病（应激可引起皮质醇、生长激素和肾上腺素增加，从而拮抗胰岛素的作用而使血糖升高）。

2. 症状

常表现夜尿，多尿，烦渴，轻度脱水，食欲亢进但体重减轻。有的可触及肿大的肝脏，有的伴有膀胱炎，1/2 的病犬有白内障。即便在空腹状态下，血液亦呈明显的高脂血。伴发酮酸中毒时，食欲减退或废绝，精神沉郁，体温可能升高，中度乃至重度脱水，呕吐，腹泻，少尿或无尿，空腹血糖含量可达 8.4mmol/L 以上。一般多发生在 4～14 龄犬，以 7～9 岁最常见，母犬比公犬多发，猫多发于 5 岁以上的短毛猫，性别差异不大。

3. 诊断

（1）年龄品种倾向　犬：中年和老年发病率高，雌性高于雄性。猫：5 岁以上的中、老年发病率高，杂种猫和缅甸猫多发。

（2）临床症状　典型临床症状包括多尿、多饮、体重减轻、多食（猫表现不明显）。犬由于白内障而突然失明，糖尿病猫表现为昏睡、躲藏、食欲不振。动物可能体重偏轻、正常或者肥胖，体重变化不是糖尿病的特异性症状。70% 以上的猫有神经症状，可能会非常敏感（虚弱、不能跳跃、轻度共济失调、昏睡）。动物被毛凌乱（特别是猫），部分动物有脱水症状。犬常出现高血压（猫很少出现）。

（3）实验室诊断　实验室诊断要进行血细胞计数、生化检测及尿液分析。

4. 治疗

（1）食饵疗法　是糖尿病的基本治疗方法，其原则是给予低碳水化合物的食物，如肉类、牛奶等；补充足量的 B 族维生素；饲喂定时定量，饲喂时可参照胰岛素作用时间设定饲喂时间。

（2）口服降糖药　单纯用食饵疗法不能控制的轻、中型糖尿病，可选用磺脲类、双胍类。

（3）胰岛素治疗　适用于重型糖尿病、糖尿病性昏迷或并发感染者。

（4）锻炼　锻炼是糖尿病治疗不可或缺的一部分，能够提高机体对胰岛素的敏感性。每天在固定时间通过牵遛、跑步或玩球等方式增加动物的运动量。锻炼有助于减肥，同时增加血流或淋巴液流动，从而加速胰岛素代谢过程，起到降低血糖的作用。但不要过量运动。

（成仲庚　胡永灵　张保平）

复习思考题

1. 犬的甲状腺机能亢进的病因，临床表现有哪些，如何进行诊断和治疗？
2. 甲状腺机能减退的病因，临床表现有哪些，如何进行诊断和治疗？
3. 糖尿病的临床特征有哪些，如何治疗？

第八章 营养与代谢障碍性疾病

知识目标

- 掌握畜禽糖、脂肪、蛋白质代谢障碍疾病的病因、发病特点和预防。
- 掌握矿物质代谢障碍疾病的病因、发病特点和预防。
- 掌握微量元素缺乏性疾病的病因、发病特点和预防。
- 掌握维生素缺乏症的病因、发病特点和预防。

技能目标

- 熟练地进行牛酮病、新生仔猪低糖血症、禽痛风的诊断与治疗。
- 熟练地进行佝偻病、异食癖的诊断与治疗。
- 熟练地进行维生素A缺乏症、维生素E缺乏症的诊断与治疗。

畜禽营养代谢疾病包括糖、脂肪和蛋白质代谢障碍，矿物质和水、盐代谢紊乱，维生素缺乏症及微量元素缺乏症和过多症等。

营养代谢是生物机体体内和外部环境之间营养物质通过一系列同化与异化、合成与分解代谢过程，实现生命活动的物质交换和能量转化的过程。在现代畜牧生产中，要在维持畜禽最佳的营养代谢水平上进行科学的饲养管理和繁殖育种，提高畜禽品种和畜产品的数量和质量，使畜禽的生产性能得到充分的表达，最大限度地满足人类物质生活的需要，同时也要考虑动物福利。

现代畜牧生产方式主要是规模化、集约化生产，虽然这种生产方式是按照畜禽各自的生理特征和生产性能，制订出各种饲养标准，提高了生产效率，但由于受到畜舍建筑结构、管理设施和制度、内外理化生物学环境因素、饲料配合、饲养方法及动物对营养需求等一系列因素的影响，仍然可能导致机体代谢障碍或营养失调，如酮病、生产瘫痪、低镁血症、铜中毒、产后血红蛋白尿等营养代谢疾病，还有良种母猪及其杂交猪的应激综合征、猪黄脂病及仔猪低血糖症等疾病存在。一般来说，畜禽营养代谢疾病在大型集约化养殖场，具有常发性、群发性等特点。

畜禽营养缺乏症的致病因素十分复杂，不仅直接涉及某种特定营养物质的缺乏或不足，还常间接地引起某种其他营养物质的缺乏、不足或甚至过剩问题，如铜的缺乏与钼的过剩，锌缺乏与钙过剩或饲料不饱和脂肪酸缺乏，硒缺乏与汞、锡、铜、锌、砷过剩等之间都存在着一定的内部关联性。就营养缺乏症而言，人们不仅需注意原发性或绝对的缺乏症，还需注意条件性或相对的缺乏症，如奶牛原发性软骨病是由于饲料中磷的绝对缺乏所致，而继发性软骨病则是由摄入过量的钙引起条件性磷缺乏所致；马属动物原发性纤维性骨营养不良的病因与奶牛软骨病的相反，磷过剩为原发性，而钙缺乏为条件性的，同时还与维生素 D 是否缺乏有关。防治钙磷代谢障碍，关键是钙磷比例适当［（1～2）：1］，并有充足的维生素 D。牛的维生素 B_{12} 缺乏症虽不常见，但当患地方性钴缺乏时就会发生，并非由于瘤胃微生物合成维生素 B_{12} 障碍，而是由于缺钴而使维生素 B_{12} 不能合成。绝对的缺乏症是因饲料中本来就缺乏某种特定营养因素，相对的缺乏症则由于某种或某些其他物质的参与和干扰，引起某种特定营养因素需要量增高或被破坏而失效。维生素 A 或维生素 E 缺乏症既可因饲料中缺乏而发生，也可因被氧化、破坏所导致。维生素 E 对防治白肌病起作用，就因为它能被过多的不饱和脂肪酸游离根结合，制止大量脂肪酸代谢产生过氧化物。在维生素 E 与硒元素之间，两种营养因素在一定条件下具有协同作用，维生素 E 能阻止脂肪酸过氧化物的生成，硒是谷胱甘肽过氧化酶的组成元素，则能参与破坏已生成的过氧化物，从而防止细胞和亚细胞膜脂质过氧化，二者对畜禽白肌病的防治具有协同作用。

第一节　糖、脂肪、蛋白质代谢障碍疾病

一、牛 酮 病

酮病是多发生于奶牛，在产仔后几天至几周内发生的以酮血、酮尿、酮乳症和低血糖症为特征的一种代谢疾病。各个牛群的发病率不一样，舍饲高产母牛发病率最高，产犊后 6 周以内多发，少数在 10 周内。高产牛群中，以亚临床酮病的发病率较高，占产后母牛的 10%～30%，表现为血酮和乳酮水平增高，乳量下降，乳质下降，体重减轻，生殖系统疾病和其他疾病发病率增高。

1. 病因

（1）日粮是高蛋白质、脂肪饲料和低碳水化合物饲料　母牛当摄入高蛋白质、脂肪饲料和低碳水化合物饲料时，能量和葡萄糖不足，奶牛就先动用肝糖原，随后动用体脂肪和蛋白质而产生大量的酮体，称为营养性酮病。

（2）奶牛产前高度营养不良　如果母牛在产前存在高度营养不良，在妊娠后期动用体内大量的体脂肪和蛋白质产生大量酮体，称为妊娠毒血症。

（3）产前过肥，产后营养不良　当产前过肥，而产后营养不良，奶牛就会动用体内贮备导致酮病，称为消耗性酮病。

（4）高产奶牛　高产母牛产犊后的早期泌乳阶段，泌乳高峰出现很快，大约在产犊后 40d 就达到最高峰，而采食量却恢复很慢，直至产犊后 70d 才达最高峰，因此在产犊后 10 周内食欲较差，能量不能满足泌乳消耗的需要，假如饲料日粮中营养不平衡，或者碳水化合物摄食不足及蛋白质和脂肪摄食过多，或者三种营养物质均摄食不足，就产生能量负平衡及生糖物质缺乏，呈现临床和亚临床

酮病。

2. 发病机理

饲料中碳水化合物不足导致能量供应不足，从而引起体内脂肪大量分解以补充能量。脂肪分解最终形成乙酰乙酸、β－羟丁酸和丙酮，此三种物质统称为酮体。血液中大量酮体的存在，导致代谢性酸中毒，脑组织能量缺乏，导致神经症状。

3. 症状

母牛产犊后几天至几星期出现食欲不振，便秘，粪便上有黏液，精神沉郁，体重显著下降，产奶量也随之下降。乳汁易形成泡沫，类似初乳状，并有酮气味。尿呈浅黄色，水样，易形成泡沫。呼出的气体和排尿时都可闻到酮气味，加热后更加明显。随着病情进一步发展，病牛迅速消瘦，轻度腹痛，呈拱背姿势。大多数病牛嗜睡，少数病牛可发生狂躁不安，表现为转圈，摇摆，空嚼和吼叫，感觉过敏，不愿运动。这些症状间断地多次发生，每次持续 1h。

临床病理检查，特征为低血糖症、酮血症、酮尿症和酮乳症。

4. 诊断

可以根据病因（高蛋白质和低能量饲料、饲养管理不善等）、发病时间、临床症状（乳汁易形成泡沫，类似初乳状，并有酮气味，尿呈浅黄色，水样，易形成泡沫，呼出的气体和排尿时都可闻到酮气味）可以作出初步诊断。

5. 治疗

（1）代替疗法　补充能量：一方面提高饲料的能量水平，另一方面直接静脉注射高渗葡萄糖。可用50%的葡萄糖溶液500～1 000mL静脉注射，同时饲喂甘油和乳酸铵，1～2 次/d，连续 3～5d，效果较好，还要适当减少精料供应。

（2）激素疗法　主要用于体质较好的牛，用促肾上腺皮质激素效果较好，可用肾上腺素 300～600U 肌内注射，或用醋酸可的松 5～10mL，肌内注射。

6. 预防

（1）保证饲料营养平衡，特别要注意维生素、矿物质的供给，以确保奶牛泌乳的生理需要。

（2）适当的运动，保证充足的阳光照射。

（3）在产奶高峰期可适当在饲料中补充乳酸钠，剂量按 100g/d，连用 30～40d。

二、禽脂肪肝综合征

禽脂肪肝综合征是以肝细胞沉积大量脂肪为特征的营养代谢性疾病。主要发生于笼养蛋鸡和肉用仔鸡。

1. 病因

饲料中能量高，蛋白质偏低，家禽由于运动不足，将多余的能量转化为脂肪，沉积于肝脏、皮下、腹膜。饲料中胆碱、生物素、维生素 B_{12} 不缺乏或油脂含量过高，使脂肪代谢障碍，引起脂肪大量在肝内沉积。应激也可以促使本病的发生。

2. 症状

鸡群无明显临床症状，病鸡过于肥胖，超正常体重的 20% ~30%，生产性能下降，蛋鸡产蛋缓慢减少，或没有产蛋高峰。有的鸡突然死亡，应激死亡率更高。肉用仔鸡表现为生长速度不快，脱毛，不愿站立和运动，常伏地等，应激死亡率明显提高。

3. 病理变化

病鸡明显过肥、鸡冠苍白，腹腔、肝脏、肾脏沉积大量的脂肪，肝脏脂肪变性、呈土黄色，肝肥大、质地柔软、易碎，肝被膜下有大小不等的出血点。严重病鸡肝脏破裂，腹腔中有大量的凝血块。其他脏器一般没有明显变化。

4. 诊断

根据鸡群生产性能下降，过肥，死亡率升高，可以作出诊断，但鸡无明显症状。病理变化为鸡体过于肥胖，肝脏易碎、出血、肥大、呈土黄色。

5. 防治

（1）每吨饲料添加氯化胆碱 1 000g，维生素 E 20 000 ~30 000U，维生素 B_{12} 10 ~20g，生物素 0.3 ~0.5g，对本病有良好的防治效果。

（2）保证饲料营养平衡，特别要注意维生素 E 和 B 族维生素的添加，肉用仔鸡饲料不要过于强调能量，油脂添加量以不超过 5% 为好。

（3）减少应激以及避免使用霉变饲料。

三、猪黄脂病

猪黄脂病通常称“黄膘”，是在屠宰后的猪肉存在一种黄色脂肪性组织。关于“黄膘”问题，早为肉品检验所注意，但“黄膘”肉是可以食用的。

1. 病因

（1）采食过量的不饱和脂肪酸（如油渣饼、变质的全脂鱼粉），或是维生素 E 含量不足所致。当有这两种情况存在时，都可导致色素在脂肪组织中沉积，从而造成了“黄膘”。饲喂鱼油、鱼的零头碎块、鱼罐头的废弃品能发生黄脂病，喂蚕蛹也可发生。特别是饲喂比目鱼和蛙鱼的副产品更容易出现黄脂病，因为这些鱼的身体脂肪中约有 80% 是以不饱和脂肪酸的形式存在的。

（2）饲料中黄玉米比例过高或在饲料中添加黄色素也可以引起猪黄脂病。

2. 症状

猪黄脂病在生前很难判断。通常见到的症状包括被毛粗乱，无光泽，倦怠，衰弱和黏膜苍白。大多数病猪食欲不振，生长缓慢，有时发生跛行，眼有分泌物。红细胞计数在正常范围以内，但在严重黄脂病的猪，血红蛋白水平降低。

3. 病理变化

体脂肪呈柠檬黄色，骨骼肌和心肌呈灰白色、变脆。淋巴结肿胀、水肿，可有散在性的小出血。肝脏呈黄褐色或土黄色，有明显的脂肪变性。肾脏呈灰红色，横断面发现髓质呈浅绿色。胃肠道黏膜充血或出血。

4. 防治

（1）调整饲料　禁止饲喂比目鱼、酸败的鱼油、油渣（特别是猪油渣）或蚕蛹。

（2）饲料中添加维生素 E　每天每头在饲料中添加 800 ~ 1 000mg。

（3）减少饲料中色素的含量　适当减低黄玉米的使用量，不在饲料中使用黄色素（柠檬黄、菊花黄）。

如果要消除"黄膘"，使组织中全部的色素都被消除，需很长时间才能见效。

四、新生仔猪低血糖

仔猪低血糖是指一周龄内的仔猪发生的以血糖过低为特征的营养缺乏病。主要临床表现为体温下降，黏膜苍白，共济失调、全身发抖等。

1. 病因

（1）母乳不足、无乳或乳汁品质问题，如母猪子宫炎－乳房炎－无乳症综合征或母猪产后疾病、麦角中毒引起无乳症、奶头坏死，乳汁过浓或乳汁中含脓块等乳汁品质存在问题。仔猪头数比母猪奶头数多，有的仔猪始终吃不到奶。

（2）母猪在怀孕期营养不良　母猪在怀孕期营养不良导致产后乳汁不足。

（3）初生仔猪所处的环境温度过低，消耗大量葡萄糖，就发生低血糖。

（4）仔猪消化吸收障碍，如仔猪红痢、仔猪黄痢等，影响仔猪的食欲和对乳汁的消化吸收，可能也会造成仔猪低血糖。

2. 症状

多发生在出生后 2 ~ 3d 的仔猪，同窝的大部分仔猪发病。最初是行为上的变化，表现为离群独睡，软弱无力，运动能力弱，低弱的叫声，盲目地游走。皮肤冷湿、苍白，体温降低，肌肉紧张性下降，并对外界刺激反应能力下降。后运动失调，不愿站立，或用鼻唇部抵在地上维持这种站立姿势。随后卧地不起，呈胸卧式或侧卧式，有的被压死。最后，仔猪出现惊厥，伴有空口咀嚼，流涎，角弓反张，眼球震颤，前肢、后肢收缩，全身发抖，昏迷而死亡。

3. 诊断

根据仔猪的发生时期、环境温度、临床症状、剖解见胃肠空虚，其他器官无明显变化和血糖含量低可以作出诊断。但本病应与新生仔猪细菌性败血症和细菌性脑膜脑炎、病毒性脑炎等引起明显的惊厥等疾病区别。一般而言，根据母猪及环境因素的检查及用葡萄糖对仔猪试探性治疗的效果帮助诊断。而尸体剖检也可见消化道中没有什么食糜，脱水，有的肾盂和输尿管有白色沉淀物。

4. 防治

（1）补糖 用5%葡萄糖注射液15mL腹腔注射，4次/d。或葡萄糖1~2g，内服，6次/d。

（2）护理 先将小猪置于温暖环境中；加强母猪营养，对弱猪进行人工哺乳。

五、禽 痛 风

禽痛风是由蛋白质代谢障碍引起的尿酸盐血症，尿酸盐在血液中过多，导致关节囊、关节软骨、内脏表面及其他组织出现尿酸盐的沉积，临床上表现为运动迟缓，四肢关节肿胀，厌食，衰弱及腹泻，尿酸盐的排泄增高及引起肛门充血。

本病多在大型集约化鸡场中发生，肉用仔鸡饲喂大量动物性蛋白质饲料时更多见，也见于火鸡、水禽。

1. 病因

（1）饲料中蛋白质含量过高 禽痛风是在饲喂大量富含蛋白质的饲料，饲料粗蛋白质多超过25%，如肉粉、鱼粉、大豆粉、菜粕、棉粕等。

（2）肾功能不全或肾损害 肾功能不全时，钙过多及慢性铅中毒引起肾病变，维生素A缺乏、磺胺类药中毒，还有肾型传染性支气管炎、传染性法氏囊病、盲肠-肝炎（黑头病）、球虫病等损害肾。

（3）环境因素 密度过大、鸡舍阴冷潮湿、饮水不足、通风不良、应激等是本病的诱因。

2. 发病机理

由于家禽肝脏缺乏精氨酸酶，所以不能形成尿素而以固体尿酸盐的形式排出。此外，还可以氮合成尿酸。正常家禽排泄物中本来就是尿酸多于尿素及肌酸多于肌酸酐的。当家禽采食高蛋白质饲料，尤其富含高精氨酸饲料时，不能形成尿素而形成尿酸，肝脏和血液中尿酸盐水平随之升高。这些尿酸盐主要通过肾脏排出，所以粪中有白色的尿酸盐沉积，另一方面，当血液中尿酸盐升高时，关节囊中也会出现尿酸盐沉积，所以出现跛行。

3. 症状

由于尿酸盐沉积的部位不同，可以分为内脏型禽痛风和关节型禽痛风两种类型。

（1）内脏型禽痛风 精神不振，食欲不良，贫血，鸡冠苍白，消瘦，脱毛。周期性体温升高，心跳加快，气喘，神经症状及皮肤瘙痒，不自主地排泄白色的尿酸盐粪，肛门周围的羽毛常被豆腐渣一样的粪便污染。母鸡产蛋下降或完全停止，个别鸡突然死亡。病鸭不愿下水，或下水后不愿戏水，又马上回到岸上，雏鸭下水后羽毛不易干，腹泻。触诊腹部时，病禽敏感疼痛，有的有液体波动感。多数母鸡腹部拖地。故称之为内脏型痛风。

本病多为慢性，往往发生贫血下痢以及呈进行性消瘦。

(2) 关节型禽痛风　脚趾和腿部，翅膀关节肿胀，运动迟缓，跛行，不愿站立，切开关节有灰白色沉着物的积聚（可引起关节面坏死及溃疡），有人称之为关节型痛风。剖检，胸腹膜，肠系膜，肺、心包内，肝、脾、肠、肾的表面散布着许多石灰样尘屑状物质。

4. 诊断

诊断要点：①消瘦，拉白色石灰水样粪便。②关节肿大，跛行。③内脏、关节有尿酸盐沉积。④饲料中蛋白质含量过高。

5. 防治

(1) 增强尿酸的排泄　为了减少体内尿酸的蓄积和关节疼痛，可以在饲料中添加碳酸氢钠，按每吨添加 1 000g，停止使用磺胺类药物或其他对肾脏有损害的药物。

(2) 减少日粮中蛋白质的含量　改变饲料配合比例，降低饲料中蛋白质的含量至 20% 以下。

(3) 补充维生素 A、维生素 D　可以在饲料中加维生素 A 450U/kg、维生素 D 550U/kg，或在饲料中添加鱼肝油，或肌内注射维生素 A 440U/kg 体重。

(4) 加强饲养管理　保持适宜的温度，合理的饲养密度，通风良好和清洁卫生，减少应激。笼养鸡若能增加适当运动，可降低本病的发病率。

第二节　矿物质代谢性疾病

一、佝偻病

佝偻病是幼龄动物由于维生素 D 缺乏及钙、磷代谢障碍所引起的骨营养不良性疾病。病理特征是成骨细胞钙化作用不全、持久性软骨肥大及骨骺增大等暂时钙化作用不全。临床特征是消化紊乱、异食癖、跛行及骨骼变形。

常见于犊牛、羔羊和仔猪，幼驹，仔犬和幼禽也有发生。

1. 病因

佝偻病主要由于光照严重不足，维生素 D 缺乏，饲料中钙、磷比例不平衡引起。幼畜生长速度快，对钙、磷需求量大。饲料中的钙、磷含量，差异很大，母乳中，钙、磷含量则变化不大，所以幼年动物的佝偻病常发生于刚断乳之后的一个阶段中。由于母畜长期采食未曾经过太阳晒过的干草，干草中植物固醇（麦角固醇）不能转变为维生素 D_3，若母畜长期被关禁饲养（特别是被覆很厚羊毛的母羊），皮肤中 7 - 脱氢胆固醇则不能转变为维生素 D_3，于是乳汁中出现维生素 D 严重不足，也是哺乳中的幼畜佝偻病的一种主要发病原因。消化紊乱会影响机体对维生素 D 的吸收，影响骨骼正常的钙、磷的沉积。

2. 症状

早期呈现食欲减退，消化不良，精神不振，然后出现异食癖。病畜经常卧地，不愿起立和运动。发育停滞，消瘦，下颌骨增厚和变软，出牙期延长，齿形不规则，齿质钙化不全（坑洼不平，有沟，有色素），常排列不整齐，齿面易磨损，不平整。严重的犊牛和羔羊口腔不能闭合，舌吐出，流涎，采食困难。最后面骨和长骨（肋骨、四肢骨骼）有变形，并伴有咳嗽、腹泻、呼吸困难和贫血等症状。

犊牛低头，拱背，站立时前肢腕关节屈曲，向前方外侧凸出，呈内弧形，后肢跗关节内收，呈“X”字形叉开站立，有的呈“O”形站立。运动时步态僵硬，关节增大，前肢关节和肋骨软骨联合部最明显。严重时卧地不起。

仔猪常跪地，发抖，后期由于硬腭肿胀，口腔闭合困难。

幼雏和青年小鸡胸骨由于长期躺卧而被压凹，大腿和胸肌萎缩，鸡喙变软和弯曲变形。病程经 1～3 个月，及时改善饲养（补充维生素 A、维生素 D）管理和增加光照（晒阳光或白炽灯）可以恢复。若不能改善饲养管理，则可以发展成褥疮、败血症、消化道及呼吸道感染等。

临床病理学检查，血清碱性磷酸酶活性往往明显升高，由于磷或维生素 D 缺乏，则血清磷水平将低于正常水平，血清钙水平将在最后阶段才会降低。

X 射线检查，能发现骨质密度降低，长骨末端呈现“羊毛状”或“蛾蚀状”外观，外形上骨的末端凹而扁（正常骨则凸起而等平），如发现骨骺变宽及不规则。

3. 诊断

根据动物的年龄、饲养管理条件、慢性经过、生长迟缓、异食癖、运动困难以及牙齿和骨骼变化等特征，作出诊断。

血清钙、磷水平及碱性磷酸酶活性的变化，骨的 X 射线检查及骨的组织学检查，可以帮助确诊。

4. 治疗

（1）供给充足的维生素 D 和充足的光照　日粮中应按维生素 D 的需要量给予合理的补充，并保证冬季舍饲期间得到足够的日光照射和经过太阳晒过的青干草。

补充维生素 D：幼驹和犊牛为 1～2g，羔羊和仔猪为 0.5～1g，内服或肌内注射。幼雏以 0.5%～1% 的剂量拌在料中。

浓缩维生素 D 油剂，1～5mL/d（每 1mL 约含 10 000U），肌内注射。维生素 D_3 的油剂（骨化醇）作内服，各种幼畜预防均为 20～30 单位/kg 体重，治疗量为其 10～20 倍。

（2）注意钙、磷的平衡　日粮应由多种饲料组成，其中注意钙、磷平衡［钙、磷比例应控制在（1.2～2）：1］。骨粉、鱼粉、甘油磷酸钙等是最好的补充物。除幼驹外，都不应单纯补充石粉、蛋壳粉或贝壳粉（都不含磷）。

5. 预防

保证机体能获得充足的维生素 D 和钙磷平衡，加强饲养管理和保证充足的阳光，饲喂干酵母、谷类饲料，及时防治消化道疾病。

二、骨　软　病

骨软病是指成年动物（软骨内骨化作用完成）发生的一种骨营养不良性疾病。由于饲料中钙、磷缺乏或比例不当而发生。在反刍家畜主要由于磷缺乏，猪主要由于钙缺乏。病理特征是骨质呈进行性脱钙，出现骨质疏松。

主要发生于牛和绵羊，可偶见于猪。

马、猪和山羊的骨软病，通常是以纤维性骨营养不良为特征。牛的骨软病主要发生于土壤严重缺磷的地区；继发性骨软病，是因日粮中补充过多的钙所致，泌乳和妊娠后期的母牛发病率最高。乳牛的骨粉或含磷饲料补充不足时，特别在大量应用石粉（含碳酸钙 99.05%）或贝壳粉以代替骨粉的牧场，高产母牛的骨软病发病率显著增高。

1. 病因

长期干旱地区和山地、丘陵地区中生长的植物，从其根部吸收的磷量都是低的，造成饲粮中钙磷比例不平衡。由于磷缺乏而可引起骨组织的反应，特别在妊娠、泌乳的母牛和母猪，骨组织对这种反应最敏感。

牛的骨软病通常由于饲料、饮水中磷含量不足，导致钙磷比例不平衡而发生。

猪的骨软病一般由于日粮中钙缺乏（猪的纤维性骨营养不良，则由于磷过剩）。在牛和猪的常用日粮中，钙元素总是充足的，所以牛的骨软病的发病率总是高于猪。

2. 症状

主要表现为消化紊乱，异食癖，跛行及骨骼系统严重变化等特征。这些特征大体上与佝偻病相似。首先是消化紊乱，呈现明显的异食癖，病牛舔食泥土、墙壁、用具等，在野外啃嚼石块，在牛栏中吃食污秽的垫草。病猪除啃骨头、嚼瓦砾外，有时还吃食胎衣。牛表现异食癖时，并（继）发食道阻塞、创伤性网胃炎、铅中毒、肉毒梭菌毒素中毒等疾病。后出现跛行，运步不灵活，四肢僵直，走路后躯摇摆，或呈现四肢轮跛。拱背站立，经常卧地不愿起立。乳牛腿颤抖，伸展后肢，作“拉弓姿势”。母猪躲藏不动，作匍匐姿势，跛行，产后跛行加剧，后肢瘫痪。

随着病情的发展，支持性的骨骼都伴有严重脱钙，脊椎、肋弓和四肢关节疼痛，外形异常。

牛：尾椎骨排列移位、变形，重者尾椎骨变软，椎体萎缩，最后几个椎体常消失，人工可使尾椎卷曲，病牛不感痛苦。盆骨变形，严重者可发生难产。肋骨与肋软骨接合部肿胀、呈“串珠状”，易折断，四肢屈曲不灵活，易摔倒或滑倒。

猪、山羊：头骨变形，上颌骨肿胀，硬额突出，致使口腔闭合困难，影响吃食和咀嚼，而当鼻道狭窄时则呈现伴有拉锯声的呼吸困难。

3. 诊断

根据日粮中矿物质含量及饲喂方法，饲料来源及地区自然条件，病畜年龄、性别、妊娠和泌乳情况，发病季节，临床特征及治疗效果，不难诊断。

4. 治疗

对牛、羊的治疗，当病的早期呈现异食癖时，就应从饲料中补充骨粉或磷酸氢钙，可以自愈。病牛每天给予骨粉250g，5～7d为一疗程。对跛行的病例给予骨粉时，在跛行消失后，仍应坚持1～2周的治疗。严重病例，除从饲料中补充骨粉外，同时配合无机磷酸盐的治疗，例如牛用20%磷酸二氢钠溶液300～500mL，或3%次磷酸钙溶液1 000mL，静脉注射，1次/d，连续3～5d。妊娠后期和哺乳期的母猪，在病的早期除补充骨粉外，补充鱼粉也有效果。

5. 预防

饲喂钙磷比例合理的日粮：日粮中钙、磷比例，黄牛按2.5∶1、乳牛按1.5∶1、猪按（1.2～1.5）∶1的比例纠正饲养。粗饲料以花生秸、高粱叶、豆秸、豆角皮为佳，最好是补充苜蓿干草和骨粉，而不应单独补充石粉。投服磷酸氢钙或磷酸二氢钙对乳牛有预防作用。

第三节　微量元素缺乏性疾病

一、锌缺乏症

锌缺乏症是动物体缺锌（低于动物对锌需要的临界值）而出现以生长停滞、发育受阻、繁殖能力下降、皮肤角化不全以及创伤愈合缓慢等症状的营养代谢性疾病。

1. 病因

一般土壤生长的饲草含锌量多在30～100mg/kg，基本能满足动物的营养需要（动物一般正常需要量为20～30mg/kg）。但缺锌地区含锌量低下，仅10mg/kg左右，极易引起动物发病。

除地理因素外，动物发病可能与妨碍锌的吸收和利用因素有关。例如饲料中钙盐和植酸含量过多时，可与锌结合形成不溶性复合盐而降低吸收率以致锌缺乏。此外，饲料中磷、镁、铁、维生素 D 含量过多以及不饱和脂肪酸的缺乏也能影响锌的代谢，使锌的吸收和利用率降低。

当机体患有慢性消耗性疾病，特别是慢性胃肠疾患时，可妨碍锌的吸收而引起锌缺乏。

2. 症状

（1）共同症状　主要表现为生长发育迟滞，皮肤角化不全或角化过度，骨骼发育异常，创伤愈合缓慢。①病畜味觉和食欲减退，消化不良致营养低下，生长发育受阻。②皮肤角化不全或角化过度：公畜表现为性腺机能减退和第二性征抑制睾丸、附睾、前列腺与垂体发育受阻，睾丸生精上皮萎缩，精子生成障碍，母畜性周期紊乱，不易受胎，胎儿畸形，早产、流产、死胎、不育等。③创伤愈合缓慢：缺锌动物创伤愈合力受到损害，而补锌后则可加速愈合。

（2）猪　猪的皮肤角化不全，多发生于眼、口周围以及阴囊与后肢部位，呈皮炎（缺锌性皮炎）和湿疹样的症状；仔猪股骨变小，韧性降低、强度下降，易骨折。

（3）反刍动物　反刍动物皮肤角化不全，多发生于眼、口周围以及阴囊与后肢部位，且皮肤瘙痒、脱毛；犊牛皮肤粗糙，蹄周及趾间皮肤皲裂；犊牛后腿弯曲，关节僵硬。绵羊表现为毛与角的明显变化，角正常环状结构消失，最后脱落；羔羊毛纤维丧失卷曲，松乱且脆弱，易脱落而发生大面积脱毛。

（4）家禽　家禽皮肤出现鳞屑或发生皮炎，骨骼发育异常，骨骼变形，长骨随缺锌程度的不同而成比例地缩短、变粗，形成骨短粗症。小鸡长骨变短变粗，关节增大且僵硬、翅发育受阻。繁殖机能障碍，母鸡产蛋及孵化率低下，鸡胚死亡率高，其雏鸡生活力低且易出现畸形。家禽羽毛蓬乱乏光，脆弱易碎，新羽生长缓慢。

3. 诊断

动物锌缺乏症，主要根据病史并结合临床症状进行诊断。饲料、饮水、土壤以及动物组织含锌量的测定结果，可作为辅助诊断的依据。

4. 防治

消除妨碍锌吸收和利用的因素，调整饲料日粮组成，保证各种微量元素之间的平衡。

适当补给锌盐（硫酸锌、碳酸锌或氧化锌），以提高机体锌水平。牛通常应用一水硫酸锌，其剂量一般均按 10mg/kg。家禽可以用氧化锌的醋酸溶液或将杆菌肽锌添加于基础日粮中（14mg/kg），亦能获得预防效果。

锌的需要量与动物种属、年龄、生理状态以及饲料组成有所差异。每千克饲料中对锌的一般需要量仔猪为 40～45mg/kg，母猪为 100mg/kg，犊牛为 10～14mg/kg，羔羊为 18～33mg/kg，禽类为 25～40mg/kg。

二、锰缺乏症

锰是畜禽日粮组成所必需的微量元素，猪、禽、羊和牛都会发生缺锰症（低于动物对锰需要的临界值），家畜机体对锰的需要量远比其他元素为低，家禽发生锰缺乏症较多。

1. 病因

饲料中钙、磷、铁以及植酸盐含量过多，影响机体对锰的吸收、利用所致。禽类，高磷酸钙的日粮会加重锰的缺乏。各类土壤和饲料中并不缺锰，反而有些过剩。一般牧草和干草中含锰量为50～150mg/kg，有的地区牧草含锰量可多达1300mg/kg，引起牛的泌乳性搐搦。缺锰主要是吸收问题。此外，患慢性胃肠道疾病时，也可妨碍对锰的吸收、利用。

2. 症状

主要表现为生长发育受阻，骨骼畸形，繁殖机能障碍，新生动物运动失调以及类脂和糖代谢扰乱等症状。

（1）骨骼畸形　病畜表现为跛行、短腿（桡骨、尺骨、胫骨、排骨短缩）、弯腿以及关节延长等症状。缺锰导致骨骼畸形的各种动物有不同特征。实验动物表现骨骼生长迟滞，前肢短粗且弯曲，猪可见步态强拘或跛行，腿短粗而弯曲，跗关节肿大；牛、羊有关节疼痛，四肢变形，运动障碍，山羊跗关节肿大，其内有赘生物；禽类，尤以生后2～6周龄的雏鸡，由于缺锰于2～10周期间出现骨短粗症或滑腱症，跗关节粗大和变形（多呈球形），胫骨扭转、弯曲，长骨短缩变粗以及腓肠腱从其裸部滑脱为其特征，产卵母鸡蛋壳硬度降低，孵化率下降，鸡胚畸形。

（2）繁殖机能障碍　母牛、山羊发情期延长，不易受胎，早期发生原因不明的隐性流产、死胎和不育。

（3）新生幼畜运动失调　缺锰地区犊牛发生骨骼肌麻痹者较多。主要表现为哞叫，肌肉震颤，甚至痉挛性收缩，关节麻痹，运动明显障碍。死亡率可达16%～26%。

3. 诊断

根据病史和临床症状进行诊断。可对饲料、动物器官组织的锰含量进行测定，则有助于确诊。

健康牛血液锰含量为1.8～1.9mg/L。禽类血锰含量较低，小母鸡开始产蛋时，血浆的锰浓度显著增加，19周龄时为3.0～4.0mg/L，25周龄时升至8.5～9.1mg/L。正常牛和绵羊肝内锰浓度为8～10mg/L。

4. 防治

改善饲养，给予富锰饲料。一般认为青绿饲料和块根饲料对锰缺乏症有良好的预防作用。此外，加喂精饲料，如大麦、小麦、米糠等均含有较丰富的锰。

为预防雏鸡骨短粗症，可于每100kg饲料中添加12～24g硫酸锰，或用1∶3 000高锰酸钾溶液作饮水；猪的预防用剂量较小，一般每千克饲料只需25～30mg，牛日粮中仅需20mg。

三、硒缺乏症

硒缺乏症是由硒缺乏引起的一种以骨骼肌变性、坏死，肝营养不良，以及心、肝纤维素变化为特征的代谢性疾病。以幼畜、雏禽多见，2～5月份为发病高峰期。

硒是动物必不可缺、非常重要的一种微量元素。动物获得的硒来源于植物体所合成的硒蛋白。硒的吸收量取决于动物对饲料蛋白的消化率、硒的含量及其化合物的形态等。经口摄入的硒在十二指肠吸收后，主要由血液迅速转运并结合到蛋白体中，并以含硫氨基酸——胱氨酸硒、蛋氨酸硒的形式分布于体内所有细胞、组织和体液中。在硒营养正常状态下，一般以肾、肝、肌肉中硒含量最高，血液较低，脂肪最低。毛羽中硒含量可作为判定硒摄入量和体内硒营养状况的客观有效指标。

1. 病因

（1）饲料中硒缺乏　主要起因于饲料（植物）中硒含量的不足或缺乏或饲料中添加的硒混合不均匀。饲草中硒含量的不足又与土壤中可利用的硒水平相关。碱性土壤所生长的植物含硒量较丰富，酸性土壤生长的植物含硒量贫乏。土壤含硒量低于0.5mg/kg，饲料含硒量低于0.05mg/kg，便可引起畜禽发病。因而一般认为饲料中硒的适量值为0.1mg/kg。

（2）维生素缺乏，特别是维生素E缺乏。

（3）继发因素　动物生长过快或应激，动物对硒的需要增大，如果不添加（添加不足）或混合不匀，就会造成硒缺乏。

2. 硒缺乏症的主要特点

（1）发病的地区性　不同地区发病多半是局部性的，即呈与缺硒地带相适应的地区性发病。硒缺乏症在流行病学方面的明显地区性特点及其在病区内，长年流行的时间连续性，形成一种地方病。

（2）发病的季节性　硒缺乏症一般是在常年连续发生的基础上，较集中于每年的冬末和春天两季，尤以2～5月份为多发。本病的明显季节性，主要反映季节的特定气候因素（寒冷）对发病的影响。

（3）群体选择性　在畜禽群体特点中，主要表现为明显的年龄因素。即各种畜禽均以其幼龄阶段为多发。这主要是由于其抗病力较弱，同时幼畜（禽）正处于生长、发育、代谢的旺盛阶段，因而对营养物质的需求量相对增加，以致对某些特殊营养物质的缺乏，尤为敏感。

3. 发病机理

机体在代谢过程中产生的一些能使细胞、细胞内的线粒体和溶酶体等脂质膜受到破坏的过氧化物，可引起细胞的变性、坏死。硒和维生素 E 具有抗氧化作用，可使组织免受体内过氧化物的损害，保护细胞正常功能发挥作用。硒在体内还可促进蛋白质的合成。当硒和维生素 E 缺乏时，就会影响蛋白质的合成，影响生长。

4. 症状

（1）共同症状　生长发育缓慢，营养不良，贫血，运动障碍，背腰弓起，四肢僵硬，运步强拘，共济失调，心律不齐，呼吸困难，并伴有消化机能紊乱。

（2）猪　多发生于 3 周龄左右的仔猪，生长快，体况良好的更易发生，常突然发病，抽搐，尖叫几声后死亡。病程长的，体温不高，精神沉郁，皮肤黏膜苍白。食欲停止，步态强拘，站立困难，前肢跪地或呈犬坐姿势。心跳、呼吸加快，尿液呈现棕红色。

（3）鸡　全身软弱无力，贫血，可视黏膜、鸡冠苍白，站立不稳，共济失调，翅下、腿麻痹，卧地不起，颈、胸成片羽毛脱落，腹下皮肤呈紫蓝色。

（4）反刍动物　肌肉无力，全身发抖，行走困难，食欲、反刍停止，可视黏膜苍白，呼吸急促，心跳加快，最后卧地不起，角弓反张，衰竭而死。

5. 病理变化

以肌肉变性、坏死，呈苍白色为特征。猪心室扩大，沿心肌走向出血而呈紫红色，外观如桑葚，故称“桑葚心”。正常的褐色肝小叶和坏死的肝小叶（白色或黄白色）混杂在一起，使肝的外观花斑样，故称“花斑肝”。鸡除了肌肉变性、坏死外，胸、腹下皮肤水肿，有蓝色胶胨样物，胸部和股内侧有不同程度的淤血和水肿，故称“出血性素质”。

6. 诊断

硒缺乏症早期阶段临床症状不明显，无有效的特异性诊断方法。根据病史调查、发现有引起缺硒的因素，运动障碍，肌肉变性、坏死及渗出性素质等可以作出诊断。

7. 治疗

（1）补硒　0.1% 亚硒酸钠，仔猪、羊 1 ~ 4mL，驹、犊 5 ~ 10mL，肌内注射，间隔 15d 注射 1 次，共 2 ~ 3 次，鸡可用 10mg/L 的亚硒酸钠饮水，连用 3 ~ 6d。

（2）补充维生素 E　维生素 E，驹、犊 300 ~ 500mg，仔猪、羊 100 ~ 150mg，肌内注射，鸡可在饲料中加适量的维生素 E。

8. 预防

加强饲养管理，喂富含维生素 E 和硒的饲料，在缺硒的地区可以在土壤中施硒肥，提高牧草硒的含量，妊娠母猪可以注射亚硒酸钠维生素 E，牛、马 10 ~ 20mL，猪、羊 4 ~ 8mL，刚出生的仔猪可以按成年畜的 1/5 量注射。

第四节 维生素缺乏症

一、维生素 A 缺乏症

维生素 A 缺乏症是指维生素 A 或维生素 A 原（胡萝卜素）缺乏引起的以生长发育不良，视力障碍和皮肤黏膜损伤为特征的代谢病。维生素 A 缺乏症最常发生于犊牛和幼禽，其他动物亦可发生，但极少发生于马。

1. 病因

（1）饲料中维生素 A 或维生素 A 原不足　各种青绿饲料包括发酵的青绿饲料在内，特别是青干草、胡萝卜、南瓜、黄玉米中，都含有丰富的维生素 A 原，维生素 A 原能转变成维生素 A。但在棉籽、亚麻籽、萝卜、干豆、干谷、马铃薯、甜菜根中，几乎不含维生素 A 原。犊牛腹泻、瘤胃角化不全或角化过度，都可导致维生素 A 缺乏症。

（2）饲料中其他成分的影响　饲料中维生素 E、维生素 C 缺乏，会导致维生素 A 破坏增加；脂肪含量低，会使维生素 A 吸收下降。

（3）继发因素　因为大量胡萝卜素是在肠上皮中转变成维生素 A，并且主要贮存在肝脏中，所以当慢性肠道疾病和肝脏疾病时，最容易继发维生素 A 缺乏症。

2. 发病机理

维生素 A 缺乏症主要影响动物视色素（牛为视紫红质，禽类为视紫蓝质）的正常代谢、骨骼的生长和上皮组织的维持。当维生素 A 缺乏或不足时，视紫红质的再生更替作用受到影响，动物在阴暗的光线中呈现视力减弱及目盲。维生素 A 缺乏症能导致所有上皮细胞萎缩，主要见于唾液腺、泌尿生殖道（包括胎盘，但不包括卵巢和肾小管）及牙齿（在釉质中齿质母细胞消失）。甲状腺素的分泌显著减少。在临床上导致胎盘变性、干眼病和角膜变化。

3. 症状

各种动物的临床症状基本上相似，只是在组织和器官的表现程度上有一些差异。

维生素 A 缺乏症的动物，猪皮肤可呈现溢脂性皮炎；牛出现皮肤增厚、粗糙和脱屑；鸡皮肤、嘴角的黄色消失或减退，呈苍白色；公畜和母畜生殖能力，虽然公畜还可保留性欲，但精小管生殖上皮变性，精子活力降低，青年公牛睾丸明显小于正常。母畜因胎盘变性，可导致流产、死产或生后胎儿衰弱及母畜胎盘滞留。严重缺乏维生素 A 的母猪，其仔猪呈现无眼或小眼畸形及额裂等先天性缺损。亦可呈现其他缺损，例如兔唇、后肢畸形、皮下囊肿、生殖器官发育不全等。尤其是新生犊牛，可发生先天性目盲及颅内水肿、脊索病和全身水肿，亦可发生肾脏异位、心脏缺损等其他先天性缺损。

夜盲症：是一种突出的病征，除猪之外，是最早出现的重要病征。特别在犊牛，当其他症状都不明显时，就可发现在早晨或傍晚或月夜中光线暗时，盲目前进，行动迟缓，碰撞障碍物。猪，一直到血浆维生素 A 水平很低时，夜盲症的病征还不明显。

干眼病：是指角膜增厚及云雾状形成，仅可见于犬和犊牛，而在其他动物，则见到眼分泌一种浆液性分泌物，随后角膜角化，形成云雾状，有时呈现溃疡和羞明。成年鸡严重缺乏时，经 2～5d，鼻孔和眼有黏液性分泌物，上下眼睑往往黏着在一起，失明，最后角膜软化，眼球下陷，甚至穿孔。由于视神经受压，引起视乳头水肿及失明。失明是由于视网膜变性所致。

神经症状：维生素 A 缺乏症的动物，还呈现中枢神经损害的病征，例如颅内压增高引起的脑病，外周神经根损伤引起的骨骼肌麻痹。表现为兴奋不安，盲目运动，尖叫等，运动失调，最初常发生于后肢，然后再见于前肢。猪和犊牛还可引起面部麻痹、头部转位和脊柱弯曲。至于脑脊液压力增高而引起的脑病，通常见于犊牛，也可见于年轻的猪，这些动物则呈现强直性和阵发性惊厥的特征。

4. 诊断

根据饲养病史和临床特征（夜盲症、干眼病、神经症皮肤变化和生殖能力下降等）作为初步诊断。确诊需参考病理损害特征和对饲料中维生素 A 或维生素 A 原的含量进行检测。在临床上，维生素 A 缺乏症引起的脑病与低镁血症性搐搦、脑灰质软化、D 型产气荚膜梭菌引起的肠毒血症和铅中毒之间难以区别。

5. 防治

（1）补充维生素 A　维生素 A，500U/kg 体重，肌内注射。也可在饲料中添加维生素 A（各种动物每天正常需要维生素 A，最低量是 30U/kg 体重，每天正常需要胡萝卜素最低量是 75U/kg 体重），乳牛在妊娠和泌乳阶段，剂量可增加 500U/kg 体重。小鸡对维生素 A 缺乏较敏感，饲料中至少加入维生素 A 1 500U/kg，产卵鸡和种鸡可增加一倍。肥育牛的日粮冬季每天加入维生素 A 10U/kg，种猪饲料应加入 1 000U/kg。

（2）改善饲养管理　供给青绿饲料、黄玉米、胡萝卜，改善饲养条件，减少应激。

（3）对症治疗　幼畜可用麦芽粉、人工盐、陈皮酊等健胃药调整胃肠机能，促进消化吸收。眼有病变时可用 3% 的硼酸洗眼，然后滴入红霉素眼药水等对症治疗。

6. 预防

（1）饲料中应加入适量的防霉剂，防止饲料霉变，及时调整胃肠机能和治疗胃肠疾病。

（2）饲料中添加一定量的维生素 A，或维生素 A 原，以满足动物的生理需要。

二、B 族维生素缺乏症

B 族维生素缺乏症是由于饲料或饲草中 B 族维生素不能满足其生理需要而引起的代谢疾病。多发生于犊牛、幼畜和雏禽。

1. 病因

（1）饲料中缺乏 B 族维生素　B 族维生素是一组多种水溶性维生素，它们的分布亦大体相同，在生物学上作为各种酶的辅酶，其实它们在化学结构上和生理功能上都是互不相同的。B 族维生素的来源很广泛，在青绿饲料、酵母、麦皮、米糠及发芽的种子中 B 族维生素含量最高。此外，动物（特别是反刍动物）（胃）肠道中的微生物能合成 B 族维生素，一般不会缺乏，如果长期饲喂缺乏 B 族维生素的饲料，或鸡饲料中添加 B 族维生素不足，就会发病。

（2）继发性病因　饲料发霉或贮存过久，B 族维生素受到破坏，高温、应激、磺胺药的应用等因素，使 B 族维生素消耗量过大。胃肠炎，消化障碍，吸收不良，使 B 族维生素吸收减少而发生本病。

2. 症状

（1）硫胺素（维生素 B_1）缺乏症

马：共济失调，心搏过速，拱背，牙关紧闭，阵发性惊厥，角弓反张，伏卧不起，但食欲和体温正常。

鸡：主要呈现多发性神经炎。病鸡腿屈曲，坐地，头向后仰，呈“观星姿势”，这是由于颈部的前方肌肉麻痹所致。病雏倒地以后，头部仍然向后仰。成年鸡发病缓慢，鸡冠常呈蓝色，在病的进行期中，肌肉明显麻痹，开始发生于趾的屈肌，然后向上蔓延，波及腿、翅和颈部的伸肌。

猪：呈现厌食，生长不良，呕吐，腹泻，皮肤及黏膜发绀，可突然死亡。

犊牛：表现衰弱，共济失调及惊厥，有时发生腹泻，厌食及脱水。

（2）核黄素（维生素 B_2）缺乏症

马：表现不食，生长受阻，腹泻，流泪及脱毛，口角区周围充血，还可作为周期性眼炎的一种病因。

鸡：雏鸡呈现生长缓慢，衰弱，消瘦，但食欲良好。在 1～2 周之间发生腹泻，不能走路，或走路时以飞节着地，翅膀展开，足趾向内蜷曲。

猪：呈现生长迟缓，呕吐，眼白内障，步态强拘，皮肤发疹、鳞屑、溃疡及脱毛。

犊牛：很少自然发生的病例，据人工发病观察，在口唇、口角、鼻孔周围区和黏膜呈现明显的充血，伴有厌食，生长不良及腹泻。

（3）维生素 B_{12} 缺乏症

除地方性钴缺乏的地区可能会发生外，其他地区极少发生，包括猪和犊牛。用配合日粮饲养的犊牛，发生这种缺乏症的综合征，包括厌食，生长停止，营养不良，肌肉衰弱。猪缺乏症者，可能就是个别对维生素 B_{12}吸收能力差的猪，表现为生殖能力降低。鸡缺乏时呈现生长迟缓，饲料利用率降低，鸡蛋的出壳率也降低。假如雏鸡同时也缺乏胆碱或蛋氨酸，可能发生滑腱症，并且在维生素 B_{12} 缺乏的条件下，雏鸡对泛酸的需要量增高。

（4）烟酸缺乏

猪：皮肤粗糙，增厚、皲裂，上面附有暗色痂皮，采食量少，渐行性消瘦而死亡。

鸡、鸭：飞节肿大，骨粗短、腿弯曲，嗉囊膨胀，下痢。

毛皮动物：食欲下降，口腔黏膜发炎，生长慢，神经机能障碍，出现麻痹。

（5）叶酸缺乏

毛皮动物表现采食量减少，腹泻，贫血，被毛松乱，退色，毛质量差。

鸡：生长停滞，羽毛退色，颈部僵硬，伸直或麻痹，成年鸡产蛋量下降，孵化率下降。

3. 诊断

根据发病史、临床典型症状和饲料检测的结果进行综合诊断。

4. 防治

（1）补充B族维生素　根据病因不同，有针对性地补充B族维生素，按每千克体重补充维生素 B_1 0.25～0.5mg、维生素 B_2 2～4mg、维生素 B_{12} 0.001～0.002mg、烟酸20～30mg、叶酸0.025～0.005mg，肌内注射或内服，1次/d，连用7d。

硫胺素缺乏症，应用硫胺素治疗是有效的。所有各种动物，其剂量都按每千克体重0.25～0.5mg计算，皮下或肌内注射。继发性病例，还需作其他治疗。预防在单胃动物，一般每千克体重需要硫胺素30～60mg。日粮中加入酵母、麦皮和米糠等，以及在家禽则加入乳、肝和肉粉（亦可给猪），一般能供给足够的硫胺素。

（2）改善饲养管理　除了添加青绿饲料、酵母、米糠外，还要在每吨饲料中添加维生素 B_1 200～300mg、维生素 B_2 3 000～4 000mg、维生素 B_{12} 3～5mg、烟酸10g、叶酸4～6mg，可以预防本病的发生。

三、维生素D缺乏症

维生素D缺乏症是由于饲料中缺乏维生素D或光照不足引起的，以食欲减退、生长慢、骨发育不良为特征的一种疾病。主要发生于幼龄动物。

1. 病因

（1）饲料中维生素D含量不足　添加不足，饲料久贮、霉变，维生素D大量破坏，动物长期在阴暗环境中饲养，是导致本病的重要因素。

（2）光照不足　光照不足，皮肤内的7－脱氢胆固醇不能转化成维生素D。

（3）继发因素　饲料中钙、磷比例不当，动物对维生素D的需要量增加。

蛋白质、脂肪缺乏以及胃肠疾病，维生素 D 的吸收减少。

2. 症状

各种动物主要表现为食欲和饲料利用率降低，生产力下降及增重缓慢，后期引起骨营养不良，呈现跛行、运动障碍，站立不稳，甚至长骨弯曲，关节肿大，进一步发展为佝偻病或骨软症。成年母鸡产蛋量减少，产软壳、薄壳蛋，最后产蛋可完全停止。随着病程的延长，病鸡两腿无力，呈蹲坐姿势，行走时动作笨拙。喙、爪、腿、翅、胸骨变脆，容易折断。雏鸡两腿无力，走路不稳，呈企鹅姿势，严重者不能站立，勉强站立时两腿叉开，呈八字形。骨变软，不易折断，喙变形，不便采食。

3. 诊断

通过病史调查，发现有引起维生素 D 缺乏的原因。跛行、运动障碍，骨变形、变软或变脆。

4. 治疗

维丁胶性钙，马、牛 2.5 万 ~ 10 万 U/kg 体重，猪、羊 0.5 万 ~ 2 万 U/kg 体重，犬 2 500 ~ 5 000U/kg 体重，肌内注射。也可用维生素 D_3 1500 ~ 3 000U/kg 体重，肌内注射。

5. 预防

增加畜舍光照，加强户外运动，饲喂日照充足的饲草。经济动物及家禽，可补充鱼肝油 5 ~ 10mL/kg 饲料，有良好的预防作用。

四、维生素 E 缺乏症

维生素 E 缺乏症是饲料中维生素 E 缺乏而引起的一种以脑软化、渗出性素质和肌营养不良为特征的代谢病。各种动物都可以发生。

1. 病因

（1）饲料中维生素 E 缺乏　长期饲喂经过暴晒的干草，发霉变质、品质不良的草料，造成维生素 E 缺乏。家禽、猪饲料中添加维生素 E 不足等。

（2）饲料中其他成分的影响　维生素 E 的化学性质不十分稳定，在饲料中可受到矿物质和不饱和脂肪酸的影响而氧化。与鱼肝油混合，由于鱼肝油的氧化作用，也可使维生素 E 的活性丧失。若青草和青绿豆科植物中含有过多的不饱和脂肪酸，当瘤胃氢化作用不完全时，则胃肠道吸收不饱和脂肪酸增加，其游离根可与维生素 E 结合，于是有效维生素 E 减少，可导致维生素 E 缺乏症及发生骨骼肌营养不良，这种情况看成是一种相对的维生素 E 缺乏症。

（3）继发性病因　慢性消化道，肝功能不全或功能障碍，影响维生素 E 的吸收和利用。

2. 发病机制

维生素 E 具有抑制多价不饱和脂肪酸产生游离根及过氧化物的功能，从而防止含有多价不饱和脂肪酸对细胞膜的脂过氧化（特别是对含不饱和脂质丰富的脂质膜，如细胞的线粒体、内质网和质膜）。硒元素与维生素 E 有协同作用，具有保护细胞膜脂质的功能。因为硒是谷胱甘肽过氧化物酶的活性中心，通过谷胱甘肽及谷胱甘肽过氧化酶而加速破坏过氧化物，从而保护了细胞膜的脂质。二者在保护细胞膜的脂质不受损害的作用上是一致的。

3. 症状

幼畜和幼禽的一系列症状以羔羊和小鸭为严重。脑膜水肿及小脑软化、肿胀，波及大脑半球纹状体、延脑和中脑，表现精神不振，采食减少，共济失调，步态不稳，盲目运动，冲撞。公畜睾丸萎缩、变性，生殖能力下降，精子运动异常，甚至不能产生精子，母畜表现卵巢机能下降，性周期异常，不能受精或受精卵死亡、死产、流产或不孕。猪往往突然死亡。小鸡、小鸭和小火鸡除骨骼肌营养不良外，表现为站立不稳，头向后伸或头颈歪斜，站立不稳，运动失调，走路时容易跌倒，以受惊吓时更明显。小鸡呈现广泛性皮下组织水肿，并有血液成分渗出，腹部皮肤呈蓝绿色，鸡冠苍白。

4. 病理变化

（1）共同症状　主要表现肌肉变性、苍白，脑软化、渗出性素质、不育或不孕等病变。

（2）猪　肝营养不良，肝坏死，胃贲门溃疡，心内膜和心外膜下层沿肌纤维走向呈多发性出血，致心肌斑点状出血，呈桑葚状心脏病。

（3）小鸡　渗出性素质，皮下水肿，有蓝绿色胶胨样物。脑软化，水肿，有出血点，切面有出血点和黄绿色坏死斑。心包及腹腔积液。胸部肌肉和腿部肌肉有灰白色条纹和出血点。肌胃和心肌苍白、柔软。

5. 诊断

根据神经症状，运动障碍、脑软化、肌肉变性和渗出性素质一般可以作出初步诊断。

6. 防治

（1）补充维生素 E　维生素 E 10～20U/kg 体重，肌内注射或内服，1 次/d。

（2）补充硒　亚硒酸钠 300～500mL/kg 体重，皮下注射或内服，1 次/d。

（3）加强饲养管理　饲料中添加维生素 E 200～300mg/t，亚硒酸钠 200～300mg/t，饲料中添加抗氧化剂，防止饲料氧化。

第五节　其他营养与代谢障碍性疾病

一、母牛倒地不起综合征

母牛倒地不起综合征是泌乳母牛临近分娩或分娩后发生的一种以“倒地不

起”为特征的临床综合征，最常发生于产犊后2～3d的高产母牛。常因生产瘫痪，诊疗延误而不全治愈，或因存在代谢性低磷血症、低镁血症、低钾血症等并发症而后遗倒地不起。病牛常反复挣扎不能起立。通常精神、体温、呼吸和心率少有变化。无食欲母牛、伴有酮尿。卧地日久的母牛，可有明显的蛋白尿，心跳加快。有些病牛，后肢半屈曲或向后伸，呈“青蛙腿”姿势，匍匐“爬行”。有些病牛，常喜侧身躺卧，头侧向后方，严重病例，一旦侧卧，出现感觉过敏和四肢强直及搐搦。有的病例，两后肢前伸，蹄尖直抵肘部，致使大腿内侧和耻骨联合前缘的肌肉遭受压迫，而造成缺血性坏死。倒地不起经18～24h的，血清肌酸磷酸激酶，血清天冬氨酸转移酶活性升高。由于反复起卧，还可发生髋关节脱臼及关节周围组织损伤。病因诊断很困难。可根据可疑病因，采用相应疗法，如怀疑低镁血症，静脉注射25%硼葡萄糖酸镁溶液400mL；怀疑低磷酸盐血症，皮下注射20%磷酸二氢钠溶液300mL；怀疑低钾血症，则以10%氯化钾80～150mL，加入2 000～3 000mL葡萄糖生理盐水中静脉注射。以上治疗方法每日一次，必要时重复1次或2次。凡血钙浓度不低于2.25mmol/L，当无精神高度抑制、昏迷等症状时不应再注射钙剂。凡心动过速和心律不齐的，亦不应注射钙剂。

二、笼养蛋鸡疲劳综合征

笼养蛋鸡疲劳综合征又称笼养蛋鸡骨质疏松症，是笼养产蛋鸡的一种全身性骨骼疾病。几乎发生在所有笼养产蛋鸡群中，产蛋期发病率为1%～10%。常发生于产蛋高峰期。

1. 病因

主要由于饲料严重缺钙而引起，钙源无法满足蛋壳形成及维持骨骼强度所需，导致钙负平衡。所以高产蛋鸡表现体重轻、采食量小、性成熟早。

钙磷比例失调，或维生素D缺乏，影响钙的吸收。

此外，甲状旁腺机能亢进或应激，使钙消耗量增加，骨钙下降。

2. 症状

产蛋鸡突然死亡，输卵管中常有软壳或硬壳蛋。初期，病鸡食欲、精神状态和被毛均无明显变化，产薄壳蛋、软壳蛋，鸡蛋的破损率增加。一些以育成鸡或预产蛋鸡料饲喂产蛋率达50%的鸡群，破损蛋的比例可能达20%～30%。症状稍重时，病鸡腿部虚弱无力，不能站立或经常呆立在鸡笼的后部。严重时，病鸡脚爪弯曲，运动失调，甚至不能接近饲槽和饮水器，如及时发现，采取适当的治疗措施，大多能在3～5d恢复。否则，症状加重，易骨折，伴发软组织增生引起骨变形。有些病鸡可因胸椎骨折、凹陷损伤脊髓而部分或全身瘫痪。尽管后期的病鸡仍有食欲，终因不能采食和饮水而死亡。病鸡的血钙水平往往降至9mg/100mL以下，同群无症状鸡也低于正常值。正常产蛋鸡的血钙水平为19～22mg/

100mL，而在 12 ~ 15mg/100mL 时，就经常出现瘫痪。

3. 防治

治疗措施：可将症状较轻的病鸡挑出，单独喂养，补充骨粒或粗颗粒碳酸钙，一般 3 ~ 5d 可治愈。有些停产的病鸡在单独喂养、保证使其能吃料饮水的情况下，一般不超过一周即可自行恢复。

同群鸡（正常钙水平除外）饲料中添加 2% ~ 3% 粗颗粒碳酸钙，饲料中添加维生素 D_3 2 000U/kg，经 2 ~ 3 周，鸡群的血钙就可上升到正常水平，发病率明显减少。钙耗尽母鸡的腿骨在 3 周后可完全再钙化。

4. 预防

全面营养和科学管理，使育成鸡性成熟时，达到最佳的体重和体况。在开产前 2 ~ 4 周饲喂含钙 2% ~ 3% 的专用预开产饲料，或产蛋率达 1% 时，及时换用产蛋鸡饲料。

高产蛋鸡饲粮中钙水平应为 3.5%，并保证适宜的钙磷比例，饲料中添加维生素 D_3 2 000U/kg 以上。如鸡群采食量较小或遇炎热季节，可将钙含量增到 3.8% ~ 4.0%，并增加维生素 D_3 添加量，使每只母鸡每天的钙摄入量达到 3.5g 以上。

给母鸡提供粗颗粒（大于 0.75mm）石灰石粉或贝壳粉，粗颗粒钙饲料通过肌胃速度较慢，有较大部分在夜间蛋壳形成时被肠吸收，有助于给蛋壳形成提供食源钙。

对处于产蛋高峰期或炎热气候条件下的蛋鸡群，每日下午按饲料消耗量的 1% 左右将粗颗粒钙均匀地撒在料槽中，既可为蛋壳形成提供食源钙，还能刺激鸡群摄食饲料。

三、异食癖

异食癖是畜禽代谢机能紊乱，味觉异常的一种非常复杂的多种疾病的综合征，其临床特征为畜禽舔食、啃咬通常认为无营养价值而不应该采食的东西（异物）。这不只是一种疾病，也是许多疾病（骨软症、慢性消化不良等）的临床症状。

各种家畜都可发生，多发生在冬季和早春舍饲的牛、羊、马等。

1. 病因

原因多种多样，因地区和家畜（禽）的种类而异。一般认为有以下因素：

（1）某种微量元素不足或不平衡　钠、铜、钴、锰、钙、铁、硫等矿物质不足或不平衡，特别是钠盐的不足，通常有异食癖的家畜多喜舔食带碱性物质，钠的缺乏可因饲料中钠离子不足，也可因饲料中钾盐过多，机体要排除过多的钾，必须同时增加钠的排出，导致钠的损失增多而得不到及时补充。

（2）某些维生素的缺乏　特别是 B 族维生素的缺乏，因为 B 族维生素是机体内代谢关系密切的酶和辅酶的组成成分，当其缺乏时，可导致体内的物质代谢紊乱。

（3）氨基酸缺乏或不平衡　某些蛋白质和氨基酸的缺乏多表现异食，如猪吃胎衣和胎儿，鸡啄肛癖等。

2. 症状

（1）共同症状　异食癖一般多以消化不良开始，接着出现味觉异常和异食症状。病畜舔食、咬、吞咽被粪便污染的饲草或垫草，舔食墙壁、食槽，啃吃墙土、砖瓦块、煤渣、破布等物。病畜易惊恐，对外界刺激的敏感性增高，后则表现迟钝；皮肤干燥，弹力减退，被毛极乱，无光泽；拱腰、磨牙，天冷时畏寒、战栗；口腔干燥，开始多便秘，其后下痢，或便秘与下痢交替出现；贫血，发生渐进性消瘦，食欲进一步恶化，甚至发生衰竭而死亡。

（2）绵羊　绵羊多为食毛癖。主要发生在早春饲草青黄不接的时候，多见于羔羊，症状类似幼畜胃肠疾病。

（3）猪　猪主要表现为异食胎衣、仔猪和互相啃咬尾巴、耳朵等症状。这是由于蛋白质或某些氨基酸缺乏和不全的一种表现。生长不良，食欲下降，精神不振等。如乳猪蛋白质或氨基酸缺乏（或不平衡），仔猪断奶后多表现仔猪、架子猪相互啃咬对方耳朵、尾巴时，常可引起相互攻击和外伤。

（4）鸡　鸡有食毛（羽）癖（可能是由于缺硫），啄趾癖、食卵癖（缺钙和蛋白质），啄肛癖等。生长不良，食欲下降，精神不振，产蛋量下降，消瘦等。一旦发生，在鸡群传播很快，可互相攻击和啄食，甚至对某只鸡可群起而攻之，造成伤亡。

（5）幼驹　特别是初生驹有采食母马粪的恶癖，主要是采食母马刚拉下的有热气的新鲜粪便。采食马粪的幼驹，常继发肠阻塞，严重的若不及时采取手术疗法，多以死亡告终。

3. 病程及预后

异食癖多呈慢性经过，对早期和轻型的患畜，若能及时改善饲养管理，采取适当的治疗措施很快就会好转，否则病程拖得很长，可达数月，甚至1～2年随饲养条件的变化，常呈周期性的好转与发病的交替变化，最后衰竭而死亡。

4. 诊断

诊断异食不难，如做病因学诊断，需从病史、临床特征等方面进行具体分析。

5. 防治

（1）改善饲养管理　给予全价的日粮，根据饲料和土壤情况，缺什么补什么，有条件放牧的要放牧；对土壤中缺乏某种矿物质的牧场，要增施含该物质的肥料，并采取轮换放牧。有青草的季节多喂青草，无青草的季节要喂质量好的青干草、青贮料，补饲谷芽、麦芽、酵母等富含维生素的饲料。

（2）药物治疗　应视病因而定。如氯化钴，牛的用量为40mg，马20mg，猪、小牛10～20mg，山羊3～5mg，硫酸铜配合氯化钴应用效果较好，其剂量为马、牛300mg，小牛75～150mg，羊10～20mg。鸡、羊发生食毛癖时，对开始发生的个别鸡、羊应及时隔离，以免在全群传播，同时在饲料里补饲石膏（硫酸钙），鸡每只0.5～3g/d，羊羔酌量增加。也可增补鱼粉、骨粉等矿物质、蛋白质饲料。在鸡还可给予镇静药，使其精神安定，来试行治疗恶癖。

（胡　辉　罗世民　邱伟海）

复习思考题

1. 营养代谢病的发病特点是什么?
2. 如何诊断营养代谢病?
3. 维生素 B_1 缺乏的特征性症状有哪些?
4. 动物维生素 E 和硒缺乏有何主要症状?
5. 试述奶牛的酮病的发生及诊断治疗。

第九章　中毒性疾病

知识目标

- 掌握饲料中毒的发病特点、诊断和治疗。
- 了解农药化肥中毒的病因、治疗和预防。
- 掌握微量元素中毒的发病特点与防治。

技能目标

- 能进行饲料中毒病的诊断、治疗。
- 能进行农药化肥中毒病诊断、治疗。
- 能进行微量元素中毒病诊断、治疗。

一定剂量的物质进入动物机体后，侵害机体的组织和器官，并能在组织和器官内发生化学或物理学的作用，破坏了机体的正常生理机能，能引起机体的机能、结构及代谢发生病理改变的过程，这种物质被称为毒物。由毒物引起的疾病，称为中毒。毒物的毒性作用是相对的，有些药物过量时，可引起中毒，如阿托品、砷及某些饲料添加剂等；某些非毒性物质，如食盐用量过大也能引起严重的中毒，有些微量的剧毒物质，却可以用于治疗疾病，如硒、铬等。

中毒有很多种，有生物性的，如蛇毒、肉毒、真菌毒素中毒等；物理性的，如一氧化碳中毒；天然元素如铅、铜、氟、硒中毒等；化学制品，如杀虫剂、除草剂以及饲料添加剂中毒等。

毒物毒害的表现形式有以下几种方式。

（1）局部的刺激作用和腐蚀作用　毒物化学作用的直接损害，如酸、碱和矿物质，可直接腐蚀和刺激皮肤或黏膜。但也有些毒物在吸收部位并不引起腐蚀，却由于吸收过程或进入血液后，引起化学反应，导致机体生理功能的紊乱。

（2）抑制酶系统的活性　许多毒物对酶系统的各个环节能起破坏作用。某些酶的蛋白质内含有金属离子，例如细胞色素氧化酶，一氧化碳和氰苷类物质，对细胞色素氧化酶起抑制作用，前者与 Fe^{2+} 结合，后者则与 Fe^{3+} 结合，使酶的活性都受到影响，引起细胞窒息。毒物还可抑制辅酶的活性，如铅中毒时，机体内的烟酸消耗量增加，结合辅酶Ⅰ（COⅠ）和辅酶Ⅱ（COⅡ）都减少，抑制了脱氢酶的活性。抑制酶的激活作用，如磷酸葡萄糖变位酶，具有生成和分解肝糖原的作用，但需要 Mg^{2+} 作激活剂，氟中毒时，氟离子与 Mg^{2+} 结合成复合物使磷酸葡萄糖变位酶的活性受到抑制。毒物对酶的抑制有特异性的和非特异性的，如巯基是蛋白的活性基团，不少毒物可与巯基相结合，所以其作用是非特异性的。很显然，一种毒物在不同的条件下，所受到作用的酶也不相同。

（3）对亚细胞结构的作用　例如四氯化碳能直接破坏线粒体的结构，使其所含的谷丙转氨酶（GPT）释放到血液中。急性四氯化碳中毒时，血清谷丙转氨酶可增到几千单位。又如野百合碱能干扰细胞的有丝分裂，引起肝功能障碍，发生腹水，影响铜的代谢等。

（4）放射性物质的毒理作用　主要是由于放射性物质的电离作用产生自由基团—OH、—NO等所形成的毒性。氧、臭氧和二氧化碳在机体内都能产生这种自由基团，从而引起致毒作用。

第一节　饲料毒物中毒

一、硝酸盐和亚硝酸盐中毒

亚硝酸盐中毒俗称“饱潲症”，是由摄入过量的含有亚硝酸盐的饲料，引起的高铁血红蛋白血症（变性血红蛋白血症）。临床特征为皮肤、黏膜发绀及其他缺氧症状（呼吸困难、脉搏细数、肢体末梢厥冷等）。动物采食过量的硝酸盐后，临床上以严重胃肠炎为中毒特征。

各种家畜都可发生，以猪多见，牛、羊、马也可发病。

1. 病因

主要是家畜采食了各种经文火焖煮或堆放长时间的富含有硝酸盐的鲜嫩青草、作物秧苗以及叶菜类等，特别在重施化肥（如大量施用硝酸铵、硝酸钠等硝酸盐类）或农药的情况下更易发生本病。

在自然条件下，亚硝酸盐系硝酸盐在硝化细菌的作用下，还原为氨过程的中间产物，因此亚硝酸盐中毒的严重性程度取决于青饲料中的硝酸盐的含量与硝化细菌的活跃程度。硝化细菌广泛分布于自然界，其活性受环境的湿度、温度等条件的直接影响。硝化细菌生长的最适宜温度为20～40℃。在生产实践中，如将幼嫩青饲料成堆放置过久，特别是经过雨水淋湿或烈日暴晒者，极易发酵产热。猪饲料采用文火焖煮，待其缓缓熬熟，或寒冷季为利用锅灶余热、余烬，使饲料保温，让煮熟饲料长时间焖置锅中，给硝化细菌提供了足够的适宜温度和时间条件，致使饲料中的硝酸盐转化为亚硝酸盐。另外，反刍动物采食的硝酸盐，经琥珀酸弧菌、黄化瘤胃球菌作用还原为亚硝酸盐可引起中毒。

此外，在少数情况下，还可因误饮含亚硝酸盐过多的饮水而引起动物中毒。

2. 症状

猪：常在采食后的15min至数小时发病。最急性者可能仅略显不安，站立不稳，倒地死亡。有的表现呼吸困难，脉搏细数，全身皮肤、黏膜发绀，体温正常或偏低，四肢末梢发冷。耳尖、尾尖血管黏滞，呈暗红色或黑褐色。全身颤抖，后期全身出现痉挛或衰竭而死。

牛：采食后1～5h发病，除猪中毒所表现的症状外，出现呼吸困难、流涎、腹痛、腹泻甚至呕吐等，肌肉发抖及痉挛，步态不稳。

3. 病理变化

尸检，多数腹部满胀，口鼻黏膜呈乌紫色，并流出淡红色泡沫状液。眼结膜可能呈棕褐色，血液暗褐如酱油状、凝固不良，暴露在空气中的血液不转变成鲜红色。各脏器的血管淤血。胃肠道各部有不同程度的充血、出血，黏膜脱落，肠系膜淋巴结轻度出血。肝、肾呈暗红色。肺充血，气管和支气管黏膜充血、出血、管腔内充满带红色的泡沫状液。心外膜、心肌有出血斑点。死牛尸体还伴有硝酸盐直接刺激所造成的胃肠道炎性病变。

4. 诊断

根据发病史，饲料情况、临床症状和血液缺氧等可以初步诊断，要确诊需做变性血红蛋白和亚硝酸盐检查。

（1）亚硝酸盐检查　取胃内容物或余下的饲料少量，加入纯水1～2mL（饲料研细），取一滴滴于滤纸上，加10%联苯胺液1～2滴，如有亚硝酸盐存在，滤纸呈棕色，否则，颜色不变。

（2）三价血红蛋白检查　静脉取血液少量于小试管中，与空气振荡后，有三价血红蛋白存在，血液颜色不变，依然为暗褐色，健康畜的血液则由于血红蛋白与氧结合而变为鲜红色。

5. 治疗

现场用特效解毒剂是美蓝（亚甲蓝）。猪的剂量是1～2mg/kg体重，反刍动物8mg/kg体重，按1%溶液静脉注射；美蓝为一种氧化还原剂，在低浓度小剂量时，它本身先经辅酶Ⅰ的作用变成白色美蓝，而白色美蓝可把变性血红蛋白还原为氧合血红蛋白。但在高浓度大剂量时，辅酶Ⅰ不足以使之变为白色美蓝，于是过多的美蓝则发挥氧化作用，使氧合血红蛋白变为变性血红蛋白，则使病情恶化。

除了美蓝外，亦可用甲苯胺蓝。甲苯胺蓝治疗变性血红蛋白症较美蓝更好，其还原变性血红蛋白的速度比美蓝快37%。甲苯胺蓝按5mg/kg体重，稀释成5%的溶液，静脉注射，也可用作腹腔注射。

6. 预防

（1）改善青绿饲料的堆放和蒸煮过程。无论生、熟青绿饲料，采用摊开敞放是一个预防亚硝酸盐中毒的有效措施。

（2）接近收割的青饲料不要再施用硝酸盐或2，4－D等化肥农药，以避免提高青饲料中的硝酸盐或亚硝酸盐的含量。

（3）对可疑饲料、饮水，实行临用前的简易化验，没有硝酸盐或亚硝酸盐后才可饲喂。这是一个可取的办法，特别在某些集体猪场尤应列为常规的防范措施。

二、棉籽饼中毒

棉籽饼（粕）是棉油加工的副产品，含有36%～42%粗蛋白质，其必需氨基酸的含量在植物中仅次于大豆饼（粕），可以作为全价畜禽日粮蛋白质来源。然而，由于棉籽饼中含有毒的棉酚，长时期过量饲喂可引起畜禽中毒。

非反刍动物及犊牛对棉籽饼的毒性敏感，成年反刍动物抵抗力较强，反刍动物对棉籽饼的主要毒性物质棉酚有一定的解毒能力，可使游离棉酚与瘤胃中可溶性蛋白质结合而丧失毒性。但长期饲喂棉籽饼的牛、尤其是水牛，临床上出现出血性尿道炎，终以尿闭、膀胱破裂而引发死亡。

1. 病因

主要是家畜采食过量的棉籽饼（棉籽饼的毒性主要决定于游离棉酚含量多少）。一般来说猪饲料中棉籽饼以不超过4%，棉籽粕不超过7%为宜。仔猪饲料、妊娠母猪饲料一般不使用棉籽饼为好。如果添加适量，当混合不均匀时也可引起中毒。棉酚对非反刍动物的生理作用是积累性的。棉籽饼（粕）中棉酚的含量越高，采食时间越长，中毒的可能性就越大，症状表现就越严重。马属动物对棉酚的耐受性相对较强。

棉籽饼（粕）中棉酚的含量与品种、生长环境以及棉籽加工方式不同而异。一般棉籽饼中的游离棉酚含量为0.02%～0.10%，总棉酚为0.5%～1.2%，棉叶、棉籽皮中也有棉酚存在。

日粮中维生素和矿物质（尤其是维生素A及铁和钙）缺乏，以及其他过度刺激均可促使中毒发生或使病情加重。此外，妊娠母畜和幼畜对棉酚敏感，幼畜也可能因哺乳而摄入棉酚发生中毒。

2. 症状

（1）共同症状　棉籽饼中毒多呈慢性经过，轻度中毒，一般病程为1周左右；如严重中毒，特别是伴有心脏功能衰弱而发生水肿，食欲完全废绝的患畜，病程可达10～15d，甚至更长，往往预后不良。各种动物中毒的共同症状是食欲下降和体重减少，胃肠炎、视力障碍、排红褐色尿液等。

（2）猪　猪棉籽饼中毒多呈慢性经过，临床表现精神沉郁，低头，拱腰，后肢软弱，走路摇晃，喜卧于阴湿凉爽之处，呼吸迫促。后期心跳明显加快，呼吸困难，虚弱，消瘦，腹泻，毛变色以及夜盲等。

（3）犊牛　中毒时表现食欲反常和呼吸困难以及视力障碍等。常表现间歇性腹痛，粪便上附有黏液，或混有血液。尿呈红色，含有血红蛋白，并有典型的红细胞溶解，血红蛋白及红细胞水平下降，嗜中性粒细胞显著增多。

（4）鸡　表现腿无力，血红蛋白和红细胞数下降，血清蛋白质和清/球蛋白比下降。产蛋鸡的蛋变小，蛋黄变色（茶青色），孵化率降低。

3. 病理变化

棉籽饼（粕）中毒的病理变化因动物种类不同而不同。

（1）猪 一般有体腔积液，胃肠出血性炎症。胆囊肿大，并有出血点。肺充血和水肿。心内外膜有出血，结缔组织有炎性浸润。

（2）犊牛 犊牛许多器官弥漫性充血和水肿，心肌松弛、肿胀，肾脏发生脂肪变性，脾萎缩。肝脏脂肪变性、腹水，血凝时间缩短。

（3）鸡 胆囊和胰增大，肝脏变色，其中有许多空泡和泡沫状间隙，肝、脾和肠黏膜上有蜡质样色素沉积。

4. 诊断

根据是否采食棉籽饼（粕）、棉叶的病史，胃肠炎、视力障碍、排红褐色尿液等临床症状及相应的病理学变化，可作出诊断。

5. 治疗

目前还没有特效的治疗方法，主要采用消除致病因素、破坏毒物、加速其排出、辅助治疗及对症疗法。

（1）消除致病因素 停止饲喂棉籽饼（皮）和棉叶或添加棉籽饼（粕）的饲料。

（2）破坏毒物、加速其排出 可用1:（3 000～4 000）的高锰酸钾溶液或5%的小苏打溶液、双氧水洗胃。若胃肠道内容物多，胃肠炎不严重时，可内服硫酸镁等盐类泻剂；胃肠炎严重的，可用消炎剂、收敛剂，如环丙沙星、乳酸诺氟沙星等，牛30～40g、猪5～10g；鞣酸蛋白，牛20～25g、猪2～5g；也可用硫酸亚铁，牛7～15g、猪1～2g，一次内服。还可口服藕粉、面糊等以保护黏膜，同时还有人工营养作用，每次250g，2次/d，用开水冲成稀糊状，猪可酌减，可单独应用，也可与其他药物混合内服。

（3）辅助治疗 阻止渗出，增强心脏功能，补充营养和解毒，可用25%葡萄糖溶液500～1 000mL，10%安钠咖20mL，10%氯化钙溶液100mL，牛一次静脉注射。同时注射维生素C、维生素A、维生素D等都有一定的疗效，特别是对视力减退的病畜维生素A疗效很好。

当病畜尚有食欲时，尽量能多喂些青绿饲料或青菜、胡萝卜等，对病的恢复效果很好。并应注意增加饲料里矿物质，特别注意钙的添加。

（4）对症疗法 可用健胃剂、助消化药等，如小苏打、酵母、乳酶生等。

6. 预防

为了预防棉籽饼中毒，可采取以下措施：

（1）限制喂量 牛棉粕的喂量每天不超过1.5kg，猪不得超过0.5kg，怀孕母畜和幼畜最好不要喂。即使这样，也必须喂半月停半月，以免引起蓄积性中毒。

（2）加热去毒处理 榨油时最好能经过炒、蒸，使游离棉酚转变为结合棉酚；生棉籽皮炒了再喂，棉渣必须加热蒸煮1h后再喂。棉叶必须晒干去土压碎，发酵，发酵过的棉叶用清水洗净，再用5%的石灰水浸泡10h，软化解毒后再喂猪。

（3）加铁去毒　铁与棉酚结合成不被家畜吸收的复合物，使棉酚的吸收量大大减少。饲喂棉籽饼的家畜同时喂硫酸亚铁，其剂量为铁与棉酚（游离）之比为1∶1；但需注意应使铁与棉籽饼充分混合接触。猪饲料中的铁含量不得超过500mg/kg。

（4）增加日粮中蛋白质、维生素、矿物质和青绿饲料　一般饲料中蛋白质含量越低，中毒越高，当猪日粮中粗蛋白质含量分别为14%、17%、20%时，中毒率分别为55.6%、22.2%、11.1%。饲料里增加维生素（主要是胡萝卜素）、矿物质（主要是钙和食盐）、青绿饲料对预防棉籽饼中毒都有很好的作用。

三、菜籽饼中毒

菜籽为我国广为栽培的油料作物，有多种品系，十字花科油菜属植物，其种子榨油后的菜籽饼可用作家畜饲料，菜籽饼内蛋白质的含量为32%～39%，菜籽饼作为蛋白质饲料在饲料中使用越来越广泛。

菜籽饼作为重要蛋白原料，含有黑芥子酸钾芥子酶、芥子酸芥子碱等成分，特别是其中的黑芥子酸钾芥子酶在芥子酶的作用下，可水解形成异硫氰酸丙烯酯或丙烯基芥子油以及硫酸氢钾等物质，引起家畜中毒。

1. 病因

猪、鸡全价饲料中菜籽饼的使用量过多。

菜籽饼的毒性，与油菜的品种有关，家畜在采食菜籽饼的饲料后，异硫氰酸丙烯酯刺激消化道黏膜，吸收后可引致微血管壁扩张，量多时会使血容量下降和心率减少，同时伴有肝、肾损害。

2. 症状

（1）呼吸型症候群　急性肺气肿和肺水肿。

（2）消化型症候群　精神沉郁，食欲减损，瘤胃蠕动减弱和腹痛、腹泻或便秘等。

（3）神经型症候群　主要表现狂躁不安和长期的视觉障碍。

（4）泌尿型症候群　以发生血红蛋白尿和尿液可溅起大量泡沫为特征。

此外，菜籽饼可能具体表现为抑制生长和引起甲状腺肿胀的作用。当小鸡采食含有5%菜籽饼的日粮时，其生长率降低。

3. 病理变化

尸体剖检，显著病变为泛发性肝组织坏死，其他组织器官一般没有明显变化。

4. 诊断

主要以有饲喂菜籽饼的发病史、胃肠炎及血尿等临床特征为根据，可以诊断。

5. 防治

本病到目前为止，没有有效的治疗方法。主要采取对症治疗，采取强心、补液、缓泻和消炎的综合治疗措施。

6. 预防

严格掌握菜籽饼的用量，主要用在肥育猪饲料中或肉用鸡饲中。对孕畜和幼畜，不添加。为了安全地饲用菜籽饼，目前国内推广试用下列的去毒法。

（1）坑埋法　即将菜籽饼用土埋入容积约 $1m^3$ 的土坑内，经放置两个月后，据测定约可去毒99.8%。

（2）发酵中和法　即将菜籽饼经过发酵处理，以中和其有毒成分，本法可去毒90%以上，且可用工厂化的方式处理。

（3）温水浸泡　将菜籽饼用温水和清水进行约半天的浸泡漂洗后，也可使之减毒，而达到安全饲用的目的。

四、马铃薯中毒

马铃薯中毒主要是采食含有毒成分（含龙葵素）的马铃薯所引起一种以神经症状、胃肠炎和皮肤湿疹为特征的中毒性疾病。

以猪最常见，牛、马、羊也可发生。

1. 病因

采食过量的含有马铃薯毒素的马铃薯引起，尤其是采食变青或发芽的马铃薯。马铃薯毒素主要在马铃薯的花、块根幼芽及其茎叶内，且其含量差别甚大。当贮存时间过长则马铃薯毒素含量明显增多。保存不当引起发芽、变质或腐烂时，使马铃薯毒素显著增量（芽内含量达4.76%，块根内达0.58%～1.84%），采食后便能引起家畜中毒。因此，当用大量贮存过久，特别是发芽的或腐烂的马铃薯，以及由开花到结有绿果的茎叶饲喂家畜时，极易引起中毒。

此外，马铃薯茎叶内尚含有硝酸盐，其量可达4.7%，当转化为亚硝酸盐时，对机体产生中毒作用。

2. 症状

马铃薯中毒病畜的共同症状是神经系统及消化系统机能紊乱。根据中毒程度的不同，其临床症状也有差异。

严重的中毒：多呈急性经过，病畜呈现明显的神经症状（神经型）。病初，兴奋不安，表现狂暴，向前猛冲直撞。继则转为沉郁，后躯衰弱无力，运动障碍，步态摇晃，共济失调，甚至麻痹。可视黏膜发绀，呼吸无力，次数减少，心脏衰弱，瞳孔散大，全身痉挛，一般经2～3d死亡。

轻度的中毒：多呈慢性经过，病畜呈明显的胃肠炎症状（胃肠型）。病初，食欲减退或废绝、口腔黏膜肿胀、流涎、呕吐、便秘。当发生胃肠炎时，出现剧烈的腹泻，粪便中混血液。病畜精神沉郁，肌肉弛缓，极度衰弱，体温有时升高，皮温不整。孕畜往往发生流产。

由于家畜种类的不同，除见有上述共同症状外，还有各自的特殊症状。

猪：多数是吃了发芽或腐烂的马铃薯所致。一般多在采食后4~7d出现中毒症状，病猪神经症状较轻微，呈现明显胃肠炎症状（呕吐、腹泻、腹痛）。病猪垂头呆立或钻入垫草中，腹部、股内侧皮下发生湿疹，头、颈和眼睑部发生水肿。

牛、羊：多在口唇周围、肛门、尾根、四肢关节凹部以及母畜的阴道和乳房部位发生湿疹或水泡性皮炎（亦称为马铃薯性斑疹）。有时四肢，特别是前肢皮肤发生深层组织的坏疽性病灶。绵羊则常呈现贫血和尿毒症。

3. 病理变化

胃肠黏膜充血、潮红、出血、上皮细胞脱落，小肠腔充满混有血液的稀粪。实质器官也常见有出血。心腔充满凝固不全的暗黑色血液。肝、脾肿大、淤血。有时见有肾炎的病理变化，表现肾脏轻度肿胀，被膜紧张易剥离，表面及切面呈淡红色，皮质略显增宽，切面上呈灰白色半透明的小颗粒状隆起。

4. 诊断

根据病史调查（对饲料情况的了解，有否摄食发芽或腐烂马铃薯的病史），发病后的临床症状（明显的神经机能紊乱，胃肠炎以及皮肤湿疹），病理变化（胃肠黏膜充血、潮红、出血、心腔有凝固不全的暗黑色血液等）进行综合分析，可以作出诊断。

5. 治疗

（1）饥饿疗法　当发现病畜有马铃薯中毒的可疑时，应立即改换饲料，停止喂饲马铃薯并采取饥饿疗法。

（2）促进胃肠内容物排出　牛、马等可应用0.1%高锰酸钾溶液或0.5%鞣酸溶液洗胃；猪可用1%硫酸铜液20~50mL，灌服、催吐，然后灌服油类泻剂或盐类泻剂，促进胃肠道内有毒物质的排出。

（3）对症治疗　对狂暴不安的病畜，可应用镇静剂：10%安溴注射液，马、牛100mL，猪、羊20~30mL，静脉注射，2次/d；用2.5%盐酸氯丙嗪注射液，牛、马10~20mL，猪、羊1~2mL，肌内注射，或马、牛5~10mL静脉注射；硫酸镁注射液，牛、马50~100mL，猪、羊10~20mL，静脉或肌内注射。

对胃肠炎患畜，可应用0.1%高锰酸钾溶液，牛、马2 00~2 000mL，猪、羊100~400mL，内服，后应用黏浆剂、吸附剂灌服以保护胃肠黏膜。同时用70%阿莫西林0.05~0.08g/kg体重内服或0.5%痢菌注射液，按1mL/kg体重，肌内注射。

对中毒严重的病畜，为了解毒和补液可应用5%葡萄糖生理盐水溶液静脉注射，牛、马1 000～2 000mL，猪、羊250～500mL。

对皮肤湿疹，可采取对患部应用消毒药液洗涤或涂擦软膏。

6. 预防

（1）应用马铃薯作饲料时，饲喂量宜逐渐增加。

（2）不要饲喂发芽或腐烂发霉的马铃薯，如必须饲喂时，应进行无害处理，充分煮熟后并与其他饲料搭配饲喂，发芽的马铃薯应去除幼芽，煮熟后应将水倒掉再与其他饲料配合使用。

（3）用马铃薯茎叶喂饲时，用量不宜过多，腐烂发霉的茎叶不宜作饲料。应与其他青绿饲料混合进行青贮后，再行喂饲。

五、食盐中毒

食盐为重要的饲料成分，当在采食过多或饲喂方法不当时，就会发生中毒。病理特征是消化道炎症和脑组织的水肿、变性。临床特征为神经症状和消化紊乱。猪还伴有脑膜和脑实质的嗜酸性粒细胞浸润性脑膜脑炎。

各种动物都可发生，最常见于猪和鸡，其次是牛、羊和马。各个品种、个体间对食盐的耐受性有极大的差异，一般中毒量牛、马为1～2.2g/kg，绵羊3g/kg，鸡1.5～2g/kg。

1. 病因

（1）饲料中含盐量过多，由于计算失误，计量器具不准，搅拌不匀等，饲料中加入过多的食盐。不正确地利用腌制食品（如腌肉、咸鱼、泡菜）或乳酪加工后的废水、残渣以及酱渣等。如突然喂量过多或未同其他饲料搭配使用等情况时，易发生中毒。

（2）对长期缺盐饲养或“盐饥饿”的家畜突然加喂食盐，特别是喂含盐的水，而未加限制时，易发生大量采食的情况。

（3）机体水盐平衡状态的稳定性，可直接影响机体对食盐的耐受性。如环境温度较高，使机体大量散失水分时，水盐比例失衡。如泌乳期的高产奶牛，比绵羊、肉用牛或干奶期奶牛对食盐的敏感性较高。

（4）治疗马疝痛，因用食盐过量亦可引起中毒。

（5）维生素E和含硫氨基酸等营养成分的缺乏，会使猪对食盐的敏感性升高。

2. 症状

（1）口渴贪饮　喝水多，尿少而黄，鸡一般蹲在饮水器边，拼命饮水，嗉囊胀大。

（2）神经症状　猪兴奋不安，冲撞，后期沉郁，视力下降，无目的地徘徊，转圈，全身发抖，鼻盘歪曲，肌肉痉挛，张口喘气，口吐白沫，呈犬坐姿势。鸡在鸡群中乱窜乱跳，发出“咯咯”的叫声，倒地挣扎，后呈现昏迷而死。

（3）全身症状　食欲下降，反刍动物反刍停止、腹痛、腹泻、便中带有黏液、血液或组织碎片。鸡水样腹泻，猪也表现腹泻。体温正常或偏低，心跳加快，呼吸急促或困难，可视黏膜潮红发绀，鸡冠呈暗红色或蓝紫色，后期出现水肿症状。

3. 病理变化

（1）牛　剖检可见胃肠黏膜潮红、肿胀、出血，甚至脱落，尤其是第三、四胃较显著。肠道内有稀软带血的粪便，呈暗红色。严重者可发展为纤维蛋白膜性肠炎，也可能无显著病变者。皮下和骨骼肌呈现水肿和有心包积液。肺也可能充血水肿。膀胱黏膜明显发红。

（2）猪　有胃肠炎变化，胃黏膜有溃疡。脑脊髓各部可能有不同程度的充血、水肿，尤其在急性病例的软脑膜和大脑实质（特别是皮质）最为明显，以致脑回展平和发水样光泽。切片镜检时可见有特征性病变，即软脑膜和大脑皮层充血、水肿，在血管周围出现有多量嗜酸性粒细胞和淋巴细胞集聚。

（3）鸡　嗉囊中充满液体，嗉囊黏膜充血，胃、肠黏膜充血、肿胀、出血，肠道中充满黄色或黄红色水样粪便。脑水肿、脑回展平和发水样光泽。

4. 诊断

根据发病史（采食过多的食盐或含盐过多的饲料或饮水），临床症状（口渴、神经症状、胃肠炎），病理变化，脑及脑膜充血、出血、水肿，胃肠黏膜充血、出血，可以作出诊断。

5. 治疗

（1）停喂高盐饲料　停止饲喂含盐过高的饲料，并大量供水或限水；在发病初期要大量供水，在发病后期出现水肿要定量供水。

（2）促进排盐　溴化钾注射液（0.1g/mL），马、牛 50～100mL，猪、羊 10～20mL；25%葡萄糖，马、牛 500～1 000mL，猪、羊 100～200mL，静脉注射；速尿按 3g/kg 体重内服，2 次/d。

（3）制止渗出，减轻颅内压　10%的葡萄糖酸钙溶液，马、牛100～150mL，猪、羊 10～30mL，静脉注射；也可用 20%的甘露醇，马、牛 500～1 000mL，猪、羊 100～200mL，静脉注射。

（4）对症治疗　兴奋时用镇静剂，有胃肠炎时，用抗菌药肌内注射，防止并发感染，也可用蛋清、淀粉糊等黏浆剂，保护胃肠黏膜。

6. 预防

（1）正确加喂食盐，饲料中添加比例 0.1%～0.4%为宜。

（2）保证充足清洁的饮水。

（3）用盐治疗便秘时，量不能过大，含盐量高的下脚料或料水不要长期使用，一次喂量不能太大。

六、氢氰酸中毒

氢氰酸中毒是由于家畜采食富含氰苷配糖体的青饲料，在胃内由于酶和盐酸的作用，产生游离的氢氰酸而发生中毒。氢氰酸中毒的主要特征为呼吸困难、震颤、可视黏膜呈鲜红色、惊厥及组织中毒性缺氧症。

1. 病因

主要由于采食或误食含氰苷配糖体或可产生氰苷的饲料所致。含氰苷的饲料主要有以下几种：

（1）木薯　南方地区的木薯含有很高的淀粉，制成片晒干是猪的良好饲料；但木薯中含有氰苷，根据木薯品种不同，其含量也有差异；在一年当中，木薯中氰苷的含量，在10月以后逐渐增多。如果对氰苷含量较高的木薯不剥皮，不加水浸渍很容易引起中毒。

（2）高粱及玉米的幼苗　高粱及玉米的新鲜幼苗均含有氰苷，特别是再生苗含氰苷更高。

（3）亚麻子　亚麻子含有氰苷，其榨油的残渣（亚麻子饼）可作为饲料；但由于榨油方法不同，其含氰苷量亦有不同，例如土法榨油时亚麻子经过蒸煮则氰苷含量少，不发生中毒；机榨后则相反，易引起中毒。

（4）豆类　海南刀豆、狗爪豆等都含有氰苷，如不用水浸渍亦可引起中毒。

（5）蔷薇科植物　桃、李、梅、杏、枇杷、樱桃的叶和种子中也含有氰苷，当喂饲过量时，均可引起中毒。也有马、牛内服中药时，桃仁、李仁、杏仁过量发生中毒。

2. 症状

一般在采食后30min发病，表现为严重的呼吸困难，可视黏膜呈鲜红色，呼出的气体有苦杏仁味；口流泡沫样液体，全身或局部出汗，马有腹痛症状，牛、羊伴随有胃肠臌气；首先是兴奋不安，后很快转为抑制，全身衰弱无力，站立不稳，倒地不起，体温下降，后肢麻痹、瞳孔散大，呼吸浅表，脉搏缓慢、细数，反射减弱或消失，迅速死亡。

3. 诊断

根据病史（是否采食了含有氰苷配糖体的植物的病史）、临床症状（严重的病例呼吸困难，可视黏膜呈鲜红色）和病理变化（剖检时血液呈鲜红色，胃、肠内容物有苦杏仁味）可以作出诊断。

4. 治疗

（1）特效疗法　1%的亚硝酸钠，马、牛200～300mL，猪、羊20～30mL，肌内或静脉注射，随后用10%硫代硫酸钠。也可用亚甲蓝2.5～10mg/kg体重，配成2%的溶液，静脉注射。

（2）强心或兴奋呼吸中枢　10%的安钠咖，马、牛10～20mL，猪、羊3～

5mL，肌内或静脉注射；或回苏灵，马、牛 40～80mL，猪、羊 8～16mL，配入适量的5%葡萄糖生理盐水中，静脉注射。

5. 预防

若要用含有氰苷配糖体的饲料喂家畜时，最好能经流水浸泡 24d 或漂洗后再加工利用。另外尽量不要在含有氰苷配糖体的植物地区放牧。

第二节 霉变饲料中毒

一、黑斑病甘薯中毒

黑斑病甘薯中毒是家畜采食了一定量的黑斑病、软腐病、橡皮虫病的甘薯而引起以呼吸困难，急性肺水肿及间质性肺气肿，并于后期引起皮下气肿为主要特征的中毒病。

本病多发生于黄牛、水牛，羊次之。猪亦有发生，春末夏初多发。

1. 病因

甘薯黑斑病的病原是甘薯黑斑病菌。形态是在刚毛的基部呈球状膨大，有长颈呈纺锤状，即所谓黑斑病菌的子囊壳，在细胞内或细胞间隙中有菌丝，多数以隔膜隔开，幼嫩时无色，老成时呈褐色。被害甘薯表面的菌丝尖端及分支上有长棒状分生孢子，为圆筒状。在病变部皮下组织内形成单一的，或者几个连在一起的厚膜孢子。主要侵害甘薯的虫害部分和表皮裂口部位，甘薯受侵害后表皮干枯，凹陷，坚实，有圆形或不规则的黑色斑点，与周围界限明显。贮藏一定时间后，病变部表面密生刚毛，带甘臭、味苦、变黑干硬部分深约 2mm。据研究，其有毒成分是翁家酮、甘薯酮和翁家醇。这些毒素能引起病牛肺水肿及呼吸困难和损害肾脏等。这些毒素抗高温力强，虽经高温处理亦不容易被破坏，故病甘薯虽经切片、晒干、磨粉、酿酒的酒糟均含有一定数量的毒素，如喂饲家畜均可发病。

甘薯软腐病是甘薯贮藏期损伤部位感染软腐病菌所致，其特征是受害部软化流出有酒味的黄色液体，后期长出白色绒毛状菌丝，顶端有黑色颗粒。

橡皮虫病是由于贮藏不好，被橡皮虫咬伤，在薯的表皮呈黑色点状，味苦。

2. 症状

中毒多发生在春末夏初留种的甘薯出窖时期，亦见于晚冬甘薯窖潮湿或温度均较高时。一般多突然发病，发病后精神沉郁，肌肉震颤，呼吸困难，食欲及反刍减退或完全停止，体温正常。

（1）牛　明显的症状是呼吸困难，俗称“牛喘病”或“喷气病”。呼吸困难的程度视病牛吃入黑斑病甘薯的数量，牛的耐受性和中毒的病程而不同。呼吸次数增至 80～100 次/min，以后次数逐渐减少，但呼吸运动加深。这阶段的呼吸音粗，如同拉风箱样。初期，由于支气管和肺泡充血及渗出，可出现啰音。后来由于肺泡弹性消失，呈现明显的呼气性呼吸困难，造成呼气减少与吸气不足的现象。直到肺泡破裂后，由于气体窜入间质，引起间质气肿。这时听诊肺部发现有破裂音。在临床上，正常呼吸音往往被强烈的气管和喉头的拉风箱样呼吸音所掩盖，若不仔细听诊，多不易发现。后期则发现皮下气肿，触诊时有捻发音。有大量鼻液及唾液呈泡沫状，不断流出，病畜张口呼吸，长期站立，不愿卧下。眼球突出，瞳孔散大，呈窒息状态，急性者在发病 1 ~ 3d 死亡。

（2）羊　发生中毒时，精神沉郁，黏膜充血，食欲及反刍减退至停止。心脏机能减弱，脉搏数增至 90 ~ 150 次/min，心音节律不整。呼吸促迫，严重者多因窒息而死亡。

（3）猪　精神委靡，食欲废绝，呼吸困难，发生喘气，心悸，脉搏节律不整，腹部膨胀，便秘或下痢，发生阵发性痉挛，运动障碍，步态不稳，约一周后逐渐康复。严重的病例，具有明显的神经症状，头抵墙，或盲目前进，往往倒地抽搐而死亡。

3. 病理变化

早期阶段其特征性病变有肺充血及水肿，多数情况则见到间质性肺气肿；肺间质增宽，灰白色透明而清亮，有时大部分的间质因充气而明显分离与扩大，形成中空的大气腔。严重病例，肺的表面还可见到若干大小不等的球状气囊，胸膜脏层透明发亮，呈现类似白色塑料薄膜浸水后的外观。在胸膜壁层有时见到小泡。其他变化，如胃肠及心脏有出血斑点、胆囊及肝脏肿大、胰脏充血、出血及坏死。在瘤胃可发现病甘薯块等。

4. 诊断

根据病史、发病季节，并查明有甘薯的现场有吃过或喂过的事实，结合临床症状（呼吸困难，有拉风箱音，皮下气肿）和病理变化（胃内有病甘薯渣，肺水肿、气肿），可以确诊。

5. 治疗

到目前为止本病还没有特效的治疗方法，所以治疗原则为迅速排出毒物、缓解呼吸困难。

（1）排出毒物

①洗胃：用生理盐水大量灌入瘤胃内，再用胶管吸出，反复进行，直至瘤胃内容物的酸味消失。洗瘤胃后，用碳酸氢钠 500g、硫酸镁 500g、克辽林 20g，溶于水中投服。

②破坏毒物：1% 高锰酸钾溶液，牛、马 1 500 ~ 3 000mL，或 1% 过氧化氢溶液，500 ~ 1 000mL，一次灌服，氧化毒物，使之失去毒性，同时还可以用 6% 的硫酸钠 3 000 ~ 5 000mL 内服，促进毒物的排出。

（2）缓解呼吸困难

①5%～20%硫代硫酸钠注射液，牛、马100～200mL，猪、羊20～50mL，静脉注射。亦可同时加入维生素C，马、牛1～3g，猪、羊0.2～0.5g。此外尚可用输氧疗法。3%过氧化氢溶液125～150mL与3倍以上的生理盐水或5%葡萄糖生理盐水溶液，缓慢静脉注射。

②当肺水肿时可用50%葡萄糖溶液500mL，10%氯化钙溶液100mL，20%安钠咖溶液10mL，混合，一次静脉注射。

（3）缓解酸中毒　出现酸中毒时应用5%碳酸氢钠溶液250～500mL，一次静脉注射。胰岛素注射液150～300U，一次皮下注射。

6. 预防

首先防止甘薯黑斑病的传染，可用温汤（50℃温水浸渍10min）浸种及温床育苗。在收获甘薯时，尽量不要擦伤表皮。贮藏时地窖应干燥密封，温度应控制在11～15℃。对有病甘薯苗不能做种用，严防被牛误食。禁止用霉烂甘薯及其副产品喂家畜。

二、黄曲霉毒素中毒

黄曲霉毒素中毒是畜禽采食被黄曲霉毒素污染的饲料引起的一种以全身出血，肝功能和消化功能障碍、神经症状为特征的中毒性疾病。

黄曲霉毒素是黄曲霉的一种代谢产物，目前已发现黄曲霉毒素及其衍生物有20种，它们都具有致癌作用，导致畜禽和人类肝损害和肝癌，其中又以毒素B_1、B_2、G_1和G_2的毒性最强。在家畜（禽）中，对黄曲霉毒素的易感性由最大至最小，其顺序是：小鸭>小猪>犊牛>肥育猪>成年牛>绵羊。最易感染黄曲霉菌的是一些植物种子，其中包括花生、玉米、黄豆、棉籽等。畜禽中毒是由于应用被感染的种子及其副产品作饲料所致。黄曲霉菌最适宜的繁殖温度为24～30℃，在2℃以下和50℃以上即不能繁殖。最适宜繁殖的相对湿度为80%以上。

1. 病因及机理

畜禽采食了被黄曲霉毒素污染的饲料，这些毒素首先损害胃肠道，引起消化功能紊乱。毒素被吸收后，随血液循环到达肝脏，抑制DNA、RNA和蛋白质的合成，损害肝细胞的结构，导致肝细胞癌变和功能障碍，从而引起一系列的临床症状。

2. 症状

（1）猪　一般在采食发霉饲料后5～15d出现症状。

①急性病例：多发生在2～4月龄的仔猪，可在运动中发生死亡，或发病后2d内死亡。病猪表现精神委顿，不吃食，后躯衰弱，走路蹒跚，黏膜苍白，体温正常，粪便干燥，直肠出血，有时站立一隅或头部抵墙。

②亚急性病例：多数病猪为亚急性型，主要表现食欲下降，口渴，粪便干燥呈球形，表面粘有黏液或血液，可视黏膜黄染或苍白，精神沉郁，后肢无力，有

时有间歇性抽搐或过度兴奋，角弓反张。

③慢性病例：多发生于成年猪，表现精神委顿，走路僵硬。喜吃稀食和生青饲料，甚至啃食泥土、瓦砾。常离群独处，头低垂，拱背，卷腹，粪便干燥。亦有呈现兴奋不安，冲跳，狂躁者。体温正常，黏膜黄染，有的病猪眼鼻周围皮肤发红，以后变蓝色。血液检查，早期红细胞数量明显减少，后期可减低30%～45%，凝血时间延长，白细胞总数增多（35 000～60 000个/mm^3）。

（2）乳牛　多呈慢性经过，表现厌食，消瘦，精神淡漠及委顿，一侧或两侧角膜浑浊，尤其是犊牛。任何年龄的牛都出现腹水，间歇性腹泻。乳牛产乳量减少或停止，间或发生流产。严重跛行，死亡时头颈角弓反张，死亡率极高。

（3）家禽　雏禽多呈急性经过，表现为食欲减退，体重减轻，两翅下垂，羽毛松乱，脱落，腹泻，便中带血，精神不振，步态不稳，共济失调，肌肉痉挛，角弓反张，很快死亡。成年家禽多呈慢性经过或耐过，主要表现食欲减少，消瘦，衰弱，贫血，生产能力下降，产蛋率和孵化率下降，恶病质。死亡率升高，多呈零星死亡。病程长久者，有的可发生肝癌。

3. 病理变化

（1）猪　急性病例主要是贫血和出血。胸腹腔大出血，浆膜常有血斑点，大腿前和肩胛下区的皮下肌肉发生出血，其他部位的肌肉也见出血。肠出血，肝脏有时在其邻近浆膜部分有针尖状或斑状出血。心外膜和心内膜常有明显出血。

慢性病例主要是肝硬变、黄色脂肪变性及胸腹腔积液，有时结肠浆膜呈胶样浸润。肾脏常呈苍白、肿胀，淋巴结充血、水肿。肾变性、萎缩，肾小管扩张。

（2）牛　消瘦，可视黏膜苍白，肠炎，肝脏苍白、坚硬，表面有灰白色区，胆囊扩张，多数病例有腹水。

（3）家禽　肝脏有特征性损害，急性中毒时肝脏肿大，色淡至苍白，有出血斑，病程在一年以上者，可发现肝癌结节。

4. 诊断

根据发病史（采食霉变饲料）、临床症状（消化机能障碍、胃肠炎和神经症状）、病理变化（肝脏肿大、出血、硬化、变性）可能作出初步诊断。确诊必须参考病理组织学特征，及黄曲霉菌毒素测定的结果；为了肯定病原，也可作真菌分离培养。

5. 防治

尚无特效解毒方法，主要在预防，但可以采取以下措施：

（1）停用发霉饲料　改喂新鲜的全价饲料，并加强饲养管理。

（2）清理胃肠，促进毒物排出　可以使用盐类泻剂，如硫酸镁、人工盐等。

（3）保肝护肝，防止出血　25%葡萄糖溶液，马、牛1 000～2 000mL，猪、羊500～1 000mL和5%维生素C，马、牛30～50mL，猪、羊10～20mL，静脉注射，同时可使用维生素K_3，马、牛100～300mg，猪、羊30～50mg，肌内注射。

（4）对症治疗　补液、强心、抗菌消炎，调整胃肠机能。

6. 预防

预防本病的关键是防止饲料霉变，从收获到贮存，不要让其淋雨或受潮。玉米、花生等收获时必须充分晒干，种子或油饼切勿放置阴暗潮湿处而致使发霉。

已污染黄曲霉的粮食和饲料储库可将门窗密闭，采用福尔马林、高锰酸钾水溶液熏蒸（每 $1m^3$ 空间用福尔马林 25mL，高锰酸钾 25g，水 12.5mL 的混合液）或过氧乙酸喷雾进行消毒。如已发现中毒，所有动物都立即停用发霉变质的饲料。

三、霉稻草中毒

霉稻草中毒俗称“蹄腿肿烂病”，是由于家畜采食了发霉稻草而发生。临床表现以跛行，蹄部肿胀、溃烂，甚至蹄匣脱落为特征。

本病多发生于水牛。黄牛也能发病，但很轻微。

1. 病因

主要是采食了发霉的稻草，多发生于舍饲，有明显的季节性，一般在 10 月中旬有个别牛只发病，11 ~ 12 月达最高峰，次年 3 月份以后，自行停止。

2. 症状

发生突然，多在早晨发现，步态僵硬，部分病牛在前 1 ~ 2d 表现患肢间歇性提举。病初，蹄冠微肿、微热，皮肤有横行裂缝，有痛感。数日后肿胀蔓延至腕关节或跗关节，呈明显的跛行。继而肿部皮肤变凉，表面有淡黄白色透明液体渗出。如继续发展，肿部皮肤破溃，出血，化脓，坏死。疮面久不愈合，腥臭难闻。最后蹄匣或指（趾）关节脱落。少数病例肿胀可蔓延至后肢的股部或前肢的肩脚部。肿胀消退后，皮肤硬结如龟板样。在腕关节或跗关节以下，病部与健康部的皮肤呈明显的环形分界线。远端的坏死部分，皮肤紧箍于骨骼上。病牛精神委顿，拱背，被毛粗乱，皮肤干燥，可视黏膜微红，有的病牛鼻黏膜有蚕豆大的烂斑。部分病牛中期流鼻血呈鲜红色，多为一侧性。有的公牛阴囊皮肤干硬皱缩。一般体温、脉搏、呼吸、食欲、瘤胃蠕动及大、小便均无明显变化。

黄牛患病较轻，肿胀部不如水牛明显。病程短的 3 ~ 7d，治愈率较高。水牛病程长，可达月余，甚至数月，卧地不起，体表多形成褥疮，终因极度衰竭而死亡，或被迫淘汰。病牛血、粪、尿常规化验，除久病牛的红细胞、血红蛋白降低外，未发现其他规律性变化。

3. 病理变化

多数病例尸体消瘦，皮干毛粗，体表多处有褥疮。主要病变在四肢。患肢肿胀部切面流出大量淡黄透明液体，皮下组织因水肿液积聚而疏松。蹄冠与系部血管显著扩张充血，有的血管内形成栓塞，管内充填灰色或暗红色凝固之内容物。病部肌肉致密呈灰或苍白色。病久、皮肤破溃的牛，疮面附着脓、血，肌肉呈污红色，部分牛局部肉芽组织增生，突出疮面。部分病牛尾尖与耳尖初期肿胀，后干枯。患肢淋巴结（肩前淋巴、股前淋巴）明显肿大，切面湿润灰黄色，部分散在出血点。

4. 诊断

诊断主要根据病史（多发生于11~12月，有采食霉稻草的病史）和临床特征（蹄部、耳尖、尾尖等部位肿胀、坏死）可以做出论断。必要时，可作真菌分离。

5. 治疗

（1）停喂霉稻草　加强饲料营养，并做好防寒保暖。

（2）局部处理　病初，局部可以用热敷，并灌服白胡椒酒（白胡椒20~30mg，白酒200~300mL），以促进部位血液循环。后期，用0.1%的高锰酸钾水或硼酸水冲洗，再涂上红霉素或磺胺软膏。

（3）全身疗法　10%葡萄糖1 000~2 000mL。5%维生素C 30~50mL，10%安钠咖10~20mL，静脉注射，1次/d。如果感染了要用抗生素治疗，按每千克体重青霉素5万U和链霉素30mg，或先锋5号20mg，2次/d，进行治疗。

6. 预防

主要为在秋收时应收好、晒好和贮存好稻草，防止稻草发霉。

已发霉的稻草，不要用作饲料。

第三节　有毒植物中毒

一、青杠树叶中毒

青杠树是壳斗科栎属植物的通称，该属植物类别繁多，分布广泛。我国多以薪炭林或杂材林的形式存在于丘陵地带。青杠树叶中毒以耕牛、犬、羊多发，其他家畜也能发生，其中对耕牛的危害最为严重。目前其发病数已列居于有毒植物中毒的首位。

本病以出血性肠炎和肾的损害为特征。

1. 病因

主要发生于森林、耕地和荒山复杂交错地区。这些地区有丛生青杠树林，特别是再生林，放牧的耕牛因采食大量的青杠树叶而发病。耕牛采食青杠树叶数量占日粮的50%以上即引起中毒，超过75%则会中毒死亡。也有由于采集青杠树叶喂牛或垫圈而引起中毒。尤其是前一年因旱、涝灾造成饲草、饲料缺乏，贮草不足，翌年春季干旱，牧草发芽生长较迟，常大批发病死亡。

2. 症状

（1）初期　一般在采食青杠树叶后数天至一周发病，表现为精神沉郁、食欲不振，反刍减少，喜食干草而厌吃青草。很快发生腹痛综合征：表现磨牙，不安，后退，后坐，回头视腹或以后肢踢腹；粪便干结而夹杂有大量的黏稠液，小粪球呈串联成“念珠状”，严重的呈腥臭的焦黄或黑红色的糊状便。

（2）中期　以水肿和无尿为特征。食欲明显下降，口内灰白色腻滑的舌苔，有的深部黏膜发生如黄豆大小的浅表溃疡灶。胃肠蠕动减弱，便秘或排出污色腥臭稀粪便，不久尿液转为清亮，排尿频数，这是病情加剧的表现，饮欲逐渐减少至消失，这时尿少或甚至无尿，同时出现体躯下垂部位的皮下水肿和体腔积液。皮下水肿常有严格的局限性，分布于会阴、股内、阴鞘、脐下、胸前以至颌下等，也可向下方转移或扩大，由于腹腔积水，则使腹围膨大而均匀下垂。

（3）后期　水肿加剧，采食停止，胃肠蠕动和反刍停止，粪便恶臭带血，膀胱无尿，孕牛可见胎儿死亡或发生流产，并继发子宫内膜炎。由于盆腔器官的水肿，会使体温上升。四肢无力，卧地不起，最后因极度衰弱而死亡，病程1～2周。

3. 病理变化

牛尸体的下垂部位皮下多积聚有数量不等的淡黄色胶冻样液，浆膜腔中有大量积液，部分病例的各浆膜泛发出血斑点。

脏器病变主要见于消化道和肾脏。口腔深部黏膜常见有如黄豆至蚕豆大的浅溃疡灶。瓣胃的内容物常较干燥或硬结，黏膜上多有浅溃疡。真胃和小肠黏膜有水肿、充血、出血和溃疡等变化，内容物含大量的黏液和血液而呈咖啡色。大肠黏膜充血，出血，内容物为散发恶臭的暗红色糊状，而后段的内容物则可能变为黑色的干粪块，其表面被覆黏液、血液或为一段褐黄色的伪膜所包裹。直肠壁因水肿而显著增厚，甚者可达2～3cm。胆囊壁有充血、水肿，胆汁黏稠，呈茶褐色，如菜油状。肾周围脂肪显著水肿，多见出血斑点，肾肿大，苍白或呈紫褐色而有出血点，切面有黄色浑浊的条纹，皮质和髓质的境界模糊，肾乳头显著水肿，充血，出血，个别的缩小，体积为正常的1/3，质度坚硬。膀胱多空虚。心包积水，心外膜、内膜均密布有出血斑点，心肌则色淡质脆，如煮熟肉样。

4. 病程及预后

多于出现临床症状后的第二周内死亡。如能恢复排尿、排粪及出现饮食欲，同时病畜的神态转为安静者，则为病情好转的预兆，但随着恢复排尿及其皮下水肿消失，病畜将骤然消瘦，且需经历较长的恢复期。

5. 诊断

（1）有否采食或饲喂青杠树叶的病史。

（2）发病的季节性和地区性。

（3）临床检查体温正常，食欲下降，粪便干燥，色暗黑并带有较多的黏液和少量的血丝，水肿和尿液颜色变化等。

（4）尿蛋白检查阳性　尿液：淡黄色或微黄白色，有多量沉渣。尿相对密度下降为1.008～1.017，尿蛋白阳性。尿沉渣中出现肾上皮细胞、白细胞和尿管型等。

6. 治疗

治疗原则为排除毒物、解毒以及对症治疗。

（1）排除毒物　禁止采食青杠树叶，促进胃肠内毒物的排除，可用1%～3%的食盐水1 000～2 000mL瓣胃注射。或灌服茶籽油（禁用石蜡油）250～500mL，10～20个鸡蛋清内服。

（2）解毒　硫代硫酸钠8～15g，配成5%～10%的水溶液，一次性静脉注射，1次/d，连续2～3次。

（3）对症治疗　补液、强心、提高机体抵抗力。10%葡萄糖溶液，牛1 000～2 000mL，羊250～500mL；10%的安钠咖，牛10～20mL，羊3～5mL，静脉注射。发生水肿时，甘露醇，牛1 000～2 000mL，羊200～300mL，静脉注射；速尿，按体重1～3mg/kg，内服，2次/d。

7. 预防

改造青杠林牧地，改变山区养牛管理粗放的现状，贮备越冬度春的青干草，提高放牧牛的体质。有效措施包括：

（1）在发病区积极宣传不在青杠树林区放牧耕牛。

（2）减少青杠树叶在牛日粮中的比例，采取半天舍饲半天放牧或加喂夜草，或人为地在有青杠树叶和杂草地轮牧等。

（3）补饲添加剂，在春季发病季节可定期试用1%石灰水，每天每头牛灌服500mL。可用0.05%或0.075%的高锰酸钾溶液，每次4 000mL灌服，每日或隔日一次，效果良好。

二、苦楝子中毒

苦楝子中毒是家畜采食苦楝子引起的以呕吐、腹痛、呼吸困难为特征的中毒疾病。本病主要发生于猪。

1. 病因

苦楝子属楝科植物，高大的乔木，生长于温暖地带的村边宅旁。其根、皮、果均可用作灭螨或驱虫药，茎、叶则可用作农业杀虫和灭钉螺药。每年4～5月开淡紫色花，10～11月结成圆形的浆果，成熟后果皮黄色有光泽，果肉多汁而带甜味。故散落地面后常被猪采食而引起中毒。在少数情况下，用苦楝子根、皮驱虫时因用量过多引起中毒。

2. 症状

开始时可见中毒的病猪嘶叫、口吐泡沫或呕吐，伴有腹痛表现。很快就见全身发绀，体温降至常温以下，心动加速，呼吸困难，严重时即站立不稳，倒地不起，病程1～2d。

3. 治疗

本病无特效疗法，可采取促进毒物排出和对症进行紧急救治。

常用的疗法是用安钠咖、肾上腺素、葡萄糖等以强心保肝，在此基础上可用鞣酸、稀碘液、高锰酸钾液等一般有解毒功能的药剂口服。如能早期发现时，则可采用催吐，泻下等措施。

4. 预防

（1）在冬初注意采收苦楝子，避免其自然散落地面，使猪只采食。而在集体猪场周围概不宜栽植苦楝树。

（2）凡医药或农业方面使用苦楝时，都应注意用量及其用法，以确保猪只安全（猪的口服剂量应控制在：苦楝子5～10g，苦楝皮5～15g）。

三、闹羊花中毒

闹羊花中毒是动物采食闹羊花的嫩叶或花而引起的以口吐白沫，喷射性呕吐，皮温不均和共济失调为特征的中毒性疾病。

主要发生于羊、牛，马、兔也有发生，以立夏到小满之间多发。闹羊花（图9-1）别名黄花草、黄杜鹃、老虎花、闷头草、映山黄等。闹羊花是杜鹃花科植物，山地自生灌木。叶有柄，叶身呈倒披针形，钝头，有微凸端，基脚锐，全缘波状，有疏毛。花顶生，2～8个丛生，花梗有腺花。花冠钟状漏斗形，5裂，叶片呈卵形，花色呈黄色，花期为4～6月。

图9－1　闹羊花

1. 病因

动物采食闹羊花的嫩叶或花，或在收割牧草中混有闹羊花而发生中毒。闹羊花有毒部分为叶和花，它含有浸木毒素、杜鹃花素和石楠素。具有减慢心率、降低血压、全身麻醉和致呕吐作用。

2. 症状

（1）牛、羊　闹羊花中毒一般在采食后4～6h发病，首先有泡沫状流涎，呕吐，精神稍差，四肢叉开，步态不稳。严重者四肢麻痹，羊有出现喷射性呕吐，腹痛及胃肠炎症状。心跳减慢，脉搏弱不整，心律不齐，血压下降，呼吸促迫，倒地不起，昏迷，体温下降，最后由于呼吸麻痹而死亡。

（2）猪　采食4～5h后发生呕吐，磨牙。行走时后肢开张，步态不稳。严重时全身痉挛，后肢瘫痪，叫声嘶哑，体温正常或稍高。

3. 诊断

根据临床症状（口吐白沫，喷射性呕吐，皮温下降和共济失调）结合在山区放牧的地方可以找到闹羊花灌木，便可以确诊。

4. 防治

本病无特效治疗方法，主要是对症治疗。硫酸阿托品注射液（1mg/mL），牛、马10～20mL，猪、羊3～5mL；10%樟脑磺酸钠注射液，牛、马15～20mL，猪、羊4～6mL，皮下注射，2次/d，效果较好。严重病例配合输液和注射氯化钙，可以提高疗效。

5. 预防

尽量避免到有闹羊花大量生长的地方放牧，在多发季节，或在每天放牧前喂活性炭5～10g，可以使中毒的发生几率大大降低，有良好的预防效果。

四、蕨 中 毒

蕨中毒是由于动物采食蕨引起的一种中毒疾病，不同的动物表现不一。牛以骨髓损伤和再生障碍性贫血为特征；马以共济失调，运动障碍为特征，故有“蕨蹒跚”之称。

蕨（图9－2）是蕨科蕨属植物，广泛分布于山区的阴湿地带。我国的常见品种有蕨和毛蕨两种。

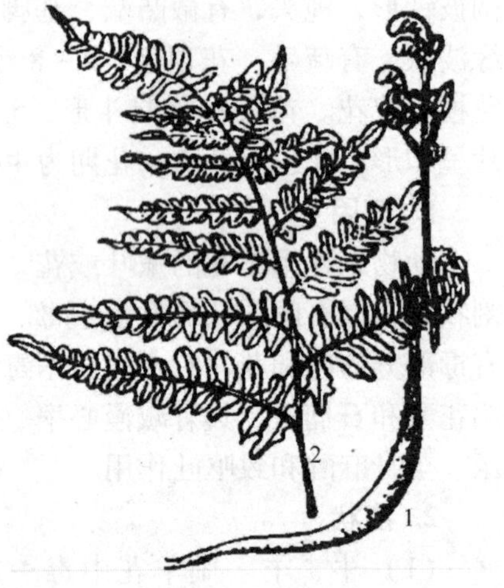

图9－2 蕨

1. 病因

主要发生于放牧饲养或靠收割山野杂草饲养的牛、马。经过冬春的枯草期后，由于蕨类在次年首先萌发，常成为短时期内仅有鲜嫩饲草，易被家畜采食而引起中毒。

2. 症状

(1) 牛 在出现临床症状前，常经历较长的一段潜伏期（可达数周以上）。症状为精神沉郁，食欲不振，渐进性消瘦，步态不稳，放牧中常掉队或离群呆立，至体温升高时则病情急剧恶化。其体温可突然升达40.0～41.7℃或更高，瘤胃蠕动严重减弱，瓣胃蠕动消失，粪便干结，呈暗褐红色，腹痛。病牛常呈不自然的伏卧，回头顾腹或后肢踢腹，同时有阵发性努责，拉稀软的血色糊样粪便，有的粪便中还混有黏膜。

犊牛中毒后，表现为迟钝和倦怠，鼻孔和口腔周围排出过量黏液。咽喉部水肿，致使呼吸困难，出现喘鸣音。外部没有出血现象，但经常见有高温。尸体剖检，可见淤血但很少有明显的内出血。

（2）马　临床通常表现运动失调和身体消瘦，从初期起即呈现体温升高、脉快速而节律不齐等变化。随着病情的发展，食欲逐渐减退，甚或由于陷入嗜眠状态，其运动障碍愈加显著，四肢叉开站立或步态强拘，同时呈现拱背和肌肉震颤，甚至在跌倒后因挣扎而发生损伤。严重者可出现阵发痉挛和呈典型的硫胺素缺乏症，角弓反张姿势，最后痉挛死亡。

3. 病程及预后

牛蕨中毒的病情多较严重，特别是病初发高热、腹痛和出血严重，血液学变化明显的，大多病程较短促，而预后也不良。

慢性型可经数周至一月以上，且多见病情反复，经过细致调理可能痊愈，但需要较长恢复期。

马蕨中毒如能早期发现和及时加以治疗，预后良好。

4. 诊断

根据当地牧区植被情况、饲养管理方式、发病季节、流行病学资料、严重症状（高热）、全身出血性变化以及血液学检查结果等，可作出诊断。

5. 治疗

本病尚无特效疗法，主要是促进毒物的排出和对症治疗。

（1）停饲喂混有蕨的饲草或不到有蕨生长的地方放牧。

（2）10%鲨丁醇油剂10mL，皮下注射，连用5d；配合使用复合维生素B，10mL/d，连用5d；同时使用抗生素，如阿莫西林5~8mg/kg体重，内服。

6. 预防

（1）蕨类的地下根茎粗大，富含淀粉，于冬季挖掘其地下根茎，并从根本上清除对家畜的危害。

（2）做好春季的牧地植被调查，规划轮牧，将蕨类新叶滋生地，留待其他草类茂发后再加利用，以避免发生家畜中毒的危险。

（3）在春季仅见蕨类首先萌发的短期内组织特别监视，对疑为中毒的家畜，及时救治，还应及时对全群采取紧急防护措施。

第四节　农药化肥中毒

在农业生产中所使用的农药化肥，特别是一些高效农药对人、畜具有强烈的毒性。往往由于误用、误食、误饮或吸入以及皮肤污染而发生中毒。

农药化肥中毒中以有机磷中毒、有机氯中毒、有机汞中毒、砷及砷化物中毒较为多见。

一、有机磷农药中毒

有机磷农药是磷和有机化合物合成的一类农用杀虫剂的总称。有机磷农药根据毒性可分为剧毒、强毒和弱毒等类型。我国较为常用的有：

剧毒类：对硫磷、内吸磷、甲胺磷等。

强毒类：敌敌畏（DDVP）、乐果、甲基内吸磷、杀螟松等。

弱毒类：敌百虫、马拉硫磷等。

有机磷农药中毒是家畜由于接触、吸入或采食某种有机磷制剂污染的饲草所引起的病理过程，以体内胆碱酯酶活性受抑制，从而导致神经生理机能的紊乱为特征。

1. 病因

家畜误食有机磷农药或采食刚刚施过有机磷农药的农作物。有机磷农药的毒性，除按其化学特性的不同而有较大差异外，还受许多因素影响。

（1）病畜的特点　不同的种类、品系、年龄、性别、体质强弱等条件，毒性反应也不一样。

（2）农药剂量　同一农药在不同的剂量、浓度、用法及所施用的作物种类和生长期等条件下，其效果也有区别。

（3）气象条件　即施用农药当时及其后的日照（紫外线照射量）、降雨、排灌、风速及气温等均有不同的效应。

农药中毒的常见原因主要有：

①违反农药的保管和使用安全操作规程：如保管、购销或运输中对包装破损未按安全规程处理，或对农药和饲料未加严格分隔贮存，致使毒物散落，或通过运输工具和农具间接接触饲料。

②不按正规剂量使用农药做驱除内外寄生虫等而发生中毒。

2. 症状

有机磷农药中毒时，因制剂的化学特性、病畜的种类，以及造成中毒的具体情况等不同，其所表现的症状及程度差异极大，但基本上都表现为乙酰胆碱过多、过度刺激而引起的过度兴奋现象，临床上将这些可能出现的复杂症状归纳为三类症候群：

（1）毒蕈碱样症状　引起副交感神经的节前和节后纤维，以及分布在汗腺的交感神经节后纤维等胆碱能神经高度兴奋，按其程度不同可具体表现为食欲不振，流涎，呕吐，腹泻，腹痛，多汗，尿失禁，瞳孔缩小，可视黏膜苍白，呼吸困难，支气管分泌增多，肺水肿等。

（2）烟碱样症状　引起支配横纹肌的运动神经末梢和交感神经节前纤维（包括支配肾上腺髓质的交感神经）等胆碱能神经发生兴奋；但在乙酰胆碱蓄积过多时，则将转为麻痹，具体的表现为肌纤维性震颤，血压上升，肌紧张度减退

（特别是呼吸肌）、脉搏频数等。

（3）中枢神经系统症状 病畜脑组织内的胆碱酯酶受抑制后，使中枢神经细胞之间的兴奋传递发生障碍，造成中枢神经系统的机能紊乱，表现为病畜兴奋不安，体温升高，抽搐，甚至陷于昏睡等。

不同种类的病畜，临床症状有一点差异，有的出现水泻；但多数出现明显的呼吸困难，病牛痛苦呻吟，出现眼球震颤，四肢末端厥冷，亦可能出冷汗。病情恶化后，则陷于麻痹，由于呼吸肌的麻痹，导致窒息而死亡。

羊：症状类似于牛，但呈较明显的兴奋不安，甚至出现冲撞蹦跳，全身震颤，以致倒地不起，在麻痹状态下窒息死亡。

马：瞳孔变化不明显，但眼球突出、出汗和自鼻孔漏出食糜，步态踉跄，病畜后退时，似卧下状。肠蠕动音普遍亢进，继而腹围膨大，出现腹痛、腹泻。直肠内触诊，除可见其用力努责外，还出现有阴茎勃起和滴尿的现象。此外，在临床恢复的病马中，有呈视力障碍或后躯麻痹的后遗症者。

猪：多表现流涎，眼球震颤，肌肉震颤和躺卧，部分病猪则仅见嗜眠和肌肉紧张力下降现象，但一般都少见发生腹泻和呼吸困难。

3. 病理变化

一般认为有机磷农药中毒的病畜尸体，除其组织标本中可检出毒物和胆碱酯酶的活性降低外，缺少特征性的病变。仅在迟延死亡的尸体中可见到有肺水肿、胃肠炎等的变化。

经消化道吸收中毒，最急性病例（10h 以内），除胃肠黏膜充血和胃内容物可能散发蒜臭外，常无明显变化。经 10h 以上者则可见其消化道浆膜散在有出血斑，黏膜呈暗红色，肿胀，且易脱落。肝、脾肿大。肾浑浊肿胀，被膜不易剥离，切面呈淡红褐色而境界模糊。肺充血，支气管内含有白色泡沫。心内膜可见有不定形的白斑。

慢性的浆膜下有广泛小点出血，各实质器官都发生浑浊肿胀。胃肠（反刍兽为皱胃和小肠）发生坏死性出血性炎，肠系膜淋巴结肿胀、出血。胆囊膨大、出血。心内、外膜有小出血点。肺淋巴结肿胀、出血。切片镜检时，尚可见肝组织中存在有小坏死灶，小肠的淋巴滤胞也有坏死灶。

4. 诊断

对呈现有胆碱能神经过度兴奋现象的病例，特别是表现为流涎，瞳孔缩小，肌纤维震颤，呼吸困难，血压升高等综合征者，可列为可疑，在查清有机磷农药的接触史的同时，亦应测定其胆碱酯酶活性，必要时更应采集病料进行毒物鉴定，以进行诊断。同时也应根据本病的病史、症状、胆碱酯酶活性降低等变化特点同其他疑似病例相区别。

附：胆碱酯酶活性的简易测定法

临床化验：对可疑的病例除在必要时采取剩余饲料、饮水或胃内容物供检验有机磷农药的存在，或取尿液以检出其分解产物（如敌百虫中毒时，尿中三氯乙醇的含量增高，对硫磷、甲基对硫磷等中毒时，尿中可检出对位硝基酚等）外，临床上以采用滤纸法进行胆碱酯酶活性的简易测定，有很大的实用价值。本法的原理，即正常的胆碱酯酶同乙酰胆碱作用后，生成乙酸而使其 pH 发生变化，通过指示剂溴瑞香草酚蓝（BTB）的呈色反应，而间接反映胆碱酯酶的活性。

其操作是先将 1cm × 1.2cm 的滤纸片用 1% 氯化乙酰胆碱液和 BTB 液浸透后，取血样一小滴（约如绿豆大小）加在试纸中央，然后将其夹在两块玻片间，在 37℃中保温放置 2min（如室温低于 30℃时可贴身保温）。待作用完毕后，在明亮处（勿正对光源）观察血滴中心部的色调变化，并对照标准色图以判定胆碱酯酶的活力（如无标准色图时也可临时采取正常血样做成标准色）（表 9－1）。

表 9－1　滤纸法的近似判定表

颜色变化	红色	紫色	深紫色	蓝黑色
胆碱酯酶活性/%	80～100	60	40	20
中毒程度	正常	轻度	中度	重度

5. 治疗

应立即停止使用疑为有机磷农药来源的饲料或饮水。

药物治疗：治疗方案是阿托品结合解磷定的综合疗法。常用的胆碱酯酶复活剂，如解磷定（PAM），氯磷定（PAM－Cl）、双复磷（DMO4）等。生理拮抗剂阿托品治疗剂量为：牛、马 10～50mg/kg，猪、羊 5～10mg/kg。

解磷定的剂量按 20～50mg/kg 计算，溶于葡萄糖溶液或生理盐水 100mL，静脉注射或皮下注射或腹腔注射。对于严重的中毒病例，应适当加大剂量；氯磷定可作肌内注射或静脉注射，可参考解磷定的剂量使用。双复磷的剂量按 40～60mg/kg 计算。

对于危重病例，应对症采用辅助疗法，以消除肺水肿，兴奋呼吸中枢，输入高渗葡萄糖溶液等，有助于提高疗效。而在治愈后的一定时期内仍应避免再度接触有机磷农药，以利安全。

6. 预防

（1）首先是健全对农药的购销、保管和使用制度，落实专人负责，严防坏人破坏。

（2）开展经常性的宣传工作，以普及和深化有关使用农药和预防家畜中毒的知识，以推动群众性的预防工作。

（3）由生产队或专人统一安排施用农药和收获饲料，避免互相影响。对于使用农药驱除家畜内外寄生虫，也可由兽医人员负责，定期组织进行，以防意外的中毒事故。

二、氟化物中毒

氟多以化合物的形式存在。地壳中含氟化合物有100多种，最常见的有萤石（CaF_2）、冰晶石、磷灰石、云母和电石等。

氟是动物机体不可缺少的微量元素。氟参与机体的正常代谢，可以促进牙齿和骨骼的钙化，对于神经兴奋性的传导和参与代谢的酶系统都有一定作用。

以氟为原料的无、有机氟农药，如氟化钠、氟硅酸盐以及有机氟农药，如氟乙酰胺和氟乙酸钠等，是有效的驱蛔虫药、灭鼠剂和杀虫剂。

氟中毒分无机氟化物和有机氟化物中毒。

（一）无机氟化物中毒

1. 病因

无机氟化物中毒多是由采饲无机氟化物污染的饲料或饮水引起。在工业污染区，还可能因吸入大量含氟空气而引起中毒。各种动物对氟的易感性不同，顺序是：犊、牛、羊、猪、马和禽。

（1）自然条件引起　主要见于西北地区的部分盆地、盐碱地、盐池及沙漠周围。这些地区由于干旱、风大、降雨量小、蒸发量大、地面多盐碱、地表土壤或盐碱中含氟量高，致使牧草、饮水含氟量亦随之升高，达到中毒水平。其次是萤石矿区以及火山、温泉附近等地的溪水、泉水和土壤中含氟量过高，引起人、畜氟中毒。

（2）工业污染　在炼铝厂、磷肥厂、氟化盐厂、多种金属冶炼厂以及大型砖瓦窑等周围地区。从这些工厂排出含氟废气，如氟化氢和四氟化硅及一部分含氟粉尘，在邻近地区散落，以致使该地区的植被、土壤和水系污染。

（3）长期使用未经脱氟处理的过磷酸氢钙作畜禽的矿物质饲料，亦可引起氟病。

（4）家畜的急性无机氟中毒，偶见于奶牛采食大量过磷酸盐以及猪用氟化钠驱虫而用量过大时。

2. 症状

根据病情可分急性和慢性氟中毒。

（1）急性氟中毒　实质上是一系列腐蚀性中毒的表现。食入过量氟化物半小时后出现临床症状。表现为厌食，流涎，恶心呕吐，腹痛，胃肠炎，腹泻，呼吸困难，肌肉震颤，阵发性强直痉挛，虚脱而死。

（2）慢性氟中毒（氟病）　主要表现为氟斑牙（着色型和缺损型）、骨和关节变型。正常牙齿含氟800g/kg以下，若含量达1 000～1 500g/kg时，则牙齿白如枯骨，无光泽，齿釉质一部分呈淡黄色。含氟量达1 500～2 000g/kg时，则釉质出现碎裂和齿斑，牙齿磨灭不齐，乳齿一般无变化。幼畜进入严重污染区半年以上，即可在乳门齿上看到少数淡黄褐色的斑纹。生长中的永久齿变化最突出，斑釉恒左右对称门齿切面常被磨损，臼齿过早磨损，齿冠破坏，形成两侧对称的波状齿。有的病畜发生齿漏。牙齿的这些特殊损害，可作为氟中毒与关节炎之间的区别要点。

骨骼的变化异常显著。草食畜在摄入过量氟6~12个月以后，即出现骨骼的异常变化。首先在趾骨、掌骨、下颌骨和肋骨呈对称性肥厚。乳齿尚未更换的幼羊，可在其下颌骨摸到突起的骨赘。中后期，可见下颌骨肿大。肋骨变粗，隆起。严重病畜，腰椎及骨盆变形。有的病畜上颌骨显著肿大，形成所谓“河马头”。

3. 病理变化

（1）急性氟中毒的主要病理变化　出血性胃肠炎，前胃黏膜易剥离。心肌松软，血液稀薄。腹腔积有红色液体。山羊除上述变化外，黏膜苍白，皮下蜂窝组织胶样浸润，胸腔及心包囊有透明淡红色液体。胆囊肿大，胆囊壁增厚。

（2）慢性氟中毒主要剖检变化　除牙齿的特殊变化外，以头骨、肋骨、桡骨、腕骨和掌骨变化较大。表面粗糙苍白。肋骨松脆，肋软骨连接部膨大，极易折断，骨膜充血。骨质增生和骨赘生长处的骨膜增厚，多孔。羊的骨赘多见于上、下颌骨。马的下颌骨双侧肿大，疏松。

4. 诊断

根据特征症状，尸体剖检及氟的测定，可作出诊断。

（1）急性氟中毒常突然发生，可结合病史和症状进行分析。

（2）慢性氟中毒：逐渐严重的跛行以及对称性斑釉齿和臼齿过度磨损。羊因体躯较轻，跛行轻微，不易觉察。猪卧地不愿起立，强迫站立则步履艰难，尖叫不已。大家畜为减轻关节疼痛，常将大部分体重负于健肢上，久之则使蹄壳变形。牙齿的损害十分明显。

（3）氟的测定：一般情况下，饮水含氟7g/kg可出现斑釉齿。病畜可测定尿氟：含氟8g/kg为正常；10mg/kg为可疑；高于15mg/kg即可能中毒。牧草中含氟超过40mg/kg，即为异常。中毒死亡的动物，可测定其骨骼（掌骨、胫骨，肋骨和外生骨赘）的含氟量。正常骨含氟500mg/kg；含氟量超过1 000mg/kg时，即为异常；达3 000mg/kg以上即出现中毒症状。

5. 防治

治疗和预防要区分急性氟中毒及慢性氟中毒，分别采取措施。

（1）急性氟中毒　立即停喂含氟农药污染的饲料和饮水。对中毒动物应即刻抢救，各类家畜均可用钙盐洗胃，如用0.5%氯化钙溶液或石灰水上清液。可内服乳酸钙、硫酸钙或葡萄糖酸钙等钙制剂。亦可静脉注射氯化钙或葡萄糖酸钙。用维生素D、维生素B_1和维生素C配合治疗，对疾病的恢复有一定效果。

预防：为加强管理，防止家畜乱饮污水、乱吃杂物。毒鼠药、驱虫药均应妥善保管，防止家畜误食。

(2) 慢性氟中毒（氟病） 多为一种地方性疾病，目前尚无完全恢复健康的方法。首先使病畜脱离病区，供给低氟或无氟的饲料和饮水。每日供给硫酸铝、氯化铝、铝酸钙和硫酸钙等，可减少中毒动物骨中的氟含量。可每日静脉注射葡萄糖酸钙和口服乳酸钙至跛行消失。可每日给石粉40~50g，2次/d。

预防：可分为自然氟病区和工业污染氟病区。

①自然氟病区应采取下述措施：

划区放牧：牧草含氟量平均超过60g/kg者为高氟区，应严格禁止放牧；30~40g/kg者为危险区，只允许成年牲畜作短期放牧。

采取轮牧制。在低氟区和危险区进行轮牧，危险区放牧不得超过3个月。

低氟水源（含氟量低于2g/kg）供牲畜饮用。如无氟或低氟水源，可采取简便方法脱氟，如熟石灰法、明矾沉淀法等。

牛每日喂石粉30~40g，分两次拌入饲料中喂服。

②工业污染区应采取下述措施：

根本措施在于促使工厂回收氟废气，化害为利。

奶牛场、种畜场和大型饲养场均应在远离氟污染区。

加强饲养管理，饲料、饲草均应从非污染区购运，并妥为保管，勿使受潮，干草堆顶部应有防雨设施。

日粮中应补给石粉（同前）。

(二) 有机氟化物中毒

有机氟化物主要有氟乙酰胺、氟乙酸钠等，是一类药效高、残效期较长、使用方便的剧毒农药，主要用于防治棉铃虫、蝇及草原鼠害等。这种化合物只有在动植物组织活化为氟乙酸时才具有活性。

1. 病因

往往是因误食（饮）被有机氟化物处理或污染了的植物、籽种、饲料或饮水所致。

氟乙酰胺对各种动物的易感顺序：犬、猫、绵羊、猪、兔、马和蛙。对鸟类及灵长类易感性最低。

氟乙酰胺的口服致死量（mg/kg）：马0.5~1.75、牛0.15~0.62、绵羊0.25~0.5、山羊0.3~2.7、猪0.3~0.4、禽11~30、犬0.05~0.2。

2. 症状

马：食入毒物后3~1 200min出现症状，并迅速发展。中毒初期，精神沉郁，口红，苔黄，黏膜发绀。随后，肩、肘部肌肉出现颤动。肢端发抖，呼吸迫促，心跳表现为快、节律不齐；后变为慢、弱、节律整齐，心跳次数为80~140

次/min。有时出现轻微腹痛症状。死前惊恐，鸣叫，突然倒地，全身震颤，四肢划动。

牛、羊有机氟中毒初步分为下列两型：

（1）突然发病型 无明显的前驱症状，经9～18h，动物突然跌倒，剧烈抽搐，惊厥或角弓反张，迅速死亡，有的可暂时恢复，但心跳快，节律不齐，卧地战栗而死亡。

（2）潜伏发病型 中毒5～7d后，仅表现食欲降低，不反刍，不合群，单独依墙而立或卧地，有的可逐渐康复，有的可能在静卧中死去。还有些病畜在中毒后，表现沉郁，食欲反刍减少。经3～5d，因外界刺激敏感或突然发作惊恐，尖叫，狂奔，全身颤抖，呼吸迫促，持续3～6min，表现缓解，后又可重复发作。病畜终于在抽搐中因呼吸抑制和心力衰竭而死亡。

3. 诊断

根据症状，深入调查，分析病因，做出初步诊断。

与有机磷农药中毒鉴别：有机磷农药中毒，潜伏期短，发病快，中毒症状出现早（肌肉纤维性颤动，瞳孔缩小，多汗，流涎，腹痛，粪稀）。氟乙酰胺中毒，症状出现较慢，但临床发病却很突然，其主要症状是肌群震颤，阵发性强直痉挛，瞳孔无明显规律性改变。

4. 治疗

（1）停止饲喂可疑的饲料和饮水。

（2）经皮肤中毒者，立即用清水洗涤。经口服中毒者，先用1∶5000高锰酸钾溶液洗胃，然后服蛋清以保护胃黏膜。

（3）特殊解毒：立即肌内注射解氟灵（乙酰胺），剂量可按每日0.1g/kg体重计算，一般注射3～4次抽搐现象消失，与半胱氨酸合用效果更好。

（4）对症治疗：镇静用氯丙嗪，水合氯醛；解除呼吸抑制，可用尼可刹米，可拉明；解除肌肉痉挛，可静脉注射葡萄糖酸钙或柠檬酸钙或高浓度葡萄糖溶液（因有机氟化物中毒动物，血钙降低）；控制脑水肿可静脉注射20%甘露醇溶液（或25%山梨醇溶液）。必须注意氟乙酰胺中毒病畜的心脏常遭受损害，静脉注射必须十分缓慢，若大量、快速输入，会加速病畜死亡。

还可使用辅助解毒剂，如辅酶A、三磷酸腺苷以及维生素B类制剂，效果更好。

5. 预防

（1）禁喂用氟乙酰胺喷洒过的植物茎叶、瓜果以及被污染的饲草、饲料。施药必须经60d以后，方能作饲料用，否则容易发生中毒。

（2）用以防治蚜虫和草原鼠害时，严禁污染饮水。

（3）作为灭鼠的诱饵应妥善放置，以免家畜误食。对毒死的鼠类尸体要深埋，防止家畜吞食。

三、灭鼠药中毒

(一) 安妥中毒

安妥也称甲萘硫脲，纯品为白色结晶，商品为灰色的粉剂，通常是将其按2%的比例加于食品内配毒饵，用以毒杀鼠类。安妥给各种家畜做单次口服的致死量（mg/kg）分别为：马 30 ~ 80、猪 20 ~ 50、犬 10 ~ 40、猫 75 ~ 100、家禽 2 500 ~ 5 000、大白鼠 15。

1. 病因

由于保管不严，致使安妥散失，或因同其他药剂混淆，造成使用上的失误，或者因投放毒饵的地点、时间不当，致发生家畜误食的中毒事故。

猫可因偶然捕食中毒鼠类，而间接中毒。

2. 症状

呼吸迫促，体温偏低，有时伴有呕吐（特别在病犬）或作呕。很快呼吸变为困难，鼻孔流出带血色的泡沫状鼻液，咳嗽，听诊肺部有明显的湿啰音。心音浑浊，脉搏增数，同时病畜表现兴奋、不安，或号叫等症状，最后多因窒息致死。

3. 病理变化

以肺部的病变最为显著，可见全肺呈暗红色，极度肿大，且有许多出血斑，气管内则充满许多血色泡沫。胸腔内有多量的水样透明液体。肝呈暗红色，肿大。脾呈暗红色，并见有淤血斑。心包有多出血斑，容积稍增大，心脏的冠状血管扩张。肾脏充血，表面也有淤血斑。

4. 治疗

本病缺乏特效的解毒疗法，通常采用对症疗法，以消除肺水肿和排除胸腔积液。结合采用强心、保肝等措施。

5. 预防

加强对安妥的保管。特别是在拟订灭鼠计划时，应将有关人、畜的安全问题，列为必须考虑的因素，并应做好必要的防护措施，由专人负责执行，以免发生意外事故。

(二) 磷化锌中毒

磷化锌是灭鼠药和熏蒸杀虫剂，纯品是暗灰色带光泽的结晶，当用来灭鼠时，常按 2.5% ~5% 的比例，同食物配制成毒饵使用。对各种家畜的口服致死量，一般都在 20 ~ 40mg/kg 体重，家禽为 20 ~ 30mg/kg 体重。自然中毒以家禽较多见，其次为猪。

1. 病因

多半是由于误食灭鼠毒饵，或被磷化锌污染的饲料，造成中毒。

2. 症状

先是食欲明显下降，继而发生呕吐和腹痛，其呕吐物发蒜臭，同时有腹泻，粪中混有血液。病畜迅速变为衰弱，脉数减少而节律不齐，黏膜呈黄色，尿色也带黄，并出现蛋白尿、红细胞；粪便带灰黄色，末期可能陷于昏迷而死。一般家畜病程2~3d，家禽1d，如能耐过，其恢复期需1周左右。

3. 病理变化

切开胃或嗉囊时，将散发出带蒜味臭气。将其内容物移置在暗处时，可见有磷光。死后静脉扩张，泛发微血管损害。胃肠道呈现充血、出血、肠黏膜脱落。肝、肾瘀血，肿胀。肺间质水肿，气管内充满泡沫状液。

4. 治疗

无特异解毒疗法。如能早期发现，灌服0.2%~0.5%硫酸铜溶液催吐，同时静脉内注入高渗葡萄糖溶液和氯化钙溶液。

5. 预防

加强对灭鼠药的保管和使用制度。凡制定和实施灭鼠计划时，均须在设法提高对鼠类的杀灭功效的同时，确保人、畜的安全。

四、尿素中毒

尿素是动物体内蛋白质分解的终末产物，纯品为无色的柱状结晶体。尿素用作反刍动物的蛋白质饲料来源，由于采食（误食）尿素（或尿素溶液）或使用方法不当而引起。多发生于牛、羊。

1. 病因

(1) 将尿素堆放在饲料的近旁，导致发生误用（如误认为食盐）或被动物偷吃。

(2) 尿素使用方法不当。如将尿素溶解成水溶液喂给时易于发生中毒；饲喂尿素的动物，第一次就按定量喂给，容易发生中毒。此外如不严格控制定量饲喂，或对添加的尿素未经搅拌均匀等因素，都是造成中毒的原因。

(3) 在个别的情况下，牛、羊因偷吃大量人尿而发生急性中毒死亡。人尿中含有尿素约在3%。

2. 症状

(1) 牛　采食尿素后20~30min即可能发病。开始时呈现不安，呻吟，肌肉震颤和步态蹒跚等，继而反复发作痉挛，同时呼吸困难，从口、鼻流出泡沫状黏液，心搏动亢进，脉数增至100次/min以上。末期则显出汗，瞳孔散大，肛门松弛。急性中毒病例，病程仅1~2h即因窒息死亡。如延长至1d左右，可能发生后躯不全麻痹。

(2) 山羊　开始时可见鼻、唇挛缩现象，反刍和瘤胃蠕动均停止，瘤胃臌气，后不能站立，同时呈现眼球震颤，全身痉挛，呈角弓反张姿势。有的病例则见呼吸极度困难，甚至死亡，病程 1h 左右。

3. 诊断

采食尿素的病史对于诊断本病有重要意义。对于临床上有可疑为本病的牛、羊病例，测定其血氨值可以确定诊断。

4. 治疗

早期可灌服大量的食醋或稀醋酸等弱酸类，以抑制瘤胃中脲酶的活性，并中和尿素的分解产物氨。推荐量：成年牛灌服 1% 醋酸溶液 1 000mL，糖 0.5 ~ 1kg 和水 1 000mL，可获得满意效果。

此外，可试用硫代硫酸钠溶液静脉注射，作为解毒剂，同时对症地应用葡萄糖酸钙溶液、高渗葡萄糖溶液、水合氯醛以及瘤胃制酵剂等，可提高疗效。

5. 预防

（1）必须严格饲料保管制度，不能将尿素肥料同饲料混杂堆放，以免误用。在畜舍内尤其应避免放置尿素肥料，以免家畜偷吃。

（2）饲用尿素饲料的畜群，必须制订必要的工作制度，正确控制尿素的定量及同其他饲料的配合比例。而且在饲用混合日粮前，必须先经仔细地搅拌均匀，以避免因采食不匀，引起中毒事故。为提高补饲尿素的效果，尤其要严禁溶在水中喂给。尿素的饲用量，应控制在全部饲料总干物质量的 1% 以下，或精饲料的 3% 以下，故全天的配合量在成年牛以 200 ~ 300g，羊以 20 ~ 30g 为宜。

第五节　矿物质中毒

一、铜　中　毒

铜中毒是畜禽硫酸铜添加过量或长期使用引起的中毒疾病。急性中毒以呕吐、流涎、剧烈腹痛、腹泻为特征，慢性中毒则以瘤胃弛缓、粪少呈褐黑色、黏膜黄疸为特征。多见于牛和羊。

1. 病因

（1）在农业上施用硫酸铜（喷雾防止果树霉菌病，消灭肝片吸虫的中间宿主蜗牛、蹄腐烂和绵羊寄生虫），如使用不慎，可引起急性中毒。慢性中毒常见于在使用过含铜喷雾果园放牧。

（2）饲料中添加铜过量或混合不匀。促进幼畜生长发育，而在饲料中添加铜饲料添加剂，往往因混合不均或添加过量，引起铜的蓄积而致病。

2. 症状

通常分为急性与慢性。

（1）急性铜中毒　主要症状有呕吐、流涎、腹泻、剧烈腹痛、心动过速、惊厥、麻痹和虚脱，最后死亡。粪便含黏液，呈深绿色。

（2）慢性铜中毒　临床症状主要表现为精神沉郁、厌食，黏膜黄疸，尿中含有血红蛋白，粪便变黑。

3. 病理变化

主要为接触毒物的局部黏膜充血、水肿和溃疡等，肝、肾有脂肪变性和坏死，肝窦细胞内大量色素沉着，在肾实质细胞内也有同样改变。

4. 诊断

主要依据接触史、典型的临床症状和毒物分析进行综合诊断。

（1）胃内容物和粪便的分析　取胃内容物和粪便加氨水，则由绿变蓝色，可辅助诊断。

（2）肝和肾的分析　肝铜量按干重可能超过1 000mg/kg（正常绵羊肝铜量很少含到500mg/kg）。猪的肝、肾铜含量都可达到750～6 000mg/kg。

5. 治疗

主要为消除致病因素，加速毒物的排除以及解毒疗法。

首先把病畜放置于安全处所，改换饲料，加强护理。

可用0.1%亚铁氰化钾（黄血盐）溶液洗胃，也可用牛奶、蛋清、豆浆或活性炭的肠黏膜保护剂，以减少铜盐的吸收。

排除已吸收的铜盐可应用二乙胺四乙酸二钠钙，成年猪每日1g溶于20～30mL生理盐水或5%葡萄糖溶液内静脉注射，1次/d，3d为一疗程。隔3～4d后可重复使用。也可用二巯基丁二酸钠，成年猪每日2g，溶于生理盐水20～40mL，静脉注射，1次/d，共用4～5d。绵羊慢性铜中毒及时内服钼酸铵50～500mg、硫酸钠0.3～1mg，治疗效果较好。

6. 预防

防止用硫酸铜喷雾污染草料，药用铜制剂要严格掌握用量以及使用补加铜饲料添加剂时，必须混合均匀，控制喂量。

二、硒　中　毒

硒中毒是畜禽采食或注射过量的硒，引起的一种中毒性疾病，主要表现为无力、恶心、呕吐、腹泻，呼吸和汗液有蒜臭味症状。多种畜禽可以发生，以猪和家禽多发。

1. 病因

（1）由畜禽在工业区中吸入有硒烟雾引起，这些含硒的烟雾主要来自于冶炼、加工、提取硒的企业。

（2）饲料中添加硒过多或混合不均匀。

（3）预防或治疗注射亚硒酸钠过多或持续使用硒制剂。

2. 症状

猪、羊、牛消瘦、无力、嗜睡、恶心、呕吐、腹泻、呼吸和汗液有蒜臭味。脱毛、脱蹄、失禁拉稀、呼吸困难、共济失调、唾液过多、磨牙、眼瞎、麻痹和死亡。产蛋率和孵化率降低；生长停滞，发育中的胚胎畸形，不能破壳；羽毛蓬松，神经过敏，倦怠无力、口内有金属味、食欲不振、腹泻、呼吸及汗液有蒜臭味，神经功能紊乱。性成熟延迟，严重时死亡。

3. 病理变化

畜禽日粮中的硒的含量超过 0.5mg/L 时可能发生中毒，超过 5～10mg/L 就会出现中毒症状。剖检特征性变化为：肝脏变性，呈杂花色或泥土色；肾脏轻度肿大，有时被膜下有点状出血；心脏内有灰白色的坏死病灶，卵巢萎缩；急性死亡时还会出现皮肤和黏膜发绀，体内各脏器被膜多有出血点。

猪硒中毒，剖检时可见心肌萎缩，肝肺变性坏死等变化。

4. 防治

预防和治疗缺硒病可用亚硒酸钠溶液作皮下或肌内注射，亚硒酸钠注射液为含 0.1% 亚硒酸钠的溶液，或注射用维生素 E－硒制剂，每毫升含维生素 E 50U，硒 1mg。注射量：羊 1～5mg（硒），犊牛 10mg、成年牛 30～40mg，鸡及其他家禽每只 0.05mg。在生产实践中，对患缺硒病的病鸡群，还可每天给予 3～5mg/L 浓度的亚硒酸钠溶液，自由饮服 8h，连用 3h，停药 3h，再用药 3h 即能基本控制病情。

畜禽硒中毒，可按 10mg/kg 体重的剂量，静脉注射新胂凡纳明或 0.1% 砷酸钠皮下注射，猪、羊每次 2mg，牛 15～20mg 进行解毒。鸡及其他禽类可用 5～10mg/L浓度的亚砷酸盐溶液，供饮服解毒。

同时注意对症治疗，以改善全身状况。

5. 注意事项

在畜禽饲料中添加硒和使用硒制剂，进行防治缺硒病时特别谨慎，如在非缺硒地区，尤其是在高硒地区，盲目添补硒则常见硒中毒发生。

在缺硒地区或已出现渗出性素质症状及白肌病症状的地区则必须补硒。

第六节　兽药及添加剂中毒

一、砷及砷化物中毒

砷及其化合物多作农药（杀虫药）、灭鼠药、兽药和饲料添加剂使用。砷（As），虽本身毒性不大，但其化合物的毒性却极其剧烈。砷的化合物包括无机砷和有机胂化物。

无机砷化物依其毒性强弱的不同，又分为剧毒和强毒两类：

剧毒类：包括三氧化二砷、砷酸钠、亚砷酸钠、砷酸钙、亚砷酸等。

强毒类：包括砷酸铅（酸式砷酸铅）等。

有机胂化物则包括退菌特、甲基胂酸锌（稻谷青）、甲基胂酸钙（稻宁）、甲基胂酸铁铵（田安）、胂-37（甲基氰砷）、新胂凡钠明、阿散酸、洛克沙胂等。

一般认为，无机砷的毒性比有机胂大。

1. 病因

（1）畜禽误食以含砷农药处理（浸泡或混拌）过的谷类种子，喷洒过含砷农药的农作物（谷物、蔬菜、青草）或饮用被砷化物污染的饮水而引起中毒。

（2）治疗用药不当，如应用新胂凡钠明或其他含砷药剂治疗畜禽疾病时，由于剂量过大或用法不当也可引起中毒。

（3）有机胂添加过量。如猪饲料中添加阿散酸或洛克沙胂过量或长期添加而引起中毒。

2. 症状

（1）急性中毒　畜禽误食砷化物后，迅速出现流涎（吐沫），口腔黏膜潮红、肿胀，严重症病例黏膜出血、脱落或溃烂，齿呈黑褐色，有蒜臭气味。后出现胃肠炎症状，呕吐（猪），反刍减少、前胃弛缓或瘤胃臌气（牛、羊），腹痛、腹泻，粪便混有血丝和脱落黏膜，且带腥臭气味。可视黏膜潮红、浑浊。

随病程发展，当毒物被吸收后，出现神经症状和严重的全身症状。表现兴奋不安，反应敏感，随后转为沉郁，低头闭眼，呆立不动，衰弱乏力，肌肉震颤，共济失调，步态蹒跚，有时后躯（肢）麻痹。公畜阴茎下垂。呼吸急促，脉搏细数，体温下降，瞳孔散大，一般经数小时乃至1～2d，由呼吸或循环衰竭而死亡。

牛、羊剑状软骨后方有疼痛感，偶尔见有化脓性蜂窝织炎。

（2）慢性中毒　畜禽主要表现为消化机能紊乱和神经功能障碍等症状。病畜流涎，呕吐（猪），食欲下降或废绝，反刍减少，前胃弛缓（牛、羊），腹痛，持续性腹泻或与便秘相交替，粪便带血，黏膜和皮肤发炎，如结膜炎、呼吸道炎症、皮炎等，被毛粗乱、蓬松无光泽，有时局部脱毛而出现秃斑。进行性消瘦，营养下降。猪多表现起初突然倒地，呼吸急促，口吐白沫，四肢呈游泳状，经3～5min后，症状缓和，慢慢恢复正常，后反复发生。

病畜精神高度沉郁。皮肤感觉减退，四肢衰弱乏力或发生麻痹。最后肝、心、肾等实质器官受损而引起少尿、血尿或蛋白尿，以及心脏机能障碍和呼吸困难，最终死亡。

家禽中毒时，主要表现为食欲不振，双翅下垂，羽毛蓬乱，颈部肌肉震颤，头偏向一侧，口流黏液，冠髯发绀，体温下降，排带血稀粪。

3. 病理变化

（1）急性中毒　主要病变集中于胃肠道。胃及小肠黏膜充血、出血、肿胀且有水肿、糜烂等变化，腹腔内有蒜臭气味。牛、羊真胃有糜烂或溃疡，严重病例见有胃壁穿孔。实质器官（肝、肾、心脏）呈脂肪变性，脾增大、充血。胸膜，心内、外膜，肾，膀胱有点状或弥漫性出血。

（2）慢性中毒　除胃（或真胃）、肠的炎症外，有的喉及支气管黏膜充血、肿胀以及全身水肿等变化。

4. 诊断

根据病史材料，场地环境特点（附近有无生产砷化物或有关的工厂），饲喂情况，临床症状以及病理解剖结果进行综合诊断，毒物的实验室分析后确诊。

5. 治疗

急性中毒时，首先应用2%氧化镁溶液或0.1%高锰酸钾溶液反复洗胃，停止饲喂含砷的饲料或牧草。

砷化物已被吸收，可及时应用二巯基丙醇，马、牛15～20mL/kg，猪、羊2～5mL/kg，鸡0.1mL/kg，分点肌内注射，第一天每隔4h用药一次，以后每天注射一次，6d为一疗程。也可应用二巯基丙磺酸钠或二巯基丁二酸钠，剂量：马、牛5～8mg/kg，猪、羊3～5mg/kg，肌内或静脉注射，第一天注射3～4次，以后酌减。

为解除中毒，可用5%～10%硫代硫酸钠，1～2mL/kg体重，静脉注射。猪可应用25%硫代硫酸钠注射液10～20mL，每隔3～4h静脉注射一次，同时注射0.1%盐酸肾上腺素5～10mL和0.3%核黄素10mL，效果较好。

对症疗法：强心、补液、保护胃肠黏膜、缓解腹痛、防止麻痹等措施。

砷化物中毒时，禁忌应用碱性药剂，以避免形成易溶性亚砷酸盐，促进砷的吸收。

6. 预防

（1）严格遵守毒物保管制度，妥善贮存，防止含砷农药污染饲料、植物或饮水，并避免畜禽误食。

（2）应用砷剂治疗时，应严格控制剂量，外用时注意防止病畜舔食。如发现有中毒现象时，应立即停药，进行救治。

（3）喷洒含砷农药的农作物或牧草，在一定期间内（30～45d）禁止食用。如需要饲用时，应在碱水中充分浸泡后，再行饲喂。

（4）饲料中添加砷不宜过高和长期使用，猪饲料中以10～15mg/kg为宜，并以脉冲式添加为好。

二、喹乙醇中毒

喹乙醇又称倍育诺、快育灵等，由于喹乙醇安全范围小，极易引起中毒。以鸡多发，也见于鸭、猪。

1. 病因

（1）治疗用药时，用药量过大，是造成本病的主要原因。用药量过大，主要由计算不准，称量失误，搅拌不均等因素所致。

（2）由于管理不善，将多种原料药混放在一起，误将喹乙醇当作其他用量较大的药物使用。

（3）重复应用。在自配饲料时，购买精料中可能含有喹乙醇，在预防时又加入喹乙醇复方制剂（如复方禽菌灵）拌入饲料，造成喹乙醇重复使用。

2. 症状

精神沉郁，羽毛蓬乱无光泽，呆立，蹲于一角。食欲降低或不食，渴欲增加，喝水多。病鸡逐渐衰竭死亡，应激时，死亡更多。母鸡产蛋量急剧下降，种蛋受精率、孵化率低。初期，冠、髯有白色水泡，1 ~ 2d 后，水泡破溃，冠髯呈青紫色，后期坏死、干枯、萎缩（不常见）。猪初期，粪便干、硬，呈棒状，后期排粪稀，呈酱油状。

3. 病理变化

以全身出血为特征。血凝不良，口腔、腭裂，内有较多黏液，胃肠道、泄殖腔黏膜充血、出血、溃疡；心外膜充血，冠状脂肪和心肌出血；肝脏肿大，呈暗黑色或淡黄色，质脆易碎；脾、肾肿大，呈紫葡萄样；腿、胸肌有出血斑点。

4. 诊断

诊断要点：①有过饲喂喹乙醇添加剂的病史。②鸡冠、粪便有较典型病理变化。③剖检见各组织、器官广泛出血。④用剩余饲料能复制出相同病例。

5. 治疗

立即停用喹乙醇或含有喹乙醇的饲料，将食槽中吃剩的饲料彻底清理干净。用 0.2% 高锰酸钾溶液饮水。

三、磺胺类药物中毒

磺胺类药物是一类广谱抗菌药，广泛应用于家禽的某些传染病、球虫病、卡氏住白细胞虫病的防治。

1. 病因

（1）用药量过大　一般来讲，磺胺药可按饲料量的 0.1% ~ 0.5% 添加，或按饮水量 0.05 % ~ 0.3% 添加，由于计算失误，称量错误等原因，导致饲料或饮水中含药量太高，引起中毒。

（2）用药时间过长　应用磺胺类药物，一个疗程 3 ~ 5d，在有混合感染的情况下，症状难以控制，用药时间超过 7d，可致蓄积中毒。

（3）搅拌不均　应用逐级稀释法，将药物均匀混于饲料或饮水中，如果直接将药物混于大量饲料中，则很难混匀，使局部饲料中含药量过高。

（4）用法不当　把一些不溶于水的磺胺药通过饮水法投药，水槽底部沉积了大量药物，鸡饮用后可致中毒。

由于上述原因，鸡采食了大量磺胺药，进入体内，损伤骨髓，影响造血机能；损伤肾脏，导致排泄障碍和尿酸盐沉积。

2. 症状

（1）急性病例　鸡冠、肉髯苍白，皮下广泛出血，有时眼睑和肉髯也有出血，时间较短者为红色斑、点，时间较长者为紫斑。有些病鸡出现腹泻，多因出血过多而死亡，死前挣扎，鸣叫。

（2）慢性病例　病鸡精神沉郁，采食下降，生长慢，羽毛蓬乱，冠、髯苍白。成鸡产蛋少，产薄壳、软壳蛋。

3. 病理变化

典型病变是皮下、肌肉广泛出血，尤其是腿、胸肌更为明显，有出血斑、点。血液稀薄如水，血凝不良，骨髓颜色变淡或变黄。胃肠道黏膜有点状出血，肝、脾肿大、出血，胸、腹腔内有淡红色积液。肾脏肿大、苍白，呈花斑状，肾脏及肠管表面有白色、砂粒样尿酸盐沉着。

4. 诊断

根据有过采食磺胺药的病史，有皮下出血和生长不良的临床症状和剖检变化，以广泛出血和肾脏尿酸盐沉积为特点进行综合论断。

5. 治疗

（1）立即停用含磺胺药的饲料及饮水，其他抗菌、抗球虫药也要停用。

（2）用0.1%碳酸氢钠溶液饮水，3～4h后，改用3%葡萄糖水，连饮2～3d。碳酸氢钠能促进磺胺药排出，减轻对肾脏损害，葡萄糖能提高机体的解毒能力。

（3）饲料中添加复合维生素，按300～500g/t，可减少出血，提高治愈率。

6. 预防

（1）使用磺胺类药物时，计算、称量要准确，搅拌要均匀，使用时间不宜太长。尤其是雏鸡在使用磺胺二甲嘧啶时，更应注意。

（2）使用磺胺类药物时，应提高饲料中维生素K和B族维生素的含量，一般应按正常量的3～4倍添加。

（3）磺胺药与抗菌增效剂同用，可提高疗效，减少用量，防止中毒。

（4）鸡患有法氏囊病、痛风、肾型传染性支气管炎、维生素A缺乏等有肾损害的疾病时，不宜应用磺胺药。

第七节　动物毒中毒

一、蛇毒中毒

蛇毒中毒是由于家畜在放牧过程中被毒蛇咬伤而引起。

1. 病因

家畜于放牧时被毒蛇咬伤，马、牛及羊等多在跗关节附近易被咬伤，犬多在四肢及鼻端。咬伤部位越接近中枢神经（如头面部咬伤）及血管丰富的部位其症状则越严重。

世界上现在生存的蛇类有2 500多种，其中毒蛇占650多种。绝大部分的蛇分布在热带和亚热带。我国较常见且危害较大的毒蛇，主要有眼镜蛇科：眼镜蛇、眼镜王蛇、银环蛇、金环蛇；海蛇科：海蛇；蝰蛇科：蝰蛇；蝮蛇科：蝮蛇、五步蛇、竹叶青、龟壳花蛇。

2. 症状

由于毒蛇的种类不同，毒液的成分各异，所以各种蛇伤的临床症状亦不一样，根据各种蛇毒的作用类型，大体上分为神经毒和血液毒两大类。

（1）神经毒类　金环蛇、银环蛇均属神经毒类。

①局部症状：被神经毒的蛇类咬伤后，局部反应不明显，但被眼镜蛇咬伤后，局部组织坏死、溃烂，伤口长期不愈。

②全身症状：首先是四肢麻痹而无力，由于心脏及呼吸中枢，以及血管运动中枢麻痹，导致呼吸困难，脉搏不整，瞳孔散大，吞咽困难，最后全身抽搐，呼吸肌麻痹，血压下降，休克以致昏迷，常因呼吸麻痹，循环衰竭而死亡。

（2）血液毒类　竹叶青、龟壳花蛇、蝰蛇、五步蛇等均属这一类。常引起溶血、出血、凝血、毛细血管壁损伤及心肌损伤等毒性反应。

①局部症状：伤口及其周围很快出现肿胀、发硬、剧痛和灼热。并且不断蔓延，并有淋巴结肿大，压痛，皮下出血，有的发生水泡，血泡以致组织溃烂及坏死。

②全身症状：全身有战栗，继而发热，心动快速，脉搏加快。重症者血压下降，呼吸困难，不能站立，最后倒地，由于心脏麻痹而死亡。

蝮蛇、眼镜蛇和眼镜王蛇等蛇毒中既含有神经毒，也含有血液毒两类成分，所以中毒表现包括对神经系统和血液、循环系统两个方面的损害，但以神经毒的症状为主。一般是先发生呼吸衰竭而后发生循环衰竭。

3. 治疗

首先要防止蛇毒扩散，进一步进行排毒和解毒，并配合对症疗法。

（1）防止蛇毒扩散　当被毒蛇咬伤后，早期结扎是减少蛇毒吸收，阻止蛇毒随淋巴液及血液运行到全身的一种方法。毒蛇咬伤后就地取材，用绳子、手帕或将衣服撕下一条，扎在伤口的上方。结扎紧度以能阻断淋巴、静脉回流为限，但不能妨碍动脉血的供应，经排毒和服蛇药后结扎即可解除。

（2）冲洗伤口　结扎后可用清水、冷开水，在条件许可时用肥皂水、双氧水或0.1%高锰酸钾液冲洗伤口，以清除伤口残留蛇毒及污物。

（3）扩创排毒　经冲洗后，应用清洁的小刀或三棱针挑破伤口，使毒液外流，并检查伤口内有无毒牙，如有毒牙应取出。若肢体有肿胀时，经扩创后进行压挤排毒。

在扩创的同时向创内或其周围局部点状注入1%高锰酸钾液、胃蛋白酶可破坏蛇毒。亦可用0.5%普鲁卡因液100~200mL进行局部封闭。

(4) 解毒 内服和外用季德胜蛇药片，可参照说明书应用，另外还有南通蛇药、群生蛇药、上海蛇药及湛江蛇药等。

4. 预防

预防毒蛇咬伤家畜，首先要掌握毒蛇的规律和特性，采取措施加强预防。

(1) 搞好畜舍卫生 蛇类喜欢盘踞洞穴，所以在畜舍周围有树洞、岩洞、墙洞应及时堵塞。草料堆、乱石堆等亦常有蛇，必须注意。同时畜舍内要经常灭鼠，这样可减少毒蛇因捕食老鼠而进入畜舍。

(2) 掌握蛇的生活规律 掌握其规律性，则可预防毒蛇咬伤。

二、蜂毒中毒

蜂属节肢动物，昆虫纲，膜翅目，主要有蜜蜂、黄蜂、土蜂和竹蜂，雌蜂的尾部有毒腺和螯针，螯针上有逆钩，刺入畜体后，部分留于被刺伤的机体内，黄蜂不留于被刺伤的畜体内，但毒性强。

1. 病因

主要是家畜采食或放牧过程中触动蜂窝，被蜇伤引起的。或鸡、鸭吞食蜂类物。

2. 症状

(1) 局部症状 被蜇伤的部位出现热痛、肿胀、淤血和水肿，轻者很快可以恢复，重者可以引起组织坏死。

(2) 全身症状 表现一种应激反应，有的表现神经兴奋、体温升高，血压下降，呼吸困难，往往因呼吸麻痹而死亡。

3. 病理变化

蜇伤在短时间内死亡的动物，出现喉头水肿，各实质器官、皮下和心内膜有出血斑，脾脏肿大，脾髓内大量淤血，肝脏变软，肌肉变性，呈煮肉样。

4. 防治

(1) 局部治疗 局部用2%~3%的高锰酸钾溶液洗涤，患部用10%的氨溶液或氧化锌软膏。

(2) 全身治疗 首先抗应激治疗。用氯丙嗪，按1mg/kg体重，肌内注射。如果有反应性炎症可用苯海拉明，大动物0.1~0.5g，肌内注射，为了提高血压和防止渗出可用肾上腺素，大动物2~5mL，肌内注射。

（胡永灵　胡　辉　邱伟海）

复习思考题

一、选择题

1. 亚硝酸盐中毒时动物血液呈______。

A. 黄色　B. 绿色　C. 鲜红色　D. 酱油色

2. 治疗亚硝酸盐中毒的特效药是______。

A. 美蓝　B. 阿托品　C. 碳酸氢钠　D. 硫代硫酸钠

3. 氢氰酸中毒时动物血液呈______。

A. 黄色　B. 绿色　C. 鲜红色　D. 酱油色

4. 治疗氢氰酸中毒的特效疗法，首先注射______。

A. 阿托品　B. 亚硝酸钠　C. 碳酸氢钠　D. 硫代硫酸钠

5. 菜籽饼的主要毒性成分是______。

A. 氢氰酸　B. 亚硝酸钠　C. 硫葡萄糖苷　D. 生物碱

6. 棉籽饼粕的主要毒性成分是______。

A. 氢氰酸　B. 棉酚　C. 硫葡萄糖苷　D. 亚硝酸钠

7. 纠正酸中毒的制剂是______。

A. 阿托品　B. 碳酸氢钠　C. 碳酸钙　D. 石膏

8. 发芽、变质或腐烂的马铃薯中富含______，可引起中毒。

A. 阿托品　B. 龙葵素　C. 氢氰酸　D. 亚硝酸盐

9. 黄曲霉毒素中毒主要损害______。

A. 肺脏　B. 心脏　C. 肝脏　D. 大脑

二、名词解释　毒物、中毒、绝对致死量（LD_{100}）、半数致死量（LD_{50}）、最小致死量（mLD）、最大耐受量（LD_0）、外源性毒物、内源性毒物。

三、解答题

1. 试述中毒病的临床特点和防治方法。

2. 试述常见中毒病的救治方法。

3. 试述饲料中毒病的简单诊断和预防。

四、思考题

1. 简述畜禽黄曲霉毒素中毒的病因、主要症状、病理变化、诊断方法及防治措施。

2. 有机磷中毒的治疗方法有哪些？

3. 食盐中毒的诊断方法和治疗方法是什么？

第十章 其他内科疾病

知识目标

- 掌握青草搐搦与急性应激综合征的发病特点、预防和治疗。
- 掌握肉鸡猝死综合征的病因、症状、诊断、治疗和预防。
- 了解肉鸡腹水症病因、诊断、治疗和预防。

技能目标

- 能熟练掌握急性应激综合征、肉鸡腹水症的诊断治疗技术。

一、青草搐搦

青草搐搦是反刍动物采食幼嫩的青草后突然发生的一种低镁血症。奶牛生产瘫痪（急性低钙血症、乳热症）时可以伴有低镁血症，也呈现搐搦症。母牛的所谓“运输搐搦”则属于应激反应的疾病。

本病多见于奶牛、肉用牛和绵羊，水牛亦有发生。在大群放牧牛中，发病率可能只占0.5%～2%，但死亡率可超过70%。冬季舍饲后的泌乳母牛转入丰盛的牧场放牧则发病快，而营养差的肉用牛发病慢。

1. 病因及机理

反刍动物采食低镁土壤中生长的牧草，造成血镁浓度的降低，青草中含镁的数量又与植物生长季节有关。所谓“搐搦原性”牧草，尤其是在夏季降雨之后生长的青草和谷草，通常含镁、钙、钠离子和糖分较低，而含钾和磷离子较高，幼嫩青草中含蛋白质也较高。含钾的牧草，钾离子和镁离子在动物体内竞争性吸收，于是减少了镁的吸收，促进低镁血症。由于牧草中高钾，并使动物呈现高钾血症，则高钾血症会使动物体内钙的排泄增加，可以造成低钙血症性搐搦，这种性质的搐搦在低镁血症性搐搦中同时出现。

2. 症状

乳牛和肉用牛，发病前吃草正常，急性突然甩头，吼叫，无目的乱跑，呈“疯狂”状态，倒地，四肢划动，惊厥，背、颈和四肢肌肉震颤，牙关紧闭，磨齿，头向后张，后全身阵发性痉挛，耳竖立，尾肌和后肢强直性痉挛，形如“破伤风”。惊厥呈间歇性发作，通常在几小时内死亡。有的突然死亡。病情较轻的病例呈亚急性，只出现运动强拘，容易摔倒，对触诊和声音敏感，心音响亮和心律加快。频频排尿，每次尿量少，并可转为急性，惊厥期2～3d。有的并发出现瘫痪和酮病。

绵羊症状与牛基本相同。

水牛多呈亚急性。常卧地不起，颈部呈一定程度的“S”形扭转姿势，（是本病的特征性的症状）。少数病例呈急性，表现高度兴奋和不安，发狂，向前冲或奔跑，眼结膜充血和呈凶猛状，倒地后搐搦，伸舌和喘气，呼吸加深，流涎，体温正常，心跳加快，心音增强。

3. 诊断

根据发病季节、放牧地域等病史及运动失调、感觉过敏和搐搦等临床症状不难诊断，并且泌乳动物最易首先发病，临床血清镁、钙、磷水平测定可帮助诊断。

要与牛的急性铅中毒、狂犬病、神经型酮病、麦角中毒、破伤风等病进行区别。①急性铅中毒常伴有目盲和疯狂，还有接触铅的病史。②狂犬病则精神紧张，上行性麻痹和感觉消失，而无搐搦。③神经型酮病不常伴有惊厥和搐搦，而有显著酮尿。④麦角中毒时其综合征是一种典型的小脑共济失调症状。

4. 防治

（1）停止饲喂饲料，并加强饲养管理　对易感性的牛，如曾经发生过本病的牛，限制放牧。如果发现牛群中有个别出现发病，应立即停止在该地放牧。

（2）补镁　在日粮中，母牛每天日粮中补充镁40g（相当于60g氧化镁或120g碳酸镁中的含镁量），过多地吃入镁，特别是硫酸镁，可引起腹泻，镁宜与精饲料混合喂。

在发病的危险季节，在牛的精饲料中每天补充氧化镁60g，绵羊每天补10g。对病牛可皮下注射5%硫酸镁溶液400mL，最好注射钙制剂，即葡萄糖酸钙250g，5%葡萄糖酸镁或5%硫酸镁1 000mL，静脉注射。注射时应同时检查心跳节律、强度和频率，如心跳过快时即停止注射。

（3）对症治疗　镇定：氯丙嗪，牛，羊20～30mL。

二、应激性综合征

应激是机体的一种非特异性全身反应。所谓应激性疾病，就是机体受到各种不良因素（应激原）刺激时，引起的包括应激的生理病理演变过程在内的一种全身性综合征。应激的种类很多，其性质差别也很大，主要由感染、中毒、创伤、疼痛、疫苗注射、精神紧张、寒冷、高温、缺氧、失血、脱水等。

本病在家畜（禽）中常见，牛、马、猪、羊以及鸡、鸭都发生。

1. 病因

能引起应激疾病的因素称应激原，应激原包括损伤性和非损伤性应激原。其中包括饲养管理、营养代谢、遗传育种、配种繁殖、分娩、泌乳、生长发育、肌肉运动、神情紧张、血压升高、中毒感染以及微量元素和维生素缺乏等。又如惊恐、追捕、运输、驱赶、混群、拥挤、斗架、过劳、噪音、电刺激、离群、陌生、封闭饲养、强制换羽、预防注射、地震感应、环境污染、环境突变以及手术保定、药物麻醉和治疗等都是应激原，可引起本病的发生。

由于应激原的作用强度、时间以及动物敏感性差异，即使同一性质的应激因素所产生的效应往往也不同。如果应激过度或应激不足，都不利于畜禽适应性机制的形成，往往可能影响动物的生产性能，乃至引起适应性疾病的发生或猝死。

2. 症状

动物应激性综合征的临床症状多种多样，归纳起来，一般为以下三种类型：

（1）猝死性应激综合征　主要是动物受到应激原强烈刺激时，并无任何临床病征而突然死亡。如有些畜禽在车船输送中，由于过度拥挤或惊恐，突然死亡，有的乳鸽在抓捕中突然死亡。

（2）急性应激综合征　临床症状随家畜类别和应激原不同而不同。

①恶性过热综合征：通常见于运送途中的肥猪、肉牛及鸡、鸭等畜禽，主要为运输应激、热应激、拥挤应激以及电击应激等，多表现为大叶性肺炎或胸膜炎症状。对某些敏感性猪，应用氯仿、氟烷等麻醉药，可能引起此种应激综合征，病畜全身颤动、呼吸困难、皮肤潮红、呈现紫斑、体温升高、黏膜发绀、肌肉僵硬，直至死亡。

②全身适应性综合征：乳牛、奶山羊、仔猪及繁殖母畜受到严寒、酷暑、饥饿、过劳、惊恐、中毒以及预防注射等诸多因素的刺激和影响，引起应激系统的复杂反应。其中特别是表现为警戒反应，神情紧张，体温降低、血压下降，肌肉弛缓，血液浓缩。

③猪应激综合征：通常见于营养太好的猪，多为猝死。肌肉苍白、质地柔软，液体渗出，形成水猪肉。

④胃溃疡：常见于猪和牛，胃黏膜发生糜烂和溃疡，病因很复杂。近年来认为神情紧张、缺乏营养、饲养管理不当所引起的应激反应起着主要作用。其中由于胃泌素分泌旺盛，形成自体消化，导致糜烂和溃疡。

⑤急性肠炎：新生幼畜下痢、猪水肿病以及马属动物的盲、结肠炎等，多为大肠杆菌引起的，也与应激反应有关。因为在应激过程中，机体防卫机能降低，大肠杆菌即成条件致病因素，导致非特异性炎性病理过程。

（3）慢性应激综合征　应激原强度不大，但持续或间断反复引起的反应轻微易被忽视。由于动物不断地作出适应性的努力，形成不良的累积效应，致使其生产性能降低，防卫机能减弱，容易继发感染，引起各种疾病的发生。这类疾病在营养、感染与免疫应答的相互作用现象比较常见。

3. 病理变化

应激性综合征，主要是胃肠溃疡，胰脏急性坏死，心、肝、肾实质变性和坏死，肾上腺出血、血管炎乃至肺坏疽。猝死的猪、羊和鸡等，肌肉苍白、柔软，液体渗出，特别是猪呈现水猪肉或白肌病的病理现象。

4. 诊断

根据应激原的强度、性质，病畜的临床症状和病理变化可以做出初步诊断。

5. 治疗

临床实践上主要以镇静剂和皮质激素，以及抗过敏药物治疗。

氯丙嗪，可按每千克体重 1 ~ 2mg，肌内注射。由于应激原的刺激引起变态反应性炎症或过敏性休克，可以用皮质激素，肌内注射或静脉注射。

在家畜发生应激反应时，肌糖原迅速分解，血中乳酸升高，pH 下降，导致酸中毒现象，可用5%碳酸氢钠溶液静脉注射，纠正酸中毒，缓解应激反应具有一定的效果。

6. 预防

（1）注意选种工作　对于应激敏感的动物，特别是猪、鸡、鸭等，选育抗应激的品种。

（2）改进饲养管理工作

①畜舍，特别是猪舍设计要注意通风，防止拥挤。

②畜群分组合理，避免任意混群，防止破坏原有群体关系。

③保持安静，避免惊恐不安，防止噪声和骚扰。

④注意气候变化，防止忽冷忽热。

⑤车船运输或驱逐，避免过分刺激，防止应激反应。

⑥注意饲养管理，定时定量饲喂，不轻易改变饲养方式。

（3）预防应激药物　在出栏运输前，对应激敏感动物，可用氯丙嗪进行注射或应用抗应激素以及具有一定效果的预防药物，如维生素 E、维生素 C 和小苏打等，具有一定抗应激作用。

三、肉鸡猝死综合征

肉鸡猝死综合征（SDS），又称扑翻病，是快速生长肉鸡的一种急性致死性疾病，可造成0.5% ~5%的死亡率，是肉鸡生产中一种常见病。

该病在3日龄即可发生，常发生于1 ~ 8 周龄的肉用仔鸡，3 ~ 5 周龄死亡率达到高峰，之后逐渐下降。体重大、生长迅速快的肉鸡多发，尤以2 ~ 3 周龄雄性鸡多见。刚刚性成熟的肉种鸡、商品蛋鸡和3 ~ 5 周龄的后备小母鸡也有发生。

1. 病因

一般认为该病与遗传、营养、日粮、酸碱平衡和环境等多种因素有关。

（1）饲养管理因素　与营养、光照、防疫、饲养、密度、应激反应等有关。肉用青年鸡，特别是仔鸡阶段，由于生长速度快，而自身的一些系统功能（如心血管功能、呼吸系统、消化系统等发育尚不完善）跟不上其发育速度，导致过快增长与系统功能不完善之间的矛盾。

（2）饲料因素　饲料中蛋白质、脂肪含量过高，维生素与矿物质配比不合理，也是重要因素之一。青年鸡由于采食量大，超量营养摄入体内造成营养过剩，呼吸加快，心脏负担加重，相应的需氧量增加，严重造成快速生长与系统功能不完善的不良后果，而发生猝死现象。

2. 症状

以肌肉丰满、外表健康的鸡发生突然死亡为其特征。发病前没有明显症状。直到临死前1min无任何症状或异常行为，发作时突然失去平衡，剧烈扇动翅膀及肌肉痉挛，尖声鸣叫然后仰面朝天，迅速死亡。死后多呈背卧姿势，颈扭曲，一腿或双腿外伸或竖起，有的病鸡却在伏卧或侧卧时死亡。大多数病死鸡死于饲喂时间。

常发于生长发育快、外表健康、体况良好的鸡群。在发病前，鸡群一般不表现明显的前驱症状。本病发病急，从发病到死亡不足1min的时间。发病时，鸡只突然出现平衡失调、尖叫，两翅猛烈扑打、翻滚、倒地死亡。死鸡多呈仰卧状，头颈扭曲。

3. 病理变化

剖检死鸡后发现，肝脏增大，易碎，肺肿大、淤血、水肿。病死鸡体格健壮、肌肉丰满。消化道充满食物，嗉囊和食道内充满刚刚采食的饲料。肌肉色泽苍白，心脏明显扩张，心室通常收缩，紧缩呈长条状，心室内空虚无血；心房扩张松弛，内有血凝块。肺充血、水肿。肝脏、胃肠道及肠系膜高度充血，血管怒张。

4. 诊断

目前尚无特异性诊断方法，一般可通过综合分析进行诊断。可采用如下标准：突然死亡、惊叫、背卧姿势、两脚朝天。外表健康，发育正常。剖检未见感染和压死迹象。肺脏淤血、水肿，右心房淤血、扩张，心包液增多。要注意该病与急性药物中毒和某些传染病（如急性禽霍乱）的鉴别。

5. 防治

本病目前尚无特效方法，可采取综合措施进行防治：调整日粮，对3~20日龄肉鸡限饲，适当降低能量水平，增加维生素含量，尤其是增加维生素A、维生素D、维生素E、维生素B_1、维生素B_6等的含量。

采用光照强度低的渐增光照程序，结合限饲进行。日粮中增加生物素（300μg/kg）和复合多维素、硒和维生素E含量。加强鸡舍通风，降低饲养密度，采用缓和加料方式；向饮水中投服碳酸氢钾或在饲料中加入碳酸氢钾3.6kg/t，进行预防，可降低死亡率。

四、肉鸡腹水症

肉鸡腹水症是以幼龄肉鸡腹中聚集起大量的浆液为特征的一种综合征，主要侵害4周龄以上的肉鸡，最早发生于3周龄的雏鸡，该病是快速生长的肉仔鸡的常发病之一。由于它能引起幼鸡高达35%以上的死亡率，直接影响养鸡者的经济效益，故必须引起肉鸡饲养户的密切关注。

1. 病因

此病诱因至今仍不十分明了，倾向性的看法是鸡快速生长对氧的需要量过多，可又不能及时供应充足的氧所致。具体主要包括以下几方面：

（1）鸡舍通气不良　鸡舍内存在大量的氨气，当鸡吸入氨气后，呼吸系统的黏液分泌增加和呼吸道壁增厚会降低氧气进入血液。

（2）饲养密度过大　单位个体拥有的空间减小，氧气的摄入量也减少，二氧化碳摄入量则相对增多。

（3）饲喂高能饲料　生长迅速，红细胞携氧和营养运送作用加强，耗氧量增多，导致慢性缺氧。尤以饲喂颗粒饲料者更为明显。

2. 症状

病鸡精神沉郁，缩头嗜睡，独居一隅，羽毛蓬乱，反应迟缓，步态不稳，食欲减退，饮欲稍增加，呼吸轻度困难，胸腹部出现水肿，用手触摸可感到腹腔内有大量液体。

3. 剖检变化

胸腹部集聚大量透明清亮的液体。心脏肥大，心包膜增厚，心包液增多，浆液透明，心肌柔软、松弛，心房扩张，尤其右心房明显增大；肝脏损伤、硬化，肝叶边缘变厚；肾脏充血肿大，并有尿酸盐沉积；胃肠道血管淤血。

4. 防治

肉鸡腹水症，一般初期症状不明显，到产生腹水时已是病程后期，治疗困难，故应以防为主，主要从改善饲养环境、科学配制日粮、及时治疗患鸡等方面考虑。

（1）改善饲养环境　在确保鸡舍适宜温度的条件下，加强通风换气，消除舍内有害气体的危害，保证舍内有足够新鲜空气。随着日龄的增长，通风换气量也要加大，尤其是在饲养后期，更应加大通气量，满足机体对氧气的需要。饲养密度大小要取决于鸡舍的通风状况，防止有限的空间内因追求饲养密度而造成供氧不足。鸡舍内要保持适宜的温度，湿度大垫料易受潮，粪便在潮湿的垫料内发酵会产生大量氨气。

（2）科学配制日粮　降低日粮营养水平，肉仔鸡在3周前饲喂低能日粮或高能限饲，3周龄后转为高能日粮，可降低发病率。在确保日粮中氨基酸平衡的同时适当减少蛋白质的供食量。饲料中缺乏硒、维生素E或磷时，也会导致腹水症，因此肉鸡饲料中含硒量不应低于0.12mg/kg，维生素E也应适当增加喂量。因为硒和维生素E能使代谢过程中产生的有毒物质降解，防止过氧化物对细胞膜的破坏，有保护细胞膜完整的功能，维持细胞的通透性，从而减少腹水症的发生。控制日粮中脂肪的含量，饲料中油脂含量，6周龄前应保持在1%左右，

7 周龄出栏时不超过 2%。用粉料代替颗粒料，在肉鸡日粮中用粉料代替颗粒料后，腹水症的发病率明显减低，尤其低海拔地区，最好用粉料饲养肉鸡。添加脲酶抑制剂，在日粮中补加 0. 125% 脲酶抑制剂，能使肠道内氨的浓度和脲酶的活性降低，从而使死亡率降低。

（3）及时治疗患鸡　将病鸡隔离，病鸡每只口服双氢克尿噻 6mg，每日 2 次；在新育鸡的饲料中按每千克饲料 100mg 的量加入维生素 C，连用 3 日。腹水严重的病鸡可穿刺放液，穿刺部位选择腹部最低点，以便排出积液（每次放液量不可太多，以免引起虚脱），为防继续感染可同时使用抗生素。鸡群一旦发生此病，应尽快消除病因。

（邱伟海　张传师　胡　辉）

复习思考题

一、名词解释　肉鸡猝死综合征、肉鸡腹水症。

二、问答题

1. 如何诊断与防治青草搐搦病？
2. 如何采取措施防止猪应激综合征发生？
3. 如何在饲养管理上防止肉鸡腹水症？

第二篇　外科与外科手术

第十一章　外科手术基本操作技术

知识目标

- 掌握常用的外科消毒方法与麻醉方法及其注意事项。
- 掌握常用缝合法和止血法。
- 了解绷带和手术后护理。

技能目标

- 熟练掌握常用的麻醉方法的操作。
- 熟练掌握常用的缝合法和外科打结的操作。
- 熟练掌握常用的止血法的操作。

第一节　消　　毒

在兽医临床上应用适宜的化学方法来杀灭微生物或抑制微生物生命活动的措施，称为消毒；而用适宜的物理方法来消灭微生物称灭菌。广义的消毒实际包括灭菌和消毒。

一、手术器械的消毒与灭菌

1. 器械消毒前的准备

消毒前，应检查所用器械的实用性，以保证刀、剪锋利，转轴灵活，各种钳和镊子闭合紧密、锁扣开闭可靠，对需消毒的器械洗涤干净，用纱布擦拭干净，再用纱布包好刀刃，缝合针及注射针头应穿在纱布上，或用纱布包好，以备消毒。

2. 手术器械消毒灭菌方法

外科常用的消毒灭菌的方法有高温灭菌法和化学消毒法，高温灭菌法分为煮沸灭菌法、高压蒸气灭菌法和火焰灭菌法，化学消毒法是使用化学药品进行消毒。

（1）煮沸灭菌法　先在煮沸灭菌器内的器械盘上铺好纱布，按顺序放入器械，其上再覆盖一块纱布，然后再把镊子或器械钳子放入，最后加水至淹没全部器械，加热煮沸后维持30min。灭菌完毕待冷却后打开锅盖，用镊子或器械钳子取出覆盖的纱布铺在消毒过的器械盘内，再取出器械依次摆在该盘内，将锅内盘底的纱布取出盖在器械上面（图11－1）。

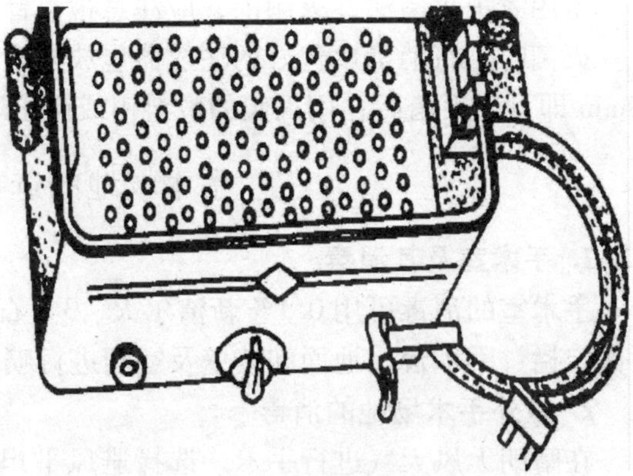

图11－1　电热煮沸灭菌器

（2）高压蒸气灭菌法　将准备好的手术器械用消毒巾包好，放入高压灭菌器的盛物桶内，按规定加入清水，再盖好上盖，旋紧螺丝，加热至121.3℃，维持30min。然后停止加热，待气压下降后，开启上盖，取出灭菌物品备用。这种方法需要的条件比煮沸灭菌法要高，容易操作，是条件较好的动物医院常用的消毒方法。

（3）火焰灭菌法　主要用于搪瓷盘的灭菌。将搪瓷盘擦净后，倒入适量95%酒精，点燃后转动使均匀燃烧即可。

（4）化学消毒法　将擦拭干净的手术器械放于0.1%新洁尔灭或1%～2%煤酚皂或1%甲醛等溶液中，浸泡30min即可。使用前必须用灭菌生理盐水冲洗一次。

二、敷料及其他物品的消毒灭菌

1. 敷料的制备与消毒灭菌

（1）棉球　把医用脱脂棉展开，将其一片撕成3～4cm^2的小块，团揉成球或逐个塞入拳内压紧成球后，放入广口瓶或搪瓷缸内，倒入2%～5%碘酊溶液或75%酒精中，即分别成为碘酊棉球和酒精棉球。也可用医用棉签代替棉球，使用时把棉签插入2%～5%碘酊溶液或75%酒精中即可。

（2）纱布棉垫　用一层纱布铺平，放上一层脱脂棉，再覆盖一层纱布压平，制成适当大小并重叠在一起，用纸包好或放入贮槽内。

（3）止血纱布　大的40cm×40cm，小的15cm×20cm，折叠起来用纸包好放入贮槽内。

（4）创巾（手术巾或创布）　即用白色或淡蓝色布制成的大于手术区域的棉

布块，中间开以适当长度的窗洞，主要用于隔离术部。将装有敷料的贮槽，打开周围及底部窗孔，放入高压灭菌器内灭菌。灭菌结束，取出贮槽及时关闭所有窗孔，保存备用。

2. 注射器的灭菌

常用煮沸灭菌法，灭菌前，应注意检查针筒与活塞是否已经拧松，再分别包好。灭菌时，将消毒巾包好的注射器包放入煮沸灭菌器内，加水煮沸并维持15～20min 即可。灭菌后，用灭菌的敷料钳或镊子取出，配套安装好备用。

三、手术场地的选择与消毒

1. 手术室及其消毒

手术室的消毒可用0.1%新洁尔灭、3%石炭酸（苯酚）、2%煤酚皂等溶液。对保定栏、手术台、地面和墙壁及空间进行喷洒或喷雾消毒。

2. 室外手术场地的消毒

在晴朗无风天气进行手术，选择避风平坦的空地或草地，最好是水泥地面，彻底清扫干净，用清水洒湿后，再用3%石炭酸（苯酚）、2%煤酚皂、2%烧碱喷雾或泼洒消毒。

四、手术区的准备与消毒

1. 手术区的准备

手术区应先剪毛，然后将剪不到的毛剃干净或用脱毛剂脱毛，对大动物剃毛或脱毛的范围应超过切口周围 10～20cm，小动物剃毛或脱毛的范围应超过切口周围 5～10cm。常用的脱毛化学药品有8%硫化钠。剪毛后，用棉球沾上脱毛剂涂成薄层，经 2～3min 即可用温水洗去脱下的被毛。

2. 手术区消毒法

（1）注射及穿刺术部的消毒

剪毛→75%酒精脱脂→5%碘酊涂擦→75%酒精脱碘。

（2）手术区的消毒法　临床上常用消毒方法有两种，术者可任选一种。

①5%碘酊两次涂擦术部消毒法

剪毛→剃毛或脱毛→1%～2%来苏儿洗刷手术区及其周围皮肤→纱布擦干→涂擦 75%酒精脱脂→第一次涂 5%碘酊→局部麻醉→第二次涂 5%碘酊→术部隔离→75%酒精脱碘→手术。

②新洁尔灭或洗必泰等溶液消毒法

剪毛→剃毛或脱毛→温水洗刷→纱布擦干→用 0.5%新洁尔灭或洗必泰溶液涂擦两次即可手术。

手术区的消毒，均从手术区中心开始逐渐向周围涂擦（图 11－2），但在感染创或肛门等处手术时，则应先从清洁的周围开始，再涂擦到感染创或肛门处。

口腔、直肠、阴道黏膜消毒时，宜用刺激性小的化学消毒剂，如0.1%高锰酸钾溶液、0.1%雷佛奴尔溶液、0.1%新洁尔灭溶液或洗必泰溶液等。

眼结膜的消毒常用3%～4%硼酸溶液、2%蛋白银溶液、2%红汞液等。一般用3%～4%硼酸溶液较多。

3. 手术区隔离法

手术区皮肤消毒后，即铺盖无菌手术巾。显露切口部位，手术区一般应铺盖二层手术巾，其他部位至少有一层大的无菌手术巾遮盖，用巾钳固定于皮肤上(图11－3)。

图11－2　无菌手术区消毒示意图

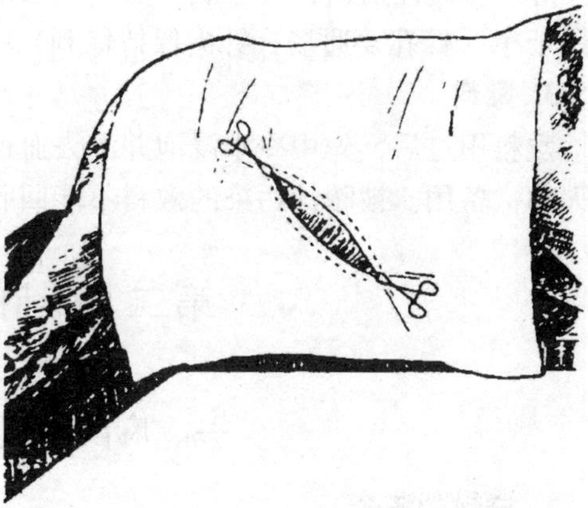

图11－3　术部隔离

五、手术人员手臂的消毒

1. 新洁尔灭消毒法

用肥皂水彻底刷洗手臂、清除污垢，用流水将肥皂冲净后，在0.1%新洁尔灭溶液中浸泡、擦洗3～5min。

2. 酒精消毒法

用肥皂水彻底刷洗手臂、清除污垢，用流水冲洗干净后，在75%酒精的溶液中浸泡、擦洗3～5min。

3. 简易消毒法

用肥皂水彻底刷洗手臂后，流水冲洗并擦干，用3%～5%碘酊涂擦手臂一遍；再用75%的酒精脱碘即可进行手术。

遇有特殊情况，不戴手套施术时，应每隔一定时间，重复用消毒液洗手，以洗去手臂上的血液和清除、杀灭从皮脂腺、汗腺排出的细菌。

手臂消毒后，双手举于胸前，盖上灭菌纱布等待施术，不能接触任何未经消毒的物品，否则应重新消毒。

六、手术后器械物品的处理及保管

1. 金属器械

金属器械使用后，在清水中洗净，对器械的齿纹及关节转轴部分要仔细刷洗，然后用纱布擦干，将关节转轴部分打开，摆在器械盘内烘干后保存。不常用的器械涂油后保存。

2. 注射器

注射器用过后，用清水洗净，按针筒与活塞号码依次放入搪瓷盘内烘干后再安装好。金属注射器，洗净烘干后，放松活塞安装好保存。注射针头用清水反复冲洗干净（针孔要通畅，针尖保持锋利），烘干后保存。

3. 敷料

敷料用过后，先用冷水浸泡并洗去血迹，再用清水漂洗干净，晒干后重新包好灭菌，备用。被脓汁污染的敷料不能回收利用。

第二节　麻　　醉

一、麻醉的概念及分类

1. 麻醉的概念

麻醉就是在施行手术时，应用物理的或化学药物的方法，使动物全身或局部痛觉暂时迟钝或消失，以便顺利地进行手术的方法。

麻醉的目的是使动物失去痛觉，保持大脑正常的活动机能，防止剧烈疼痛而引起休克；简化保定方法，避免人和动物发生意外伤害；使动物保持安静，以利于安全和细致地进行手术，减少动物骚动，便于无菌操作，以防止感染。

2. 麻醉的分类

兽医外科以药物麻醉应用最为广泛，药物麻醉可分为全身麻醉、局部麻醉和复合麻醉。

根据麻醉程度，将全身麻醉分为浅麻醉、中麻醉和深麻醉。浅麻醉是动物呈欲睡状态，各种反射活动降低或部分消失，茫然站立，头颈下垂，肌肉轻微松弛；深麻醉是动物进入昏睡状态，各种反射活动消失，将舌拉出口腔不能自行收回，肌肉松弛，心跳变慢，雄性动物阴茎脱出。介于浅麻醉与深麻醉之间的称为中麻醉。临床上可利用不同的药物剂量来控制麻醉的深度。一般来说，小手术多用浅麻醉，大手术常用中麻醉或深麻醉。

兽医临床上，常用的局部麻醉有表面麻醉、浸润麻醉、传导麻醉和脊髓麻醉。

二、全身麻醉、局部麻醉及复合麻醉

（一）全身麻醉

1. 马的麻醉方法

最常用于马的全身麻醉方法是保定宁（二甲苯胺噻唑与 EDTA 的合剂）麻醉法。用药方法与剂量：骡、马按 0.8～1.2mg/kg 体重，驴按 2～3mg/kg 体重，肌内注射。中等体型的家畜肌内注射量 2.5～3.0mL，可麻醉 30～40min；注射 4mL，大约可麻醉 2h，以后根据麻醉表现可按半量（2mL）进行追加麻醉。此外还可单用二甲苯胺噻唑（静松灵）麻醉。

2. 牛的麻醉方法

(1) 846 合剂麻醉法　国产麻醉复合剂速眠新，简称 846 合剂，具有用法简便、剂量小、适用范围广等优点。用药剂量、方法及麻醉效果，按每 100kg 体重 0.6mL 肌内注射，5～10min 即平稳进入麻醉状态，持续 40～80min；剂量增至每 100kg 体重 4mL，除麻醉时间延长外，无明显不良反应。

(2) 二甲苯胺噻唑麻醉法　按 0.6mg/ kg 体重肌内注射，5min 后牛可自行倒卧，进入麻醉状态，可维持 1～2h。可以安全地进行手术。还可用保定宁麻醉。

3. 羊的麻醉方法

846 合剂麻醉法：羊使用 846 合剂麻醉时，可按 0.02～0.1mL/kg 体重，肌内注射，经 3～10min 即平稳进入麻醉状态，持续时间为 2～3h。

4. 猪的麻醉方法

(1) 二甲苯胺噻唑与氯胺酮复合麻醉法　用二甲苯胺噻唑，按 2mg/kg 体重，氯胺酮按 7mg/kg 体重，混合，肌内注射。

(2) 保定宁与氯丙嗪复合麻醉法　保定宁按 0.38mL/kg 体重时，氯丙嗪按 0.25mL/kg 体重，使用前两药混合并加 1 倍量的生理盐水，猪耳静脉注射，麻醉可持续 1h。

5. 犬的麻醉方法

846 合剂麻醉法：846 合剂用于犬的剂量是 0.04～0.3mL/kg 体重，肌内注射，给药 3～10min 即平稳进入麻醉状态，可维持 90min。麻醉期内犬的声反射和角膜反射不消失，饱食犬有呕吐和排便现象。二甲苯胺噻嗪与氯胺酮合剂对犬的麻醉效果良好。

6. 猫的麻醉方法

846 合剂麻醉法：846 合剂用于猫的剂量，按 0.194～0.33mL/kg 体重，给药 3～10min 即平稳进入麻醉状态，可维持 90～120min，个别猫有呕吐和排便现象。氯胺酮合剂对猫的麻醉效果良好。

（二）局部麻醉

局部麻醉是使用局部麻醉剂使机体某一区域内的神经干或神经末梢的感受器

暂时受到抑制而失去感受与传导刺激的作用，从而使手术区失去痛觉，以便于施行手术的一种措施。

兽医临床上常用的局部麻醉方法有：

1. 表面麻醉

局麻药液直接作用于组织表面的神经末梢，使该局部痛觉消失，多用于麻醉黏膜、滑膜和浆膜。

（1）眼结膜、角膜的麻醉　应用0.5%~1%丁卡因溶液，滴入结膜囊内5~6滴后经2~5min开始麻醉，可持续麻醉10~15min。

（2）口、鼻、直肠及阴道黏膜的麻醉　用1%~2%丁卡因溶液在口、鼻、直肠及阴道黏膜表面涂布或喷雾即可。

（3）膀胱黏膜的麻醉　将0.5%~1%普鲁卡因溶液，用注射器和导尿管注入膀胱内。关节腱鞘及滑液囊的滑膜，可用穿刺法将4%~6%普鲁卡因溶液注入。在实施体腔手术时，常用3%~5%普鲁卡因溶液喷洒以麻醉浆膜。

2. 浸润麻醉

将局部麻醉剂注射于皮下、黏膜下及深部组织以麻醉感觉神经末梢或神经干，使之失去感觉和传导刺激能力的方法。使用药物为0.5%~1%的普鲁卡因溶液，犬较敏感，应特别注意。浸润麻醉常用的方法有：

（1）皮肤及皮下结缔组织的麻醉法

①直线麻醉法：在欲行切口的一端将针头刺入皮下沿切口方向推进到所需深度，边退针边注入药液，拔出针头在切口另一端作同样操作。一般用0.5%~1%的普鲁卡因溶液，药量依切口长度而定。本法适于切开皮肤或体表手术。

②菱形麻醉法：适用于手术范围较小的手术，如圆锯术、食管切开术等，在手术切开部位的两侧各定一个刺入点，在切口的两端各定一个点，形成一个菱形，麻醉药由两侧的刺入点刺向切口一端，边进针边注药或边退边注，然后刺入另一端，边进针边注药，用同样的方法注射另一侧。每侧进针数依切口长度而定。

③扇形麻醉法：适用于手术范围较大，切口较长的手术，如开腹术，在欲作切口的两侧各选一刺针点，针刺入皮下、并推向切口的一端，边退针边注药，针退至刺入点后再改变角度刺向切口边缘，退针注药，直到切口另一端止。以同法麻醉切口另一侧。每侧进针数依切口长度而定。

④多角形麻醉法：用于横径较宽的术野，如肿瘤切除术等。先在病灶周围选定数个刺针点，使针刺的深度要达到病灶基部，再以扇形麻醉法将药液注于切口周围的皮下组织内，使手术区域形成一个多角形，或一个环形封锁区，故亦称封锁浸润麻醉法。

（2）深部组织麻醉法　开腹术等深部组织手术时，为使皮下、肌肉、筋膜及其间的结缔组织都达到麻醉，可采取锥形或分层注射法将药液注射于各层组织之间。具体的操作方法同于上述各种麻醉法。根据具体情况选用（图 11 -4）。

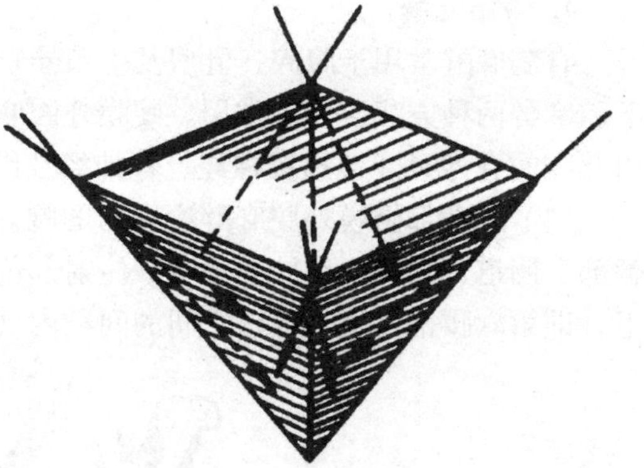

图 11 -4　锥形麻醉法

3. 传导麻醉

传导麻醉是将局部麻醉剂注射到神经干的周围，使该神经失去接受和传导刺激的能力，进而使所支配的区域失去感觉。临床上最常用的是腰旁神经干传导麻醉，简称腰旁麻醉。

（1）马腰旁神经干传导麻醉　是在欲施行手术的体侧分三点注射。第一点是麻醉第 18 肋间神经，部位是在第一腰椎横突游离端前角下方，先垂直进针达腰椎横突游离端前角骨面，再将针头移向横突前缘向下刺入 0.5 ~0.7cm（图11 -5）；第二点是麻醉髂腹下神经，部位在第二腰椎横突游离端后角下方，先垂直进针达该处骨面，再将针头移向横突后缘向下刺入 0.7 ~1cm;第三点是麻醉髂腹股沟神经，部位在第三腰椎横突游离端后角下方，先垂直进针至该处骨面，再将针头移向横突后缘向下刺入 0.7 ~1cm。腰旁麻醉均使用 3% 盐酸普鲁卡因溶液，三个注射点都是在进针部位注入药液 10mL，再将针头退至皮下注入药液 10mL。

（2）牛腰旁神经干传导麻醉　牛腰旁麻醉的方法，除第三点注射部位在第四腰椎横突游离端前角下方之外，其余两个注射点及用药、剂量、注射方法等均与马相同（图 11 -6）。

腰旁麻醉，注射药液 15min 后发生作用，可维持 1 ~2h，此麻醉法常用于腹腔手术，能使家畜呈站立姿势。

图 11 -5　马腰旁神经干传导麻醉法

图 11 -6　牛腰旁神经干传导麻醉法

4. 脊髓麻醉

脊髓麻醉常用于腹腔、乳房及生殖器官等手术。包括硬膜外腔麻醉和蜘蛛膜下腔麻醉两种方法，前者常用。硬膜外腔麻醉是将麻醉剂注入硬膜外腔内，使经由此腔的脊神经（包括腰神经、荐神经及尾神经）失去传导能力（图 11 –7）。

（1）腰荐部硬膜外腔麻醉法　马的腰荐部硬膜外腔麻醉适用于包皮、阴茎、臀部、阴道、直肠及后肢的手术。注射部位在两髂骨内角的连线与背中线的交点上，即第六腰椎与第一荐椎之间的间隙内（图 11 –8）。

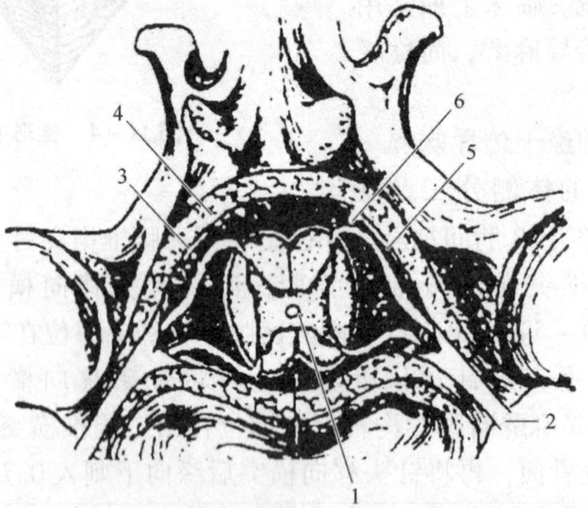

图 11 –7　马腰荐间脊髓横断面

1—脊髓　2—脊神经　3—硬膜　4—硬膜外腔　5—蛛网膜　6—蛛网膜下腔

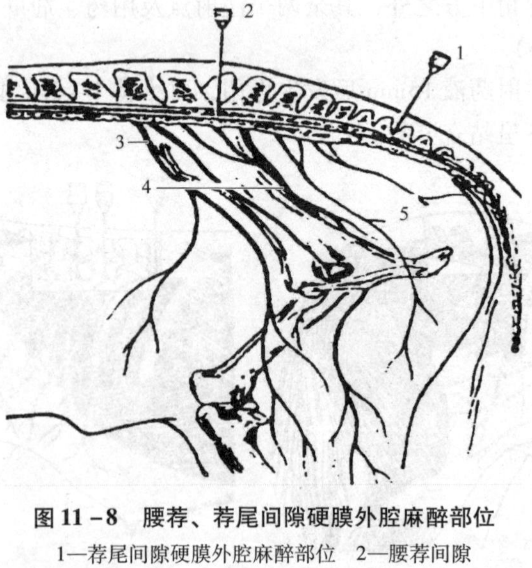

图 11 –8　腰荐、荐尾间隙硬膜外腔麻醉部位

1—荐尾间隙硬膜外腔麻醉部位　2—腰荐间隙硬膜外腔麻醉部位　3—股神经　4—坐骨神经　5—阴神经

将马保定柱栏内，局部消毒后，用18号麻醉针于注射部垂直刺入（进针深度，一般马、骡7cm、驴约5cm），当刺穿椎间韧带时，有刺破窗纸样感觉，阻力随之减少或无阻力，即达到注射部位。接上装有药液的注射器，按下活塞，若阻力很少或无阻力，表示部位正确，将药液注入，否则重新矫正针头的位置。用药量根据马的大小而定，可用3%盐酸普鲁卡因溶液20～30mL。注完药后3～5min呈现麻醉状态。剂量在25mL以下时马尚能站立，超过25mL，则后肢站立不稳而倒地。麻醉可维持1～3h。

牛的腰荐间隙硬膜外腔麻醉主要用于腹腔手术，难产的助产手术，直肠、阴道或子宫脱出的整复术，乳房及后肢手术等。注射部位在两髂骨外角连线与背中线交点后方2～3cm处，较瘦的牛，其注射点在腰荐间隙凹陷内的正中点。牛皮厚而坚韧，需先用粗针头或手术刀尖刺穿，再用18号麻醉针沿该孔刺入，进针深度一般为4～7cm。进针正确与否的判断、用药及剂量与马相同。

（2）荐尾部硬膜外腔麻醉法　目的是麻醉荐神经，以便站立时施行手术。马和牛常用第一、二尾椎间隙进行麻醉，牛是位于尾中线与两坐骨结节前缘水平处同尾根部所作横线交点的凹陷处；马是举起马尾，在屈曲的背侧出现的横沟与尾背中线的交点，即为注射点。操作时，术者站在畜体后方，稍抬尾巴，将针垂直刺入皮肤后，再以45°～65°向前刺入，当穿破椎间韧带时，略向左右移动，使针头保持在硬膜外腔内。刺入深度牛为2～4cm，马为2～5cm，注射2%盐酸普鲁卡因溶液15～20mL，3～15min后产生麻醉作用，可维持60～90min。

（三）复合麻醉

复合麻醉是指应用两种以上的麻醉药物或麻醉方法彼此配合，借以达到所需要的麻醉程度。

（1）局部麻醉的复合　在神经传导麻醉或脊髓麻醉时为了增强麻醉效果，可复合局部浸润麻醉。

（2）局部麻醉与全身麻醉的复合　是目前常用的方法，通常在全身浅、中麻后再配合某一种局部麻醉。如在全麻下进行手术时，对敏感部位再行局部浸润麻醉或神经传导麻醉。

（3）全身麻醉的复合　吸入麻醉与非吸入麻醉的复合，如先注射硫贲妥钠再吸入乙醚；两种以上非吸入麻醉的复合较多，如保定宁与氯丙嗪的复合、二甲苯胺噻唑与氯胺酮的复合等。

三、麻醉的注意事项

（1）麻醉前，应进行健康检查，了解整体状态，以便选择适宜的麻醉方法。全身麻醉要绝食，牛应绝食24～36h，停止饮水12h，以防麻醉后发生瘤胃胀气，甚至误咽和窒息。

（2）麻醉操作要正确，严格控制药量。麻醉过程中要随时观察，监测动物的呼吸、心率、反射功能及脉搏、体温变化，发现不良反应，要立即停药，以防中毒。

（3）麻醉过程中脉搏细弱而节律不齐，药量过大，出现呼吸、循环系统机能紊乱，如呼吸浅表、瞳孔散大等症状时，要及时抢救。可注射苯甲酸钠咖啡因、樟脑磺酸钠、氧化樟脑、苏醒灵等中枢兴奋剂。

（4）麻醉后，动物开始苏醒时，其头部常先抬起，护理员应注意保护，以防摔伤或致脑震荡。开始挣扎站立时，应及时扶持头颈并提尾抬起后躯，至自行保持站立时为止，以免发生骨折等损伤。寒冷季节，当麻醉伴有出汗或体温降低时，应注意保温，防止动物发生感冒。

第三节　组 织 分 离

组织分离就是用机械方法把原来完整的组织分离开，以完成手术目的。

一、常用外科器械及其使用方法

1. 手术刀

主要用于切割组织。

（1）种类　常用手术刀的刀柄有活柄和固定刀柄两种，活柄的较为常用（图 11－9）。

①活刀柄式手术刀：由刀柄和刀片两部分组成，刀片可拆卸和更换。手术刀片有不同的大小和形状，可根据不同手术的需要来选择。如用 4 、6 和 8 号刀柄可安装 19 号至 24 号刀片；用3 、5 、7 号刀柄可安装 10 号至 13 号小刀片。

②固定刀柄式：手术刀（连柄手术刀）刀柄和刀片为一体，刀的形状有圆刃、尖刃、弯刃和球头（钝头）等数种。此种刀坚固、耐用。刀刃用钝后，须磨锋利再用。

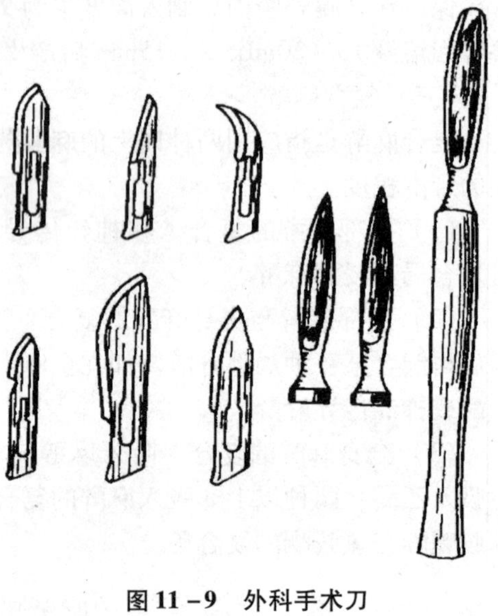

图 11－9　外科手术刀

（2）执刀法　手术刀的持刀法有多种，不论用哪种方法均应持刀稳妥有力，并能准确掌握切割深度和运刀距离（图 11－10）。

①反挑式执刀法：如执钢笔一样，刀刃向上，这种方法比较灵活，操作精细，常用于如腹膜切开。

②全握式执刀法：是以全手握住刀柄的一种方式，用于切断坚韧组织。

③执笔式执刀法：即如执钢笔的方法，刀刃向下。本法用力轻而灵活，操作精细，常用于切割短、小的切口，分离血管、神经、切开腹膜等较细微的手术操作。

④弹琴式执刀法：如弹琴弓式的方法，用于较轻力量、较快地切开松软组织时。如黏膜、浆膜等组织切开。

⑤餐刀式执刀法：即指压式执刀法，是用食指按在刀背上，其余四指和掌后部握住刀柄，如拿餐刀切取食物方法一样，此法下刀有力，一般用于比较坚韧的较长距离组织切开，如皮肤的切口。

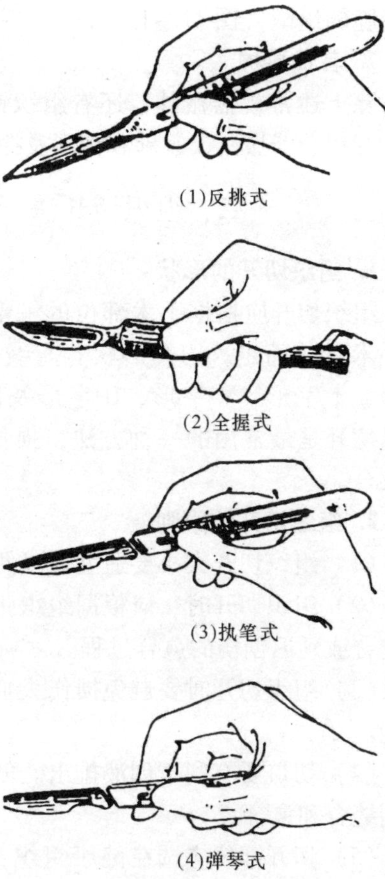

(1)反挑式　(2)全握式　(3)执笔式　(4)弹琴式

图 11－10　执刀法

2. 手术剪

主要用于剪开或剪断组织，剪有钝头、尖头之分，钝头剪用于剪开腱膜、腹膜等组织，以防误伤深部组织或脏器，尖头剪用于剪断和分离细微组织。正确的持剪法是拇指与无名指伸入柄环内，食指压在关节部，中指固定无名指侧的剪柄，以利于手术剪的张开和咬合的操作软组织、缝线、敷料或钝性分离组织时。

3. 止血钳

主要用于夹住出血部的血管或组织，以达到止血的目的，或夹住较大血管后便于用线结扎止血。持止血钳的方法与持剪刀法相同。

4. 手术镊子

用于夹持或提起组织以利分离或缝合，亦用于夹取敷料。执镊子的方法有两种：一种是拳握式，用来夹持棉球涂擦消毒或夹持皮肤等硬的组织；另一种是以拇指与食指、中指相对捏执镊子的中段，用力稳定而灵活。

5. 巾钳

又称创布钳，用于固定手术巾。扣紧锁止牙即可。其执法同止血钳。使用时将手术巾连同皮肤一起用巾钳夹住。

6. 扩创钩

用于扩开创口充分显露术野及深部组织，依用途不同其形状和规格各异。有齿创钩用于牵拉皮肤切口；无齿钝钩使用较多，不损伤组织，常用于扩开深部创口及脆弱组织（图 11－11）。

7. 其他器械

除上述常规器械外，还有组织钳、舌钳、肠钳、绵钳、器械钳、锐匙和锐环及探针等。

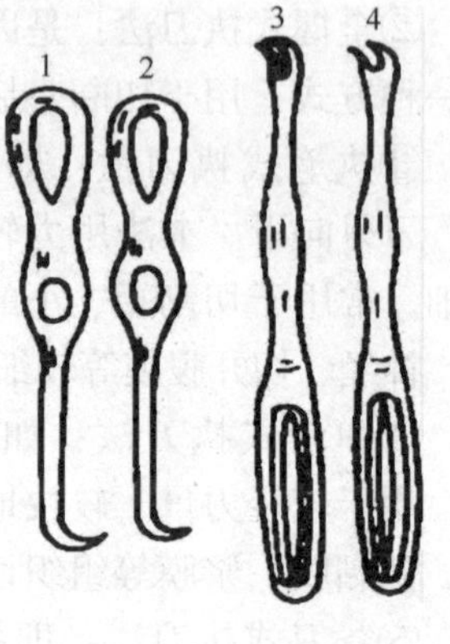

图 11－11　手持拉钩

1、2—单齿锐钩　3、4—二齿锐钩

二、组织切开法

1. 组织切开的形状

组织切开应根据手术部位的解剖生理学特点和手术目的而定。切开形状有直线形、菱形、T 字形、十字形、V 字形、U 字形及圆形等数种。直线切开是最常用的一种方法，损伤组织小，易于愈合。

2. 组织切开的原则

（1）组织切开大小要适度，以便于显露或除去某些组织、器官为宜。

（2）组织切开时，应根据组织张力选择切口方向。以免术部张力过大而难于缝合或延迟创伤的愈合过程。

（3）组织切开时要避免损伤大血管、神经和腺体的输出管，以免影响术部机能。

（4）切口要有利于创液排出。创缘要整齐，两侧创缘、创壁应能密切接触，以利缝合和愈合。

（5）切开部位应选在健康组织，坏死组织及已被感染的组织要切除干净。二次手术时应避免在伤疤处切开，以免影响愈合。

（6）应采取分层切开法，以便认清组织构造，避免损伤血管和神经，有利于止血与缝合。

3. 各种软组织的切开法

（1）皮肤切开法

①紧张切开法：在预定切口的两侧，术者用拇指和食指将皮肤撑紧固定或由术者及助手各用一手分别压住切口的一侧，使皮肤撑紧。对阴囊皮肤及较松软的组织，可用手紧握或撑紧后，在预定切口位置切开。下刀时先用刀尖在切口上角垂直刺透皮肤，然后将刀刃倾斜约 45°按预定切口的方向、长度，一次切透并运刀至切口下角，最后使刀刃与皮肤垂直而提出（图 11－12），防止切口两端呈斜坡或多次重复运刀使切口呈锯齿状，造成不必要的组织损伤，影响愈合。

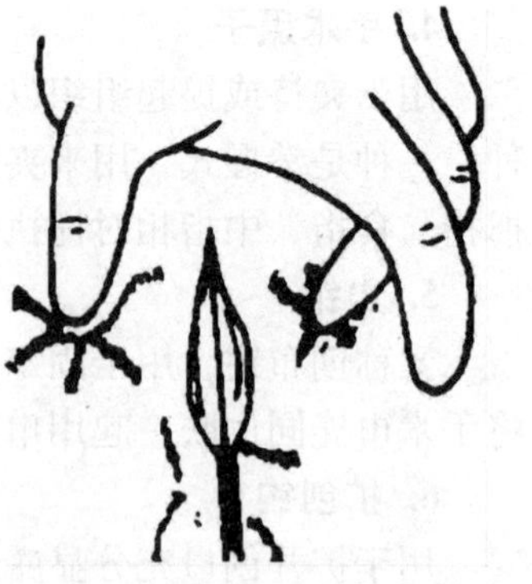

图 11－12　紧张切开法

②皱襞切开法：以手指或镊子在预定切口的两侧，提起一个与切口垂直的皱襞后，再行切开。避免损伤切口下面的大血管、大神经、分泌管和重要器官。避免将皮肤与深部筋膜或筋膜与肌肉分离，以防造成不必要的组织损伤。

（2）筋膜切开法　为防止筋膜下的血管和神经受损伤，应先用镊子将筋膜提起切一小口，用弯剪或止血钳伸入切口，分离筋膜下组织与筋膜的联系，然后用手术剪剪开。

（3）肌肉切开法　原则上应按肌肉纤维的方向分离，分离前需先切开肌膜，即沿肌纤维方向切一小口，再用刀柄或止血钳、手指伸入切口。

（4）腹膜切开法　先用皱襞切开法将腹膜切一小口或用手术剪剪开腹膜，亦可伸入食、中二指，用反挑式运刀或用手术剪沿二指之间剪开（图 11－13）。切口长度应小于腹壁切口，以利于缝合。

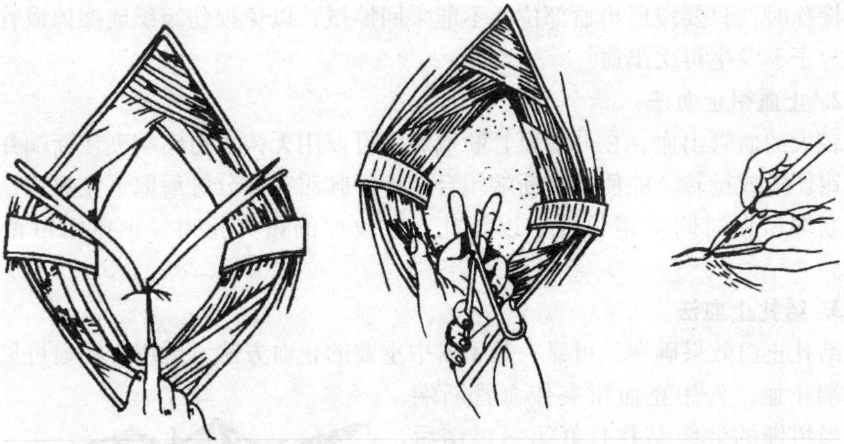

图 11－13　腹膜切开法

第四节　止　血

止血是手术和急救、治疗损伤过程中采取的防止血液丧失的基本操作技术。

一、出血的预防

施行手术时，为避免手术中出血过多，宜采取有效的预防措施。

1. 输血

手术前输入同种相合血液，马、牛可输入 500～1 000mL。输血有增加血液凝固性、反射地引起血管痉挛性收缩、增加抗体和血量等作用。

2. 注射止血药物

手术前可注射止血药物，如肌内注射 0.3% 凝血质注射液，马、牛 10 ~ 20mL；肌内注射止血敏注射液，马、牛 1.25 ~ 2.5g，猪、羊 0.25 ~ 0.5g；肌内注射安络血注射液，马、牛 100 ~ 400mg，猪、羊 2 ~ 10mg。

3. 绞压法

用止血带、绞压器、绷带、胶皮管等，紧紧缠于术部的近心端，暂时阻止血液循环，达到止血目的。这种止血方法常用于四肢下部，尾及阴茎的手术。

二、常用的止血法

1. 压迫止血法

用消毒的纱布或药棉压迫出血部位，以使毛细血管和小静脉停止出血，血管出血经压迫可暂时止血，有利于其他止血措施。深部位出血，可用钳子夹纱布止血。操作时，只要按压出血部位，不能来回擦拭，以免损伤组织或擦掉血管断端的血栓子，发生再次出血。

2. 止血钳止血法

较大的血管出血，在分清血管断端后，可以用无钩止血钳端夹住断端并扣紧止血钳压迫或捻转，能使血管断端闭合。小静脉钳夹数分钟后取下止血钳；较大血管断端钳夹时间应稍长或予以结扎；急救性的钳夹止血，止血钳可留存数小时。

3. 结扎止血法

结扎止血效果确实、可靠，是手术中重要的止血方法。适用于明显可见的血管断端止血，先用止血钳夹住血管断端，用适当粗细的缝线结扎打好第一道结后，取下止血钳，将线稍拉紧，无出血时再打第二道结并剪去多余的缝线。血管缝合结扎可按（图 11－14）所示进行。对于横过切口的完整大血管，可先于切口两侧 1cm 处分别结扎，再从中间切断。若遇较大神经，切勿结扎、切断，可将其剥离至切口一侧即可。

图 11－14　双结扎止血

4. 填塞止血法

用灭菌纱布块填塞于出血的腔洞内，以达到压迫止血的目的。对较深的部位出血，如摘除某组织后形成的空腔出血，鼻腔、阴道手术后及拔牙后的出血等，常用此法止血。所用纱布可浸止血药物。填塞纱布可保留数小时或 1 ~ 3d。

5. 缝合止血法

利用缝合使创缘、创壁紧密接触产生压力而止血的方法。常用于弥漫性出血和实质器官出血的止血。

6. 烧烙止血法

用烧烁的烙铁或电烧烙器直接烫烙手术创面，使血管断端收缩封闭而止血，多用于大面积的毛细血管出血。

三、急性失血的急救

1. 输血

按输血操作规程输入适量同种相合血液，这是大失血后急救效果最好的措施。

2. 补充血容量

失血量较少时，可静脉注射5%葡萄糖与2%氯化钠等量混合液，马、牛1 000～2 000mL；亦可用10%生理盐水，马、牛2 000～2 500mL；应用6%右旋糖酐（中分子）生理盐水1 000～2 000mL，静脉滴注亦可。

3. 应用止血药物

（1）局部止血药　3%三氯化铁、3%明矾、0.1%肾上腺素、3%醋酸铅等溶液，有促进血液凝固和使局部血管收缩的作用，将纱布浸透上述某一药液后填塞创腔即可。

（2）全身止血药　常用10%枸橼酸钠100mL，10%氯化钙100～200mL静脉注射，也可用凝血质、维生素K等肌内注射，均能增强血液的凝固性，促进血管收缩而止血。

第五节　缝　　合

缝合是将被分离的组织予以对合和固定的方法，其目的在于促进止血，减少组织紧张，防止创口裂开，保护创伤免受感染，为组织再生创造良好条件，以期加速创伤的愈合。

一、缝合器材及使用方法

1. 持针器

用于夹针、拔针与打结。兽医用持针器有两种，一种是人医用的纹式持针器，另一种是全握式持针器（图11－15）。无论何种持针器，持针时均应将缝针前1/3处夹在钳嘴的前1/3处（图11－16）。三角针，不能夹在三角处，否则针易变钝。

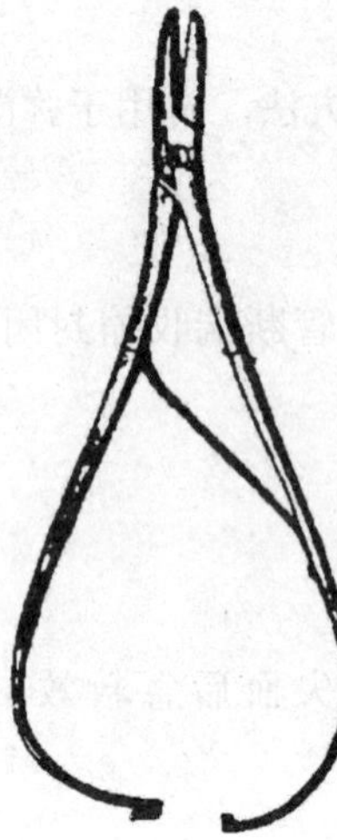

图 11-15　持针器

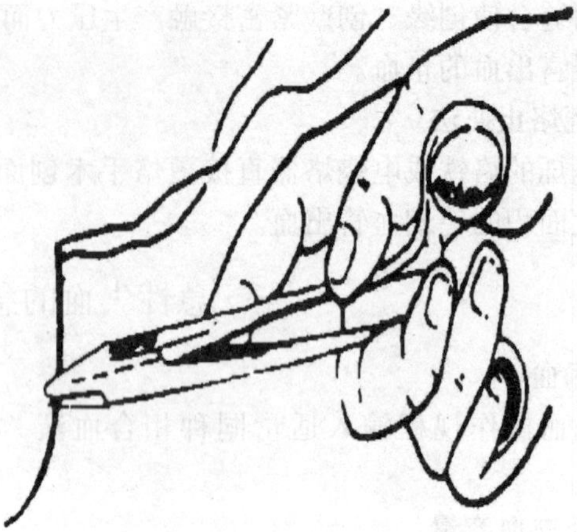

图 11-16　持针器持针

2. 缝针

缝针可分为直针和弯针，直针一般较长，可用手直接操作，动作较快，适合于肠壁和筋膜的缝合。弯针又可分为全弯针和半弯针，全和半弯针要用持针钳夹持操作，半弯针适合于皮肤缝合，全弯针适合于腹膜和肌肉的缝合。

缝针的尖端有圆形和三角形两种。三角形的针有锐利的刃缘，能穿过较坚韧的组织如皮肤、腱 、骨膜、软骨以及疤痕较多的组织等。圆形针尖端呈圆锥形，尖部细、体部渐粗，穿过组织时损伤较轻，适合于大多数软组织，如筋膜、肌肉、腹膜、神经的缝合。

3. 缝线

（1）羊肠线　由羊的肠黏膜下层制成的缝线。缝合后在组织中被吸收，不留异物，但组织反应大，价格昂贵。

（2）丝线　丝线质软不滑，便于打结，不易滑脱，故外科广泛使用。丝线的拉力较好，组织反应小。目前应用效果较好的是蚕丝线。

二、打结与剪线

利用打结技术做成线结，以固定缝线，防止缝线松脱。正确的打结是结扎止血和组织缝合的重要环节。熟练的打结还可缩短手术时间。

1. 结的种类

（1）单结　即结扎线仅交叉一次。此结易于滑脱，用于欲切除组织的结扎和临时结扎小血管。

（2）平结（方结）　是外科手术的基本线结。因为这种结的线圈内张力越大，打结越紧，不易滑脱。用于结扎血管和各种缝合的打结。

（3）三叠结　又称加强结，是在平结基础上加一单结，共三道结。比平结更牢固，三叠结用于结扎大血管、张力大的组织缝合和肠线缝合等。

（4）外科结　即打第一道结时多绕一次，增大摩擦面，第二道结如同平结只交叉一次。此结不易滑脱，多用于结扎大血管和张力较大的组织，如疮孔闭锁、皮肤缝合等。

（5）假结（十字结、妇女结、死结）　为两道动作相同的结所成，此结易滑脱不能采用。

（6）滑结　是打结时两手用力不均匀，只拉紧一线而形成，易滑脱，应注意避免发生。

2. 打结方法

有徒手打结和器械打结两类。

（1）徒手打结

①单手打结法（图 11－17）：常用左手操作，线结在右手配合下由左手单独完成打结操作的全过程。用右手操作亦可。

②双手打结法：此种打结法由双手操作完成，结扣较稳固，多用于间断缝合的打结。

③外科结打结法：用打平结的方法绕好第一道结，随即右手食指由结圈内挑过右手拇指与中指所持缝线并拉紧，则成为绕两圈的结扣，再打好第二道平结、并且拉紧。

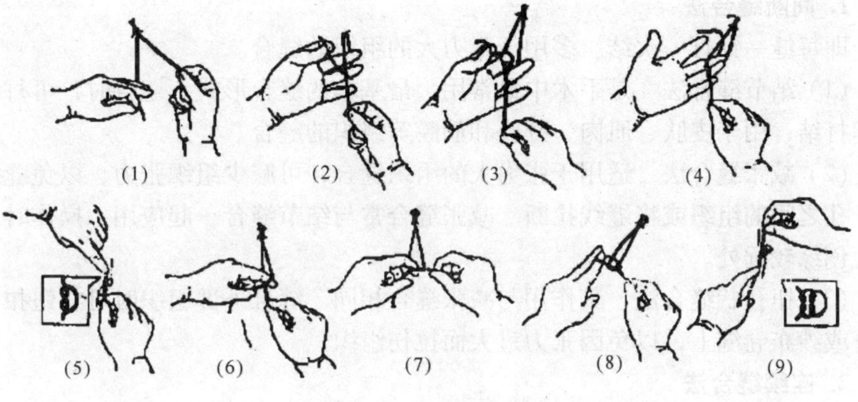

图 11－17　单手打结法

（2）器械打结

当线头短，徒手打结不便或深部组织缝合结扎时，可用持针器或止血钳操作结系。

三、缝合原则、种类、技术

(一) 缝合原则

(1) 缝合用的持针钳、缝针、缝线要准备充分并应与被缝合组织相适应。

(2) 无菌手术创和非感染的新鲜创，经无菌处理后，均可作密闭缝合。而化脓、坏死和渗出液较多的创伤，不能缝合或仅能部分缝合。

(3) 缝合前应彻底止血并用灭菌生理盐水冲洗，以清除创内的尘埃、凝血块、组织碎块等，再撒入磺胺粉或防腐剂。对创缘不整齐、干燥创口，必须修整成新鲜创面再行缝合。

(4) 缝合时，缝针尽可能刺得深些，每针的刺入与穿出点同创缘的距离应相等，并在同一水平线上，针距亦应相等，以使创缘、创壁均匀接触，防止产生皱襞和裂隙。

(5) 打结时不得过度牵拉组织，结扎要松紧适度，过紧会使创缘内翻或外翻；过松不利创缘密切接触，均将影响愈合。所有线结必须置于创缘的一侧。

(6) 缝合时必须严格遵守无菌操作规则。

(二) 缝合的种类及缝合技术

缝合方法可分为间断缝合、连续缝合和特殊缝合三大类。缝合操作一般是由右向左或由上向下进行。

1. 间断缝合法

即每缝一针打一次结。多用于张力大的组织的缝合。

(1) 结节缝合法　是手术中最常用、最基本的缝合形式。缝合时，可每缝一针即打结；用于皮肤、肌肉、腱膜和筋膜等组织的缝合。

(2) 减张缝合法　适用于张力大的组织缝合，可减少组织张力，以免缝线拉断针孔之间的组织或将缝线拉断。减张缝合常与结节缝合一起应用。操作时，先在距创缘较远处。

(3) 钮孔状缝合法　其作用与减张缝合相同。缝合外部组织时可将纽扣、橡胶管或纱布卷缝上，以免因张力过大而拉伤组织。

2. 连续缝合法

缝合中不剪断缝线结扎，仅在缝合开始和结束时打结的方法。常用于肌肉、黏膜、腹膜等张力小的组织的缝合。

(1) 螺旋缝合法　由创口一端开始缝合，第一针打结后，以螺旋状继续缝合至创口另一端，最后一针将缝线折转，线头留在带缝针的缝线的对侧创缘，打结并剪断线头（图 11－18）。此法常用于肌肉、子宫黏膜、腹膜等的缝合。

(2) 锁扣缝合法　如锁衣服扣眼式的缝合，缝线均压在创缘一侧。多用于缝合张力小的皮肤直线形切口（图 11－19）。

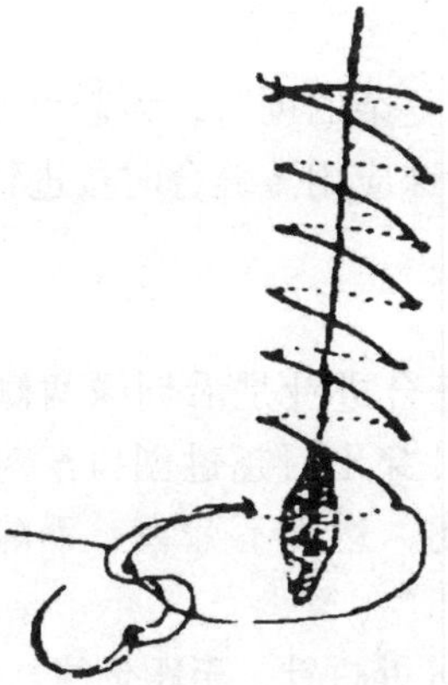

图 11－18　螺旋缝合

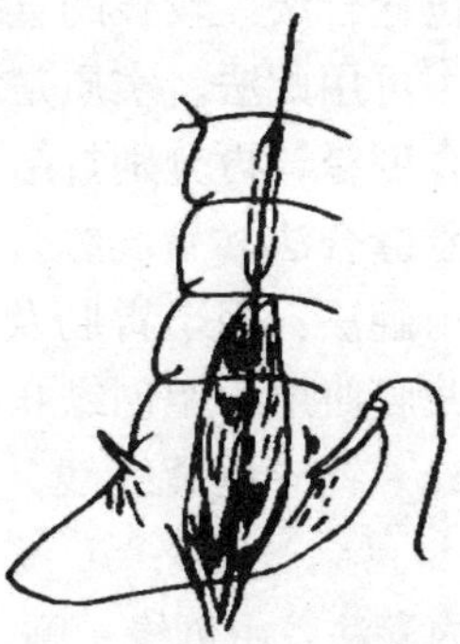

图 11－19　锁扣缝合

（3）袋口缝合法（荷包缝合）　用于暂时缝合肛门和阴门，以防脱出，缝合时，距缝合孔 3～4cm，沿其周围依次进针，最后适当拉紧缝线打结。肛门、阴门假缝合时，应留有空隙，以便排粪（图 11－20）。

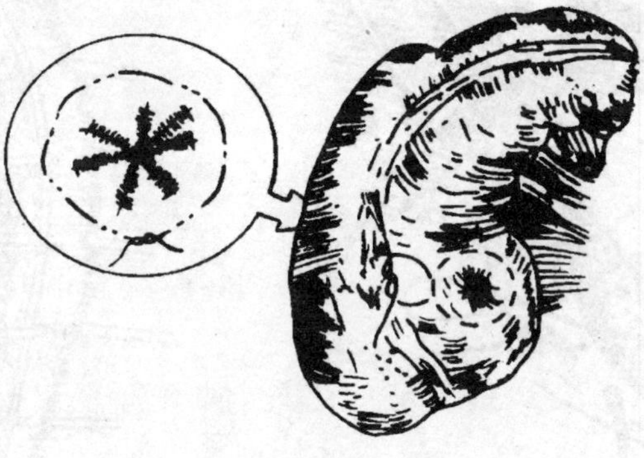

图 11－20　袋口缝合

（4）褥缝合法　连续水平纽扣状缝合。用于肌肉、腱膜、筋膜及阴门的缝合，但创缘不易密闭，易哆开（图 11－21）。

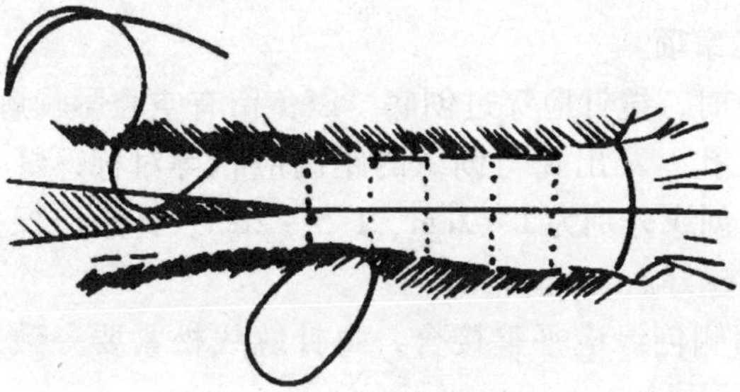

图 11－21　褥缝合

3. 特殊缝合

（1）定位缝合法　较长的直线切口或形状复杂的创口，为避免创缘闭合不良或发生皱褶，可用此法。实质是结节缝合的特殊应用。缝合时按进针顺序将缝线穿好正确对合创缘，再分别打结。

（2）内翻缝合法（胃肠缝合）

①水平内翻法：用于胃肠及子宫缝合。缝合进针是沿创缘两侧水平方向进行，只刺穿浆膜肌层，距创缘0.2～0.5cm，针穿出后越过创口至对侧以同样方法操作。每缝一针应拉紧缝线，保证创缘密闭，达到不漏粪、不漏液、不漏气（图11－22）。

②垂直内翻法：由创缘一侧，距创缘0.5cm处进针，至距创缘0.2cm处出针，缝线跨越创缘，在距对侧创缘0.2cm处进针，至距创缘0.5cm处出针，只刺穿浆膜肌层，依次连续或间断缝合。打结时创缘内翻，浆膜密接（图11－23）。

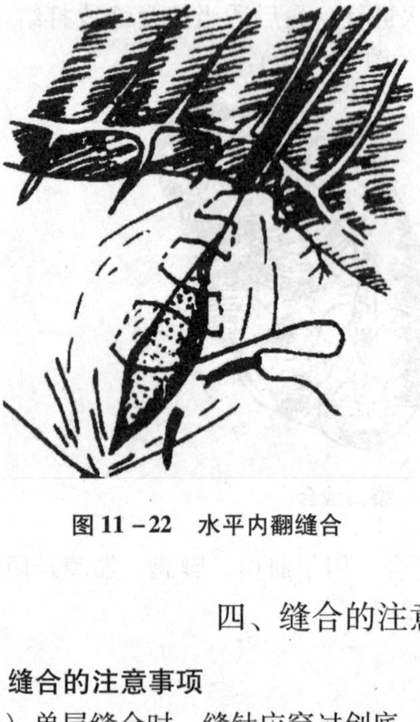

图11－22　水平内翻缝合

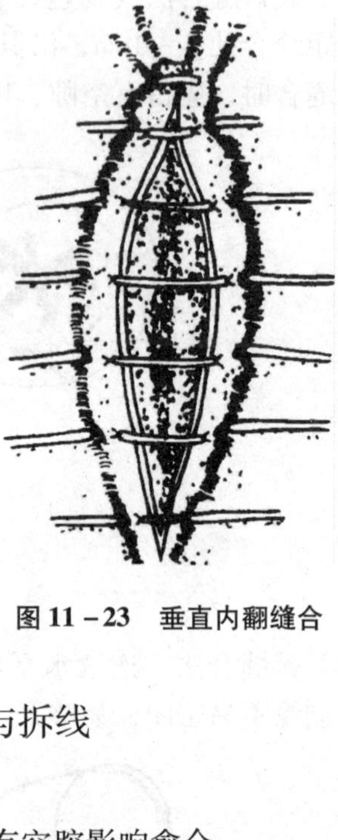

图11－23　垂直内翻缝合

四、缝合的注意事项与拆线

1. 缝合的注意事项

（1）单层缝合时，缝针应穿过创底，以免留有空腔影响愈合。

（2）针的刺入孔、穿出孔与创缘的距离应相等对称，缝合皮肤、肌肉、浆膜肌层时针孔距离创缘分别为1～2cm、1.5～2cm。针距以保持创缘相互紧密吻合为准，针数越少越好。

（3）缝合时两侧创缘应平整接合，每针缝线松紧要一致，防止内翻、外翻或产生皱褶。

（4）皮肤缝合后，应矫正创缘，防止内翻或外翻，使其均匀紧密接触，以利愈合。

（5）化脓或创液过多的创口，一般不作密闭缝合，以保证创液顺利排出。

2. 拆线

拆线是指拆除皮肤缝线。拆线时间多在术后 7 ~ 8d，个别可延至 10 ~ 14d。拆线过早或过迟，均会影响愈合过程。

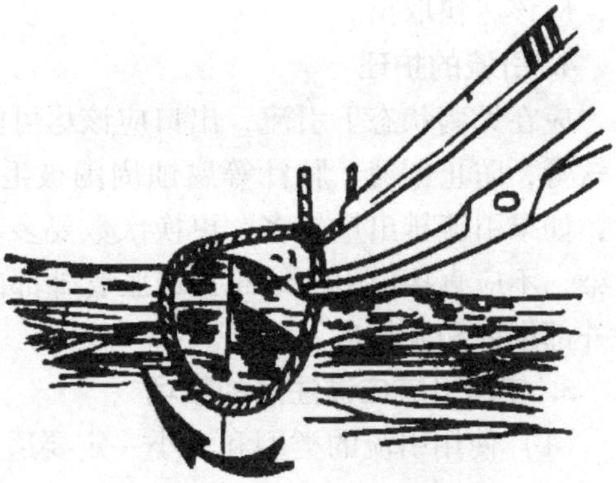

图 11 – 24　拆线

拆线时先除去绷带，用生理盐水洗净创围，尤其是针孔附近；再以 5% 碘酊消毒创口和缝线，75% 酒精脱碘后，用镊子提起线结紧贴针眼，将线剪断并随即抽出缝线（图 11 – 24）。创口大或张力大的部位，可隔一针拆除一针，待愈合良好后再将缝线全部拆除。拆线后要更换敷料，保护创口。

第六节　引　　流

1. 适应证

（1）用于预防的适应证　切口内渗血，未能彻底控制，有继续渗血可能。尤其有形成残腔可能时，在切口内放置引流纱布条或胶管，可排除渗血、渗液，以免形成血肿、积液或继发感染。一般需要引流 24 ~ 48h。

（2）用于治疗的适应证　皮肤和皮下组织切口严重污染，经过清创处理后，仍不能控制感染时，在切口内置引流纱布条或胶管，使切口内渗出液排出，以免蓄留发生感染，一般需要引流 24 ~ 72h；脓肿切开排脓后，放置引流纱布条或胶管，可使继续形成的脓液或分泌物不断排出，使脓腔渐缩小而治愈。

2. 引流种类

（1）纱布条引流　应用防腐灭菌的干纱布条涂布软膏，放置在腔内，排出腔内液体。

（2）胶管引流　应用乳胶管在插入创腔前，用剪刀将引流管剪成小孔，引流管小孔能引流出其周围的创液，应用这种引流能减少术后血液、创液的蓄留。

3. 引流的应用

创伤缝合时，引流管插入创内深部，创口缝合，引流管的外部一端缝合到皮肤上。在创内深处一端，由缝线固定。引流管不要由原来切口处通出，而要在其下方单独切开一个小口通出引流管。如果引流纱布条或胶管已经失去引流作用时，应该尽快取出。

4. 引流的护理

应在无菌状态下引流，出口应该尽可能向下，有利于排液。切口下部皮肤涂有软膏，防止创液、脓汁等腐蚀周围被毛和皮肤。每天应更换引流纱布条或胶管，如果引流排出量较多，更换次数要多些。因为引流纱布条或胶管的外部已被污染，不应直接由引流纱布条或胶管外部向创内冲洗，否则会使引流纱布条或胶管外部细菌和异物进入创内。

5. 使用引流应该注意的事项

（1）使用引流的类型和大小一定要适宜。

（2）放置引流的位置要正确，脓腔和体腔内引流出口尽可能放在低位，不要直接压血管、神经和脏器，防止发生出血、麻痹或瘘管等并发症。手术切口内引流应放在创腔最低位。

（3）引流管要妥善固定。

（4）引流管必须保持畅通。

（5）引流必须详细记录。

第七节　绷 带 包 扎

绷带是用于动物体表的包扎材料，是辅助治疗或主要治疗的一种措施。其作用是固定敷料、患部保温、吸收创液、保护创口、防止感染、压迫患部、使创缘接近、以促进创伤愈合。

一、绷带材料及其应用

（1）卷轴绷带　是用脱脂纱布制成，市售的长度均为6m，宽度有3、4、4.8、6、7、8cm等数种。

（2）纱布　用脱脂纱布剪成适当的方形，折叠成5~10cm大小方块，每10块一包，灭菌后用于覆盖创口、止血、填塞创腔及吸收创液等。

（3）棉花　多用脱脂棉，常作绷带的衬垫材料。若直接接触创面，须包以纱布。若衬垫低凹处或以保温为目的时，可用普通棉花。

（4）其他材料　如白布、油布、塑料布、橡胶布、麻绳、铁丝、夹板、石膏等，主要是用于保护绷带、防水或加强固定作用等。

二、绷带的种类与操作技术

（一）卷轴绷带

卷轴绷带的所有包扎法，均以环行带为起始和结束（图11－25）。

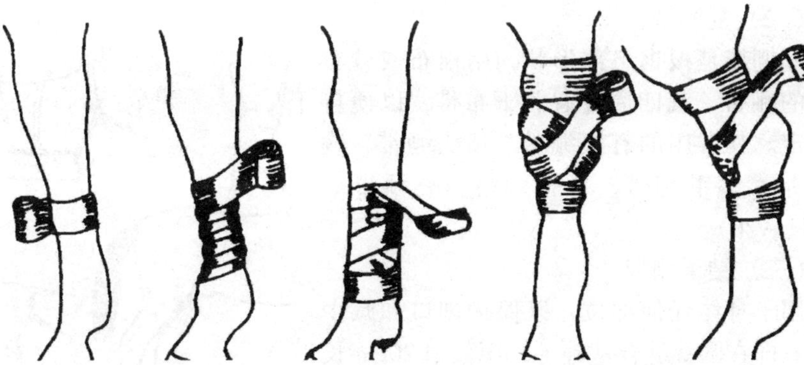

(1)环形带 (2)螺旋带 (3)折转带 (4)交叉带

图 11-25 卷轴绷带包扎法

(1) 环形带 在患部重叠缠绕 4~6 圈后，将绷带端剪开打结。主要用于粗细一致和较小的患部，以及用于系部、掌部、跖部等的包扎。

(2) 螺旋带 先从环形带开始，再由下向上螺旋形缠绕，每圈均压住前一圈的 1/3 或一半，最后以环形带结束。螺旋带多用于掌部、跖部及尾部等。

(3) 折转带 类似螺旋带，但圈缠到腿部外侧时均向下回折，再向上缠，最后以环形带结束。常用于腿部粗细不一处。

(4) 交叉带 用于关节部位的包扎。先在关节下方作一环形带，再向关节上部作一环形带，后向下到关节下方作一环形带，如此反复缠，直至患部被斜向交叉的绷带包扎好为止，最后作一环形带结束。

(5) 蹄和蹄冠的绷带 先将卷轴绷带的开端留交左手，左手持绷带卷并用绷带覆盖创部，缠一周与左手所持的短端相交结，再向反方向继续包扎，每次与相短端相交时，均扭缠一次，直到包扎结束，最后长端与短端打结固定。

(6) 角绷带 用于牛、羊角壳脱落、角折、断角及角损伤等，先将健康角根作环形带，再缠至病角根并以螺旋带或折转带从角根缠至角尖，后折返回角根，最后将绷带引向健康角作环形固定结束。

使用绷带的注意事项：

①病畜必须妥善保定好，包扎要迅速，牢固，松紧适度，压迫均匀，包扎后要平整美观。

②四肢绷带需按静脉流向自下向上缠。

③绷带打结应在肢体外侧，避开创伤处。

④包好的绷带一般不要随意更换，化脓创一般 2~3d 更换一次。

⑤当包扎的绷带过紧引起患部肿胀、疼痛和患部血液循环障碍，或包扎后创伤继续出血以及体温升高，创伤发生感染等，应及时解除绷带。

（二）复绷带

复绷带是根据患部形状，用棉布或纱布缝制的绷带，其四周缝有若干布带，以便打结固定。其常用的有眼绷带、顶头绷带、胸前绷带、鬐甲绷带、背腰绷带、腹绷带等（图 11－26）。

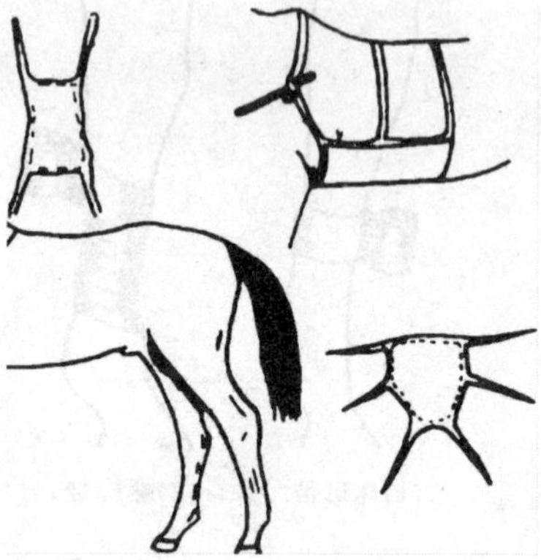

图 11－26　复绷带

（三）结系绷带

用于身体任何部位，以保护创口和减少张力。即在圆枕缝合基础上，用数根 20cm 长 18 号缝线分别固定在两侧圆枕基部下面，敷料盖于创口上，再把两侧固定线的游离端成对打成活结，固定好敷料。亦可在缝合后，将创口分为 3～5 等份，于每等份的一侧，用带 30cm 长（18 号）缝线的缝针，距创缘 3～4cm 刺入皮下，距刺入点 0.5cm 处穿出，越过创口至对侧作对称性的刺入、穿出，如此逐一穿好后，将敷料置缝线下盖于创口上，再拉紧缝线，打活结固定。

（四）固定绷带

固定绷带是使患部保持安静、固定不动而装置的一种绷带。主要用于骨折、脱臼、关节疾病及肌腱断裂等的治疗。

1. 夹板绷带

常用竹板、木板、胶合板、金属丝或金属板等材料，制成与患部大小、形状适宜的夹板。使用时，先擦净患部被毛，涂以滑石粉；用棉花垫平（骨骼突出部要垫厚些，应超过夹板上下两端），再用蛇形带固定；最后将选用的夹板放于棉花外围（夹板应长于两个关节，间距以 0.5～2cm 为宜），用绷带缠紧固定。

2. 石膏绷带

（1）准备　先将病畜横卧保定并使之镇静或浅麻，以利整复和包扎；刷拭干净患部及周围皮肤，涂碘酊或酒精，有创伤时应先行外科处理，备足棉花、卷轴绷带、夹板、石膏绷带、石膏粉及 40℃的温水。

（2）装置方法

①患部先用棉花包好（方法同夹板绷带），再以螺旋带固定。

②将一石膏绷带卷浸于 40℃水中，到不冒气泡时取出，用两手握住绷带卷两端挤出多余水分，同时浸入第二卷备用。

③用已浸好的石膏绷带螺旋式缠绕患部，边缠边均匀涂抹石膏泥，缠至骨折上方关节后，再折向下缠，如此缠绕 7～8 层，最后一层要将两端超出的棉花折向绷带压住，并涂石膏泥抹光。待石膏硬固后使患畜起立，保定于六柱栏内。开放性骨折时，创伤处理并覆盖纱布后，以大于创口的杯子放于纱布上，再用石膏

绷带在杯子周围缠好后，取下杯子修整边缘，即成窗形石膏绷带。

（3）装置石膏绷带的注意事项

①操作要迅速，以防石膏硬固。浸泡时间不宜过长，随用随浸，保持水温，确保硬化效果。

②装置完毕后，应随时检查，若病畜不安、体温升高或肢体末端浮肿严重，有组织坏死可能，或装置松弛固定不佳时，应及时拆除，重新装置。

③长骨骨折石膏绷带应固定上下两个关节，以达制动目的。后期应适当运动、促进康复。

④病畜如无异常，石膏绷带可于骨折愈合后拆除，一般需6~10周。

⑤拆除石膏绷带使用石膏锯、石膏剪、石膏刀及板锯等时，应注意防止伤及皮肤。

第八节　术前准备与术后护理

一、术前准备

1. 施术动物的准备

（1）术前检查　对病畜的全面检查，可提供诊断资料，并能决定保定及麻醉的方法，是否可以施行手术，如何施行手术以及预后的估计。

（2）预防注射　术前1周应给病畜皮下注射破伤风类毒素0.5~1mL，在紧急手术时可于术前给病畜注射破伤风抗毒素，大家畜1万~2万U，小家畜用3 000~4 000U。

（3）禁食　术前应禁食半天或1d，仅给予饮水。倒卧保定及腹腔手术时，禁食更为重要。

（4）预防　给予抗生素，以预防手术创感染；给予止血剂，以防手术中出血过多；给予止酵剂以免术中发生臌气；也可强心补液以加强机体的抵抗力。

（5）畜体准备　术前刷拭动物体表，清除污物，然后向被毛喷洒1%煤酚皂溶液或0.1%新洁尔灭。在动物的腹部、后躯、肛门、会阴等处施行手术时，术前包扎尾绷带。会阴部的手术，术前应灌肠导尿，以免术中动物排粪尿，污染术部。

2. 确定手术计划

手术计划的内容有：

（1）手术的名称、目的、日期及手术人员的分工。

（2）手术前必须采取的防治措施，如禁食、胃肠减压、灌肠、导尿、给药的种类与方法，给动物注射破伤风类毒素或破伤风抗毒素等。

（3）所需用的手术器械、药品、敷料，其他用品的种类、数量及消毒的方法，保定及麻醉的方法；手术操作过程中应注意的问题。

（4）手术过程中可能出现的问题，如大出血、休克、窒息等。应如何预防及急救。

（5）术后护理及治疗措施。

3. 进行手术的工作组织

手术人员分工如下：

（1）术者　是手术的负责人，手术的主要操作者。

（2）第一助手　配合术者做切开、止血、清理术野、缝合及术后处理等工作。必要时可代替术者进行手术。手术过程中第一助手站在术者对面。

（3）第二助手　协助术者及第一助手完成手术工作。手术过程中第二助手应该站在术者的左侧。

（4）第三助手（器械助手）　熟悉及准备所用的器械、敷料、药品及消毒工作。手术过程中器械助手应将器械及时、准确地传递给术者，及时清理器械上的血迹，污物及线头。手术过程中，器械助手应站在术者的对面或右侧。

在施行较大的手术时（如肠吻合术、瘤胃切开术、腹股沟阴囊疝修补术），还需要增加辅助人员负责保定、麻醉、供应药品及敷料。

4. 手术记录

其主要内容见手术记录表（表11－1）。

表11－1　　手术记录表

手术号　　　　　　手术日期

畜主姓名		畜别					
初诊日期				术前诊断			
病史摘要							
术前检查							
手术名称		手术时间	时　分——　时　分			术后诊断	
手术者		助手					
保定方法							
麻醉方法及效果							
手术方法							
术后处理							
医嘱							

兽医：

二、术后治疗与护理

1. 术后治疗措施

(1) 预防术后感染　术后抗感染常用的药物有磺胺类药物及抗生素类药物。常用的磺胺类药物有氨苯磺胺、磺胺嘧啶钠、磺胺甲基嘧啶、磺胺二甲基嘧啶、磺胺异恶唑、磺胺甲基异恶唑及磺胺甲氧嗪等。用抗生素类作抗感染药物时，首选药物是青霉素 G、氨苄西林等。

(2) 输液　通常是给患畜静脉注射复方氯化钠注射液、5% 葡萄糖生理盐水。当手术过程中动物失血过多时，给动物输血或静脉注射 6% 中分子右旋糖酐注射液，大家畜一次 1 000～2 000mL，小家畜一次 500～1 000mL。当动物出现酸中毒时，静脉注射 5% 碳酸氢钠注射液，大家畜一次 300～1 000mL，小家畜 50～150mL。患畜体质较弱时，还要适量静脉注射 10%～25% 葡萄糖注射液。

(3) 补充维生素　为促进上皮生长，可给患畜补给维生素 A；为促进骨骼的愈合，可给患畜补给维生素 D；为纠正手术后的胃肠机能紊乱，给动物补充维生素 B_1；为促进创伤的愈合，给动物补充维生素 C。

2. 术后护理

注意患畜的保暖，防止感冒及呼吸道感染。要防止动物摔伤及骨折。在苏醒以后的半天内，不宜让其饮水及采食，以防误咽。术后每日检查体温、呼吸、脉搏，以便及时掌握患畜的状况。要防止动物啃、舐伤口。

（胡永灵　高德臣　邱伟海）

复习思考题

一、问答题

1. 简述手术区的消毒方法。
2. 简述常用局部麻醉的方法。
3. 简述组织分离的原则。
4. 简述常用止血的方法。
5. 简述缝合的注意事项。

二、病例分析题

现有一病犬表现为排尿困难、疼痛、频尿血尿，膀胱敏感性增高，现初步诊断为膀胱结石。请你制定一套完整的手术计划取出结石。

第十二章 常见外科手术

知识目标

- 了解公畜阴囊、母猪卵巢的局部解剖结构。
- 了解犬常见手术适应证和手术步骤。
- 掌握食道切开术、瘤胃切开术、手术步骤与术后并发症的处理。

技能目标

- 熟练地掌握公猪的阉割术与母猪卵巢摘除术。
- 熟练地进行食道切开、瘤胃切开手术。

第一节 去 势 术

去势术又称阉割术。是摘除或破坏公畜的睾丸或母畜的卵巢，使其失去性机能和生殖能力的一种方法，称为去势。其目的是使其性情变得温驯，便于管理与使役，淘汰劣种公畜，提高家畜的肉、皮毛的质量，提高役用家畜的利用价值，以及治疗某些生殖器官疾病。

去势年龄：各种家畜有所不同，公牛1~2岁，肥育的公牛通常在生后3~5月龄，公羊1~2月龄，公马以1.5~2.5岁，公骡、驴1~2岁。大公猪不受年龄限制，小母猪以断奶后为好。

去势季节：一般选择春季和晚秋无蝇时期较好，猪和鸡则无季节要求。

一、公畜去势术

1. 局部解剖概述

（1）阴囊　包在睾丸外面的囊腔。其内部由阴囊中膈分为两半，阴囊底面有一纵行缝，叫阴囊中缝。公猪的囊位于两后肢的后方，靠近肛门处。马、牛、羊的阴囊位于两后肢之间。阴囊上部较细的部分称阴囊颈部。阴囊壁由外向内是皮肤、肉膜、总鞘膜和固有鞘膜四层。

肉膜构成阴囊中膈，将阴囊分为左右两个腔，分别存有睾丸。总鞘膜和固有鞘膜形成鞘膜腔，两者借鞘膜韧带相连于总鞘膜和附睾之间。管内形成鞘膜管。

（2）睾丸和附睾　牛和羊的睾丸长轴垂直，后缘连着附睾，附睾头在上，附睾尾在下，猪基本与牛、羊相同。马、骡的睾丸长轴呈水平，附睾尾连接输精管。

（3）精索　为一索状组织，呈扁平的圆锥形，由血管、神经、输精管、淋巴管和睾内提肌等组成，上起腹股沟管内口，下止于睾丸的附睾。

2. 公猪去势术

（1）保定　取左侧卧保定，术者位于背部，左脚踩住颈部，右脚踩住尾巴，将上侧肢拉向前方。

（2）手术方法　术部消毒后，以左手拇、食二指握住阴囊，其余手指压紧右后肢并挤压睾丸。右手持去势刀切开阴囊，将睾丸挤出，撕断鞘膜韧带，用两手拇、食指扭断精索摘除睾丸，切口涂碘酊消毒。大公猪去势时，切口在阴囊中缝两侧1.5～2cm与中缝平行，作两个切口。挤出睾丸，剪断鞘膜韧带，扭断精索或结扎精索后剪断精索。精索断端与阴囊切口涂碘酊。

（3）隐睾猪去势　宜在2～6月龄进行，保定方法与大猪去势相同。切开腹壁后，食指伸向腹股沟管内环处探摸，找到椭圆形游离的睾丸，用手指带出创口，然后结扎精索除去睾丸。其他处理同前。

3. 公马（骡、驴）去势术

（1）势前准备　去势前应进行全身检查，检查阴囊及睾丸有无病理变化。检查心脏机能，有无发热性疾病、骨软症。术前刷拭体表，停饲半天至1d。用3%煤酚消毒术部及会阴部，用绷带扎紧马尾。皮下注射破伤风抗毒素1万～1.5万U或注射类毒素，以预防破伤风。

（2）器械药品准备　手术常规器械、去势器械，手术常规药品等。

（3）保定　取左侧卧保定，上侧后肢前方转位。头部下面垫上麻袋等。去势时需术者、助手各一人，保定数人。

（4）术部消毒　阴囊及腹股沟区用肥皂清洗干净，再用0.1%新洁尔灭溶液冲洗，然后碘酊消毒。

（5）手术方法　术者位于马背腰臀部，由前向后握住阴囊基部，使阴囊皮肤紧张，右手持手术刀在阴囊底部距中缝2cm与中缝平行分别切开两侧阴囊，切口长度与睾丸相等。睾丸在手挤压下便自行脱出。此时术者右手抓住上侧睾丸，左手将阴囊推向腹部，在附睾尾部显露鞘膜韧带并由助手剪断，然后助手左手握住睾丸，右手食、中指沿精索将阴囊切口推向上方，使精索充分外露。

去除睾丸的方法有：

①挫切法：助手持固定钳夹住精索，术者持挫切钳距固定钳2cm处挫切断精索，固定钳夹片刻，精索断端涂碘酊。再以同法除去下侧睾丸。

②捻转法：术者用固定钳夹住精索，助手持捻转钳在距固定钳下方2cm处夹住精索顺时针方向、适当速度捻断精索，除去睾丸，精索断端涂碘酊。再以同样方法处理下侧睾丸。

③结扎法：精索充分显露后，术者用丝线将精索缝合结扎，或仅结扎精索血管。在结扎线下方1～1.5cm处剪断精索，除去睾丸，精索断端涂碘酊。再以同法除去下侧睾丸。

④夹板法：精索显露后，将夹板顺体轴方向夹住精索，使精索放在夹板的中央，闭合夹板用绳扎紧，其下 1 ~ 2cm 处切断精索，除去睾丸断端涂碘酊，经 24h 后解除夹板。

处理阴囊切口：睾丸除去后，挤出阴囊内残存的凝血，用灭菌纱布擦净切口上的血液，阴囊内撒布氨苯磺胺粉，阴囊切口涂碘酊。

4. 公牛、羊去势术

（1）公牛无血去势术　是使用无血去势器在阴囊基部钳夹，挫灭精索，使睾丸失去营养而萎缩，丧失机能，以达到去势的目的。

其优点是手术简单，容易操作，避免术后感染及并发症，不受季节限制，马、驴、羊均可使用。

去势方法：采取站立或侧卧保定，术部涂碘酊。术者用左手拇、食二指将精索挤到阴囊颈部的一侧并固定。右手持无血去势器夹住一侧精索，然后右手握住去势器一个把柄。另一把柄于术者腿上，用力压紧钳柄，即可挫断精索，静止 1 ~ 2min，然后在第一次挫灭下方 2cm 处再钳夹第二次，再以同样方法钳夹另侧精索，最后于钳夹部涂碘酊。

（2）公牛有血去势术　准备工作与马去势同。

阴囊切开法有纵切法、横切法、横断法三种。纵切法适用于成年公牛，首先用左手握住阴囊颈部，将睾丸挤向阴囊底，距中缝 2cm 平行切开两侧阴囊。横切法用于幼年公牛，在阴囊底部由阴囊一侧与中缝垂直切至另侧，即作一横切口。横断法用于 3 岁以下的公牛，用左手握住阴囊底部，用手术刀一次切开阴囊底部皮肤。上述三种不同方法切开阴囊壁及总鞘膜，挤出睾丸，剪断鞘膜韧带，结扎精索，在下方 1 ~ 2cm 处切断精索，也可不结扎精索，捻断精索去掉睾丸。处理方法同马。

如果用横断法切除阴囊皮肤，常不切开总鞘膜，而是将总鞘膜连同睾丸一齐挤出，右手将阴囊推至腹股沟处，充分显露睾丸和精索，在鞘膜外结扎精索，切除睾丸，断端涂碘酊。

（3）公羊去势术　绵羊及山羊应在 2 ~ 3 月龄进行去势。

保定：由助手将羔羊两后肢提起，同时将尾巴一并握住，使羔羊倒立，羊腹部面向术者，助手可坐在凳子上，用两腿夹住羔羊胸部。也可将羔羊两前肢与两后肢同时握住，将羊抱起，使腹部朝向术者。

手术方法：基本同牛，纵切法多用于羔羊。在阴囊中缝隙作一个切口，然后再切开阴囊中膈，将两个睾丸一齐挤出，用左手持止血钳夹住精索固定，右手捏住下端精索朝一个方向捻转使其断离，排出阴囊积血，阴囊切口涂碘酊消毒。

5. 公犬、公猫去势术

目的是为了防止公犬及公猫于发情期四处游走和咬架，防止流浪犬的繁殖可施行本手术。也可作为狂犬病的一个预防方法。

（1）保定　手术台上或桌上侧卧或仰卧保定。

（2）术式　犬的阴囊在股间下垂，猫的则稍靠近肛门。阴囊局部剪毛，常规消毒，术部用普鲁卡因溶液作局部麻醉。术者在动物仰卧保定时立于动物的右侧，侧卧保定时立于背侧。用左手拇指和食指从前方固定睾丸并使阴囊皮肤紧张，与阴囊中膈平行纵向切开阴囊皮肤后再切开总鞘膜，当睾丸露出后助手用锐钩钩住并缓慢地牵出，露出精索。用丝线靠近腹股沟外环处结扎精索并切断。确认断端无出血时剪断丝线的两游离端。将精索断端用镊子还纳入总鞘膜内。有时部分总鞘膜露于阴囊创外不易还纳时可切除。阴囊创一般不做缝合。

二、母猪卵巢摘除术

1. 局部解剖概述

（1）卵巢　由于年龄不同，其位置稍有差异，性成熟前只有黄豆大小、淡红色；性成熟后变大，表面凹凸不平，形如桑葚。

（2）输卵管　输卵管是乳白色弯曲的细管，一端接近卵巢，另一端连接子宫角。

（3）子宫　子宫包括子宫体、子宫颈和子宫角，由坚韧的子宫扩韧带把它悬挂在骨盆腔与腹腔之间。猪子宫角很发达，细长而弯曲，质地较硬，盘成很多回转，表面浆膜有许多纵走的条纹，可与小肠区别。末端与输卵管相连。

母猪卵巢摘除的方法，根据月龄及体格的大小不同，常用方法有大挑法和小挑法。大挑法适合体重 15kg 以上的小母猪，小母猪卵巢摘除最好在断奶后。小挑法适用于体重 15kg 以下的小母猪。

2. 大挑法

术前禁食半天，适用于未发情的母猪。

（1）保定　右侧卧保定，背部朝向术者，术者右脚踩住颈部，助手将两后肢向后拉直并固定。

（2）手术部位　在髋结节前下方 5～10cm（根据猪的大小而定）。一般指压抵抗力小的部位为好。

（3）手术方法　术部常规消毒处理，术者屈膝位于猪背侧，左手捏起膝前皱褶，使术部皮肤紧张，右手持刀将皮肤切开 3～5cm 的弧形切口（月牙形），右手食指或刀柄垂直戳破腹部肌肉或腹膜，手指伸入腹腔，沿脊柱、腹侧壁，由前向后探摸左侧卵巢。摸到卵巢时用指尖压住腹壁向外钩出，钩卵巢的同时，用屈曲的中、无名及小指按压腹壁，使卵巢不致滑脱。拉出左侧卵巢后，沿子宫角（边拉出）拉出右侧子宫角，再向外直接取出右侧卵巢，卵巢系膜及血管，摘除两侧卵巢，然后还纳子宫。也可以在子宫体结扎，连同子宫角、卵巢一次全部摘除。

卵巢摘除后，腹膜、肌肉、皮肤进行全层结节或连续缝合。大母猪应先缝合腹膜，再缝肌肉及皮肤，缝合时勿伤及肠管，腹膜缝合必须紧密，以防肠管脱至皮下而发生粘连、嵌闭或坏死等继发症。

3. 小挑法

术前停食半天。

(1) 保定　术者左手提起左后肢，使腹腔肠管前移，右手捏住左侧膝皱褶，使猪右侧卧地，立即用右脚踩住左侧颈部，右手撑压膝关节使左后肢向后挺直，使猪后躯呈半仰卧姿势，左脚踩住左后肢跖部。

(2) 手术部位　在左侧下腹部，左侧乳头外侧 2～3cm，与右髋结节的相对处。一般多位于左侧倒数第二个乳头的外侧 2～3cm 处。

(3) 手术方法　术部常规消毒，术者右手将术部皮肤稍向腹侧牵引，左手中指抵于右侧髋结节，拇指用力按压在术部稍外侧，两指成一直线，压的越紧离卵巢越近，手术易于成功。右手持手术刀，用拇指、中指与食指控制刀刃的深度，用刀尖垂直切开皮肤成 0.5～1cm 的纵形切口，然后用刀柄呈 45°斜向前方伸入切口内，轻轻左右拨动，并捣破腹膜，在猪号叫时，随腹压的升高而子宫角也随着涌出。若一次不出来，左手拇指一定要压紧，刀柄在腹腔内作弧形滑动，随着号叫和腹压剧升而使子宫角涌出。右手捏住脱出的子宫角及卵巢，轻轻向外拉，然后用左右手的拇指、食指轮换向外拉，左右手的其他三指交换压迫腹壁切口。当两侧卵巢和子宫全部拉出后，用手指挫断子宫体，将两侧卵巢和子宫一同除去。切口涂碘酊，提起猪的后肢，稍摆动一下，即放开让其自由活动。

第二节　头、颈、腹、尾部手术

一、犬耳整容成形术

1. 适应证

犬常因耳廓软骨发育异常，引起“断耳”，使耳下垂，影响美观。为使犬耳直立，使犬的外貌更加好看，以提高犬的经济价值，可以实施犬耳的整容成形术。手术适宜 6 月龄以上的犬，否则软骨过软而难以缝合。

2. 保定与麻醉

(1) 麻醉　麻醉前用阿托品按 0.05mg/kg 体重，皮下注射，8～10min 后，肌内注射速眠新 0.1～0.15mg/kg 体重。

(2) 保定　麻醉后伏卧保定，犬的下颌和颈下部垫上小枕头以抬高头部。

3. 手术方法

两耳剃毛、清洗、常规消毒。除头部外，犬体用灭菌单隔离，头部不覆盖隔离单，以利最大限度地明视手术区域，与对侧的耳朵进行对照比较。将下垂的耳尖向头顶方向拉紧伸展，用尺子测量所需耳的长度。测量是从耳廓与头部皮肤折转点到耳前缘边缘处，留下耳的长度用细针在耳缘处标记下来，将对侧的耳朵向头顶方向拉紧伸展，将二耳尖对合，用一细针穿过两耳，以确实保证在两耳的同样位置上作标记，然后用剪子在针标记的稍上方剪一缺口，作为手术切除的标记（图 12 －1）。

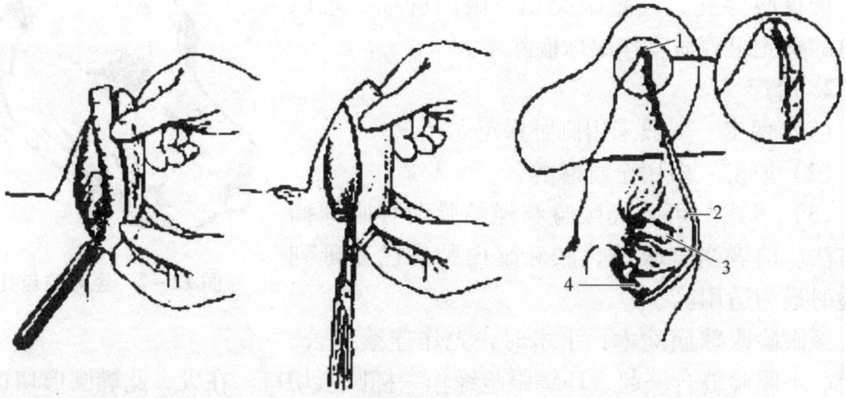

(1)在耳内用尺测量，确定切除线，用细针在耳缘处标记　(2)剪除耳廓　(3)缝合耳廓

图 12 －1　耳廓切除及缝合

1—耳尖　2—耳廓部　3—对耳轮　4—耳屏

一对稍弯曲的断耳夹子分别装置在每个耳上。装置位置是在标记点到耳屏间切迹之间，并尽可能闭合耳屏。每个耳夹子的凸面朝向耳前缘，两耳夹装好后两耳形态应该一致。牵拉耳尖处可使耳变薄些，牵拉耳后缘则可使每个耳保留的更少些。耳夹子固定的耳外侧部分，可以全部切除，而仅保留完整的喇叭形耳。当犬的两耳已经对称并符合施术犬的头形、品种和性别时，在耳夹子腹面耳的标记处，用锐利外科刀以拉锯样动作切除耳夹的腹侧耳部分，使切口平滑整齐。除去耳夹子，对出血点进行止血，特别要制止耳后缘耳动脉分支区域的出血。该血管位于切口末端的三分之一区域内。

止血后，用剪子剪开耳屏间切迹的封闭着的软骨，这样可使切口的腹面平整匀称。用直针进行单纯连续缝合，从距耳尖 0.75cm 处软骨前面皮肤上进针，通过软骨于对面皮肤上出针，缝线在软骨两边形成一直线。耳尖处缝线不要拉得太紧，否则会导致耳尖腹侧面歪斜或缝合处软骨坏死。缝合线要均匀，力量要适中，防止耳后缘皮肤折叠和缝线过紧导致耳腹面屈折。

4. 术后护理

大多数犬耳术后不用绷带包扎，待动物清醒后解除保定。某些犬耳朵整容成形后可能发生突然下垂，对此，可用绷带在耳的基部包扎，以促使耳直立（图 12 －2）。术后第 7d 可以拆除缝线。拆线后如果犬耳突然下垂，可用脱脂棉球塞于犬耳道内，并用绷带在耳基部包扎，包扎 5d 后解除绷带，若仍不能直立，再包扎绷带，直至使耳直立为止。

图 12－2　竖耳的包扎

二、犬眼球摘除术

1. 适应证

严重眼穿孔、严重眼突出、眼内肿瘤、难以治愈的青光眼等适宜作眼球摘除术。

2. 治疗

（1）保定　一般采用侧卧保定。

（2）麻醉　多用全身麻醉。

（3）术式　可分经眼睑和经结膜两种眼球摘除方法。前者当全眼球化脓和眶内肿瘤已蔓延到眼睑时最为适用。

经眼睑眼球摘除术：手术时，先作连续缝合，将上、下眼睑缝合一起，环绕眼睑缘作一椭圆形切口。在犬，此椭圆形切口可远离眼睑缘，否则皮肤切口难以对合缝合。切开皮肤、眼轮匝肌至睑结膜（不要切开睑结膜）后，一边牵拉眼球，一边分离球后组织，并紧贴眼球壁切断眼外肌，以显露眼缩肌。用弯止血钳伸入眼窝底连同眼缩肌及其周围的动、静脉和神经一起钳住，再用手术刀或者弯剪沿止血钳上缘将其切断，取出眼球。于止血钳下面结扎动、静脉，控制出血。移走止血钳，再将球后组织连同眼外肌一并结扎，堵塞眶内死腔。此法既可止血，又可替代纱布填塞死腔。最后结节缝合皮肤切口，并作结系绷带或装置眼绷带以保护创口。

经结膜眼球摘除术：用眼睑开张器张开眼睑，为扩大眼裂，先在眼外眦切开皮肤 1～2cm。用组织镊夹持角膜缘，并在其缘外侧的球结膜上作环形切开。用弯剪顺巩膜面向眼球赤道方向分离筋膜囊，暴露四条直肌和上、下斜肌的止端，再用手术剪挑起，尽可能靠近巩膜将其剪断。眼外肌剪断后，术者一手用止血钳夹持眼球直肌残端，一手持弯剪紧贴巩膜，利用其开闭向深处分离眼球周围组织至眼球后部。用止血钳夹持眼球壁作旋转运动，眼球可随意转动，证明各眼肌已断离，仅遗留退缩肌及视神经束。将眼球继续前提，弯剪继续深入球后剪断退缩肌和视神经束。眼球摘除后，立即用温生理盐水纱布填塞眼眶，压迫止血。出血停止，取出纱布块，再用生理盐水清洗创腔。将各条眼外肌和眶筋膜对应靠拢缝合。也可先在眶内放置球形填充物，再将眼外肌覆盖于其上面缝合，可减少眼眶内腔隙。将球结膜和筋膜创缘作间断缝合，最后闭合上下眼睑。

3. 术后护理

术后可能因眶内出血使术部肿胀，且从创口处或鼻孔流出血清色液体。术后 3～4d 渗出物可逐渐减少。局部温敷可减轻肿胀，缓解疼痛。对感染的外伤眼，应全身应用抗生素。术后 7～10d 拆除眼睑缝线。

三、食管切开术

1. 适应证

当家畜食管发生梗塞，用保守法难以除去时可采用食管切开术，另外也应用于食管憩室的治疗。

2. 术部

马或牛的食管梗塞常发生在特定部位，一般是在颈部上1/3处，咽转入食管的起始部，胸腔入口，从第一肋骨到动脉弓的一段食管；在反刍畜由于括约肌机能降低而停滞于贲门。

临床上常根据触诊或用食管探诊的方法确定梗塞位置。

3. 保定

侧卧保定，伸张头颈，也可站立保定，要固定好头部。

4. 麻醉

局部浸润麻醉或全身麻醉。

5. 手术通路及术式

有上方切口与下方切口法（图12－3）。上方切口是沿颈静脉沟的上缘，颈静脉与臂头肌之间，臂头肌下缘0.5～1cm处切口，是距离主手术食管的最近径路。若食管有严重损伤，术后不便于缝合，则应采用颈静脉下方切口，建议在颈静脉下方沿着胸头肌上缘做切口，术后能确保创液顺利排出。不论是上方或下方切口，都必须沿颈静脉纵向切开皮肤12～15cm。

用外科手术刀切开皮肤和含有皮肌的两层筋膜，以钝性方法分离颈静脉和肌肉（臂头肌或胸头肌）之间的筋膜，在不破坏颈静脉周围的结缔组织腱鞘的前提下，用手术剪剪开纤维性腱膜。在颈下1/3剪开肩胛舌骨肌筋膜及深筋膜，而在上1/3和中1/3必须钝性分离肩胛舌骨肌后再剪开深筋膜，根据解剖的位置寻找食管。有梗塞的食管呈淡红色易辨认，当缺少异物的食管用手检查有柔软、空虚、扁平、表面光滑，而管的中央有索状（黏膜构造成）的感觉。

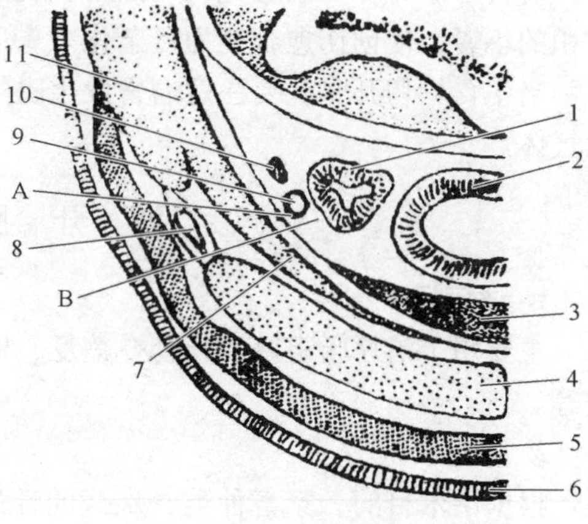

图12－3　马颈部食管手术通路

A上方切口　B下方切口

1—食管　2—气管　3—胸骨舌骨肌　4—胸头肌

5—皮下肌肉　6—皮肤　7—肩胛舌骨肌　8—颈静脉

9—颈动脉　10—迷走交感神经干　11—臂头肌

牛，除用上述的颈静脉的范围作切口之外，也有人主张在胸头肌与气管之间作为手术通路，沿胸头肌下缘作切口，切开皮肤和浅筋膜之后，用创钩将胸头肌向上拉，再切开深层筋膜，用止血钳向食管方向分离气管和肌膜之间的结缔组织，再用手术剪剪开脏筋膜，即发现食管，此手术通路更有利于创液排出。

食管暴露后，小心将食管拉出，注意不得破坏周围结缔组织，并用灭菌纱布使食管与其他部分隔离，切开食道管的全层，擦去唾液，谨慎地取出异物。

食管闭合必须确认局部无严重血液循环障碍的情况下方可进行。第一层用铬制肠线连续缝合黏膜，第二层肌肉等用结节缝合，若食管壁比较完整，只用一次缝合也可以达到目的。

异物在食管内保留48h以上，管壁有坏死的倾向时，食管不得缝合，保持开放，皮肤可部分缝合，用浸消毒液的棉纱填塞。

有的病例是梗塞于胸部食管，手术通路是在胸壁左侧7~9肋骨，把肋骨切断，打开胸腔，用手在食管之外将阻塞物体压碎或推移到胃，必要时也可用带有长胶管的针头，将石蜡油注入食管内，有助于梗塞物体的排除。牛食管梗塞若发生在贲门，可作瘤胃切开手术，通过瘤胃用手或长钳，将贲门部异物取出。

6. 术后护理

术后第一、二天不给饮水和食物，以减少对食管创的刺激，以后给柔软饲料和流体食物。可静注葡萄糖和生理盐水，也可实行营养灌肠，术后10d内不得使用食管探子，食管创口一般10~12d愈合，皮肤创于10~14d拆线。

7. 注意事项

食管手术时，尽量避免和周围组织脱离，撕断的组织在筋膜间可形成渗出物蓄积的小囊，使创伤愈合变为复杂化。

当牛食管切开时，要注意瘤胃发生臌气，术中或术后可进行瘤胃穿刺，以排除气体。

四、开　腹　术

1. 适应证

主要用于治疗肠阻塞、肠套叠整复、胃切开、肠吻合、剖腹产及人工培植牛黄等。

2. 保定

根据手术目的、家畜种类、疾病的性质及手术的繁简，可采取站立、侧卧、仰卧保定。

3. 麻醉

根据手术的目的不同，采取腰旁麻醉、全身麻醉或局部麻醉等。

4. 手术部位

进行腹腔手术，切口部位的选择必须依手术种类及目的而定。常用部位有下列几种。

(1) 侧腹壁切口部位　常用于肠切开、肠扭转、肠变位、肠套叠以及牛的瘤胃切开术等。

其切口部位有三处，最常用的为肷部切开。在左髂区，由髋结节到最后肋骨引一与脊柱平行线，由此线中点从腹内斜肌髂肋角上缘开始，向下作20～25cm长切口。这一切口应依手术目的不同，可以靠前，靠后或偏下方，以利手术操作。切口的大小应以充分显露手术器官及病变部位，切口部位应尽可能接近病变处为原则。

(2) 下腹壁切口部位　依手术目的不同，常采用下列两种方法。

①中线旁切开法：切口部位不受家畜性别的影响，在白线一侧2cm处，作一与中线平行的切口，切口长短视需要而定。

②正中线切开法：切口部位是在正中白线上，脐孔前方或后方。其中公畜应在脐孔前方，切口长短视手术需要而定。

5. 手术方法

(1) 侧腹壁切开法　手术部位常规处理。在切口部位上作长20～25cm切口，切开皮肤，及时止血，清洁创面。继续切开皮肤、皮下结缔组织及筋膜，用扩创钩扩大创口，充分显露术野，彻底止血。再按肌纤维的方向在腹外斜肌或其腱膜上作一小切口，用钝性分离腹外斜肌至一定长度。遇跨越切口的血管，结扎后切断。用创钩扩大创口显露术野。再用同样方法分离腹内斜肌，显露腹横肌，并进行钝性分离，显露腹膜。在分离上述各层肌肉时，切口大小均应与皮肤切口大小一致。

扩开腹内斜肌显露腹横肌切至腹膜后，务必彻底止血并清洁创面，用扩创钩扩大伤口，充分显露腹膜，助手用无齿镊子提起腹膜，用皱壁切开法在腹膜上作一小切口，插入有钩探针，以外向式运刀法，切开腹膜或由此切口伸入镊子或食指、中指，用剪刀剪开腹膜。其目的是避免损伤内脏器官。腹膜切开后用大块浸有生理盐水的湿纱布，衬垫整个创口的创壁，注意勿使肠管脱出。然后按手术目的进行下一步操作或先进行腹腔探查。

(2) 下腹壁切开法　正中线切开时，切开皮肤，分离皮下结缔组织，充分止血，扩创并显露术野。切开白线，显露腹膜，按照腹膜切开法切开腹膜。

①中线旁切开法：切开皮肤、疏松结缔组织，腹直肌鞘的外板，然后按腹直肌纤维方向，用钝性分离法，分离腹直肌。然后切开腹直肌鞘内板，或沿切口向白线分离腱鞘外板和腹直肌的联系，再进一步分离两侧腹直肌的联系，最后切开腹直肌鞘的内板和腹膜。腹下壁切开后，按手术目的进行下一步操作。

②腹腔探查：腹腔探查时首先严格消毒手臂至肩、腋部。然后手臂涂油剂青霉素或土霉素、四环素软膏，也可用青霉素盐水湿润手臂。腹腔内注入青霉素普鲁卡因溶液150～200mL。腹壁切口创缘用灭菌纱布或灭菌塑料薄膜隔离开。左

肷部切口探查，用右手，偶尔也用左手。右手探查可触摸到脾，胃，膈，肝，十二指肠，空肠，大结肠，胃状膨大部与盲肠，前后肠系膜，左、右肾及小结肠等，探查的深度与广度较大。骨盆腔内器官的探查用左手较为方便。探查时，动作要轻，按照一定顺序进行触摸脏器的分布、走向和形态特征，进而发现病变部位。

③压结术：术者将右手通过创口伸入腹腔内，由后向前仔细触摸、寻找阻塞肠段。将结粪肠段拉出切口之外，下面衬大块湿纱布，用手将结粪压扁，再从两头将结粪捏成若干个小块。若阻塞肠段不能拉出切口，可在腹腔内进行按压，方法同上。若结粪太硬，可向结粪内注入生理盐水或碳酸氢钠溶液，促使结粪软化，以便压碎。结粪压开之后，于结粪处注入生理盐水 300 ~ 500mL，以利于结粪顺利排出。

④肠切开术：当压结粪无效时，需要进行肠切开取出结粪。先将阻塞肠管尽量拉到腹壁切口之外，在拉出的肠管下面垫上大块浸有生理盐水的纱布。沿肠管纵轴切开肠壁，切口的大小以能取出结粪为适度，然后取出结粪，严防粪渣掉入腹腔。结粪取出后用生理盐水冲洗肠壁切口，然后缝合肠壁切口。生理盐水洗净后，创口涂青霉素油剂，将肠管送回腹腔，闭合腹壁切口，肠管断端吻合术、肠套叠或肠阻塞、肠扭转过程中，肠管发生坏死时，必须在健康肠管上将坏死肠段切除，肠管两断端重新吻合起来。

在肠管宜切除部分的两端，距截断部位 1.5 ~ 2cm 处，用 4 把肠钳分别钳夹住。将切除部分肠管的肠系膜上的血管分别结扎。然后分别由两端肠钳之间切除坏死肠段。同时剪除有关的肠系膜。吻合断端，用青霉素生理盐水溶液冲洗肠管断端，助手持肠管断端两把肠钳，使断端对合并固定，行两层缝合，第一层用螺旋形缝合法将全层或黏膜层缝合，再用库兴氏缝合法，缝合浆膜及肌肉层，使断端内翻闭合，结节缝合法缝合肠系膜。断端缝合后，用灭菌生理盐水冲洗后灭菌纱布拭干。创口涂青霉素油剂，然后送回腹腔。

闭合腹壁切口，用 0 ~ 2 号肠线在助手配合下螺旋形缝合腹膜。缝至最后 1 针时，向腹腔内注入青霉素溶液（含青霉素 1 万 U/mL）200mL 后再完成缝合过程，另用 2 ~ 4 号肠线结节缝合法，分层缝合各层肌肉，每缝合一层后用青霉素生理盐水冲洗一次，撒布少量氨苯磺胺粉。最后用结节缝合法缝合皮肤切口。用生理盐水纱布擦净创口，涂碘酊后装结系绷带。

6. 术后护理

促进机体恢复和防止感染，按常规注射青霉素及链霉素或磺胺类药物。根据机体状况进行输液或输入葡萄糖溶液。定期进行检查，注意对症治疗。要单独饲喂，防止卧地、啃咬。充分供给饮水及补充维生素 C。视机体恢复情况逐渐给予柔软、营养丰富的饲料。给予适当运动，促进机体恢复。手术后 7 ~ 9d 拆除皮肤伤口缝线。

五、瘤胃切开术

1. 适应证

瘤胃切开术常应用于创伤性网胃炎的手术治疗。此外，严重的瘤胃积食、吞食胎衣及其他异物，瓣胃冲洗术及瓣胃按摩术等必须通过瘤胃切开术进行。

2. 保定

六柱栏旁站立保定，但应避免病牛卧地。

3. 麻醉

腰旁神经干传导麻醉，配合局部浸润麻醉。烈性牛可肌内注射盐酸氯丙嗪250～350mg，如果手术复杂，按0.2～0.4mg/kg体重，肌内注射二甲苯胺噻唑。

4. 手术方法

（1）切口部位　在左侧最后肋骨与髋结节中间，自腰椎横突尖端向下3～4cm处。术部常规处理后，作长20～25cm切口。体型较大的牛，其切口部位应稍偏前，即最后肋骨后缘3～4cm处，腰椎横突尖端向下8～10cm处，此处便于接近网胃区域，否则术者手臂不易伸入网胃及探查网胃及其周围，切口部位应根据体型大小、手术目的而定。

（2）腹壁切开　按开腹术的操作方法切开腹壁后，用生理盐水纱布保护腹壁切口。

（3）腹腔探查　患创伤性网胃炎时，网胃与膈肌常发生粘连，有时异物也可能穿过网胃或被结缔组织包围。腹壁切开后，伸手入腹腔，检查网胃外壁。如能发现刺伤网胃的异物（如针、铁丝等）可直接取出，不必再切开瘤胃。

（4）切开胃壁　在腹壁切口之外垫上大块浸有生理盐水的纱布，拉出瘤胃一部分，选择血管较少的位部，即左侧纵沟之上（瘤胃的上囊），先于胃壁切口四角用8～10号丝线，分别穿上四条牵引线，借以固定切口部位，四条牵引线均只能穿至浆膜、肌肉层，而不能穿透黏膜层。然后由助手牵引固定胃。

在四条牵引线之间作15cm长胃壁切口，胃壁可一次切开。胃壁切开之后，术者随即用左手将胃壁切口的左侧提起，右侧则由助手提起，将胃壁切口拉到腹壁之外，然后交助手翻转固定在腹壁切口边缘或创巾上，直至胃壁缝合之前不可放松。

此外，也可以用逢合的方法固定胃壁切口，即切开腹壁后，把瘤胃切口部拉出，用8～10号丝线由切口下角开始将瘤胃浆膜、肌肉层与左侧皮肤创缘作螺旋形缝合，缝至切口上角并使胃壁紧贴皮肤创缘，然后由左侧转向右侧创缘，直至缝合完毕。胃壁暴露在皮肤切口内的宽度为8～10cm，周围覆盖浸过生理盐水的纱布，然后切开瘤胃壁，装上橡皮洞巾。

（5）取出积食或异物　术者应尽快将瘤胃内容物取出1/2左右，如有其他异物则一并取出，然后伸手入前下方，穿过瘤网孔仔细触摸网胃的各部分，将网胃内的所有异物如金属丝、金属片、沙石等全部取出。如果有刺入胃壁的金属，则应小心取出，切勿损伤胃壁。取完异物后重新消毒手臂，或助手进行下步工作。

（6）缝合胃壁切口　取下洞巾，用生理盐水冲洗胃壁切口，由助手拉紧胃壁牵引线，使胃壁切口对合整齐。用0～2号肠线，螺旋形缝合法缝合胃壁全层，缝完后用生理盐水冲洗切口。再用1～3号肠线以库兴氏缝合法，缝合胃壁浆膜、肌肉层。缝完后冲洗并擦净，胃壁创口涂布青霉素油剂或其他消炎油膏。拆除胃壁牵引线，将瘤胃送入腹腔。

（7）缝合腹壁切口　用0～2号肠线螺旋形缝合腹膜至最后两针时，向腹腔内注入青霉素溶液100万～140万U（500～1000U/mL）然后闭合腹膜切口。冲洗后用2～4号肠线以结节缝合法缝合腹内斜肌、腹外斜肌，冲洗后撒氨苯磺胺粉，最后用8～10号丝线减张缝合法闭合皮肤切口，切口涂碘酊，装结系绷带。

5. 术后护理

根据身体状况，术后及时输液，24h内禁食，仅给少量饮水，以后视机体状况逐渐给予青草及营养丰富的饲料。术后按常规使用青霉素、链霉素及对症治疗，逐渐给予适当运动，注意全身变化，加强护理直至创口愈合。

瓣胃按摩与冲洗术：当严重的瓣胃阻塞，经临床治疗效果欠佳时，应及时采取手术措施。其手术方法是在瘤胃切开的基础上进行，即首先作腹壁切开术，再作瘤胃切开术，切开后装上橡皮洞巾，取出2/3瘤胃内容物，然后隔着瘤胃按摩瓣胃，随即将胃管通过瘤胃、网胃经网瓣孔送入瓣胃，胃管另一端接上漏斗，向瓣胃内灌注温水，泡软干固内容物。随着注入温水松动瓣胃内容物，术者将手退回瘤胃，直接按摩瓣胃，边注水边按摩，使泡软冲碎的瓣胃内容物随水返回瘤胃内，经洞巾口排出体外，如此反复进行，直至瓣胃内容物软化。

体型较大的牛，作胃切开施行瓣胃按摩与冲洗术有困难时，则实行真胃切开术冲洗，另一只手通过腹腔按摩瓣胃，直至瓣胃变小、变软为止。

六、犬胃切开术

1. 适应证

犬的胃切开术常用于胃内异物的取出，胃内肿瘤的切除，急性胃扩张（扭转）的整复，减压或坏死胃壁的切除，慢性胃炎或食物过敏时胃壁活组织检查等。

2. 术前准备

非紧急手术，术前应禁食24h以上。在急性胃扩张－扭转病犬，术前应充分补充血容量和调整酸碱平衡。对已出现休克症状的犬，应先进行休克处理，即快速静脉输液时。在中心静脉压的监护下，静脉注射林格尔氏液与5%葡萄糖生理盐水，同时静脉注射氢化可的松、氟美松和氯霉素。在静脉快速补液的同时，经口插入胃管以导出胃内蓄积的气体、液体或食物，以减轻胃内压力。

3. 麻醉与保定

仰卧保定。全身麻醉，气管内插入气管导管，以保证呼吸道通畅，预防异物堵塞呼吸道，注意防止胃内容物逆流误咽。

4. 手术通路

脐前腹中线切口。从剑突末端到脐之间作切口，但不可自剑突旁侧切开。犬的膈肌在剑突旁切开时，极易同时开放两侧胸腔，造成气胸而有致命危险。切口长度因动物体型、年龄大小及动物品种、疾病性质而不同。幼犬、小型犬和猫的切口，可从剑突到耻骨前缘之间；胃扭转的腹壁切口及胸廓深的犬腹壁切口均可延长到脐后4~5cm处。

5. 术式

沿腹中线切开腹壁，显露腹腔。对镰状韧带予以切除，以免妨碍手术操作，而且再次手术时会因大片粘连而给手术造成困难。

在胃的腹面胃大弯与胃小弯之间的预定切开线两端，用艾利氏钳夹持胃壁的浆膜肌层，或用7号丝线在预定切开线的两端，通过浆膜肌层缝合二根牵引线。用艾利氏钳或两牵引线向后牵引胃壁，使胃壁显露在腹壁切口之外。用数块温生理盐水纱布垫填塞在胃和腹壁切口之间，以抬高胃壁并将胃壁与腹腔内其他器官隔离开，以减少胃切开时对腹腔和腹壁切口的污染。

胃的切口位于胃腹面的胃体部，在胃大弯和胃小弯之间的无血管区内，纵向地切开胃壁。先用外科手术刀在胃壁上向胃腔内戳一小口，退出手术刀，改用手术剪通过胃壁小切口扩大胃的切口。胃壁切口长度视需要而定。对胃腔各部检查时的切口长度要足够大。胃壁切开后，胃内容物流出，要及时清除胃内容物后再进行胃腔检查，包括胃体部、胃底部、幽门、幽门窦及贲门部。检查有无异物、肿瘤、溃疡、炎症及胃壁是否坏死。若胃壁发生了坏死，应将坏死的胃壁切除。

胃壁切口的缝合，第一层用3-0号的铬制肠线或1~4号丝线进行康乃尔氏缝合，清除胃壁切口缘的血凝块及污物后，用3~4号丝线进行第二层的连续伦贝特氏缝合。拆除胃壁上的牵引线或除去艾利氏钳，清理除去隔离的纱布垫后，用温生理盐水对胃壁进行冲洗。若术中胃内容物污染了腹腔，用温生理盐水对腹腔进行灌洗，然后转入无菌手术操作，最后缝合腹壁切口。

6. 术后治疗与护理

术后24h内禁饲，不限饮水。24h后给予少量肉汤或牛奶，术后3d可以给予软的易消化的食物，应少量多次喂给。在病的恢复期间，应注意动物体内的水与电解质平衡及酸碱平衡，必要时应予以纠正。术后5d内，每天定时给予抗生素，可首先选用氯霉素150mg/kg体重，每天二次肌内注射，而且手术后还应密切观察胃的解剖复位情况。

七、直肠脱出整复固定术

1. 整复

整复是治疗直肠脱的首要任务，其目的是使脱出的肠管恢复到原位上，整复应尽可能在直肠壁及肠周围蜂窝组织未发生水肿以前施行。

其方法为先用1%温热的高锰酸钾溶液、1%明矾溶液、高渗氯化钠溶液清洗患部，除去污物或坏死黏膜，然后用手指谨慎地将脱出的肠管还纳原位。为了保证顺利地整复，在猪和犬，可将两后肢提起，马、牛可使躯体后部稍高。为了减轻疼痛和挣扎，最好给病畜施行荐尾硬膜外腔麻醉（牛、马等大动物）或直肠后神经传导麻醉。在肠管还纳复原后，可在肛门处给予温敷以防再脱。

2. 手术切除法

这种方法主要适用于脱出时间较长，水肿严重，黏膜干裂或坏死的病例。其操作方法是按“洗、切、缝、送、固”等几个步骤进行。先用温水或3%双氧水洗净患部，后用1%明矾溶液、高渗氯化钠溶液清洗患部，也可用温防风汤（防风、荆芥、薄荷、苦参、黄柏各12g，花椒3g，加水适量煎两沸，去渣，候温待用）冲洗患部。再用消毒纱布兜住肠管，撒上适量明矾粉、轻轻揉擦，挤出水肿液，用温生理盐水冲洗后，用5%的普鲁卡因2～5mL涂在直肠表面浸润麻醉。然后用两根长线穿透两层肠壁作上下左右四点固定，距固定针外2cm切断，止血后，将肠管的浆膜和肌肉层作钝性分离，然后先把内圈的浆膜层结节缝合，后把两肌层作结节缝合，最后把外圈的黏膜作螺旋连续缝合，涂1%～2%的无菌油润滑或抗生素，然后谨慎地将肠管向内翻入肛门内。使直肠完全复位。

3. 固定法

（1）缝合固定　在整复后仍继续脱出的病例，则需考虑将肛门周围予以缝合，缩小肛门孔，防止再脱出。方法是距肛门孔1～3cm处，做一肛门周围的荷包缝合，收紧缝线，保留1～2指大小的排粪口（牛2～3指），打成活结，以便根据具体情况调整肛门口的松紧度，经7～10d病畜不再努责时，则将缝线拆除。

（2）无菌性炎症固定　直肠周围注射酒精或明矾液。本法是在整复的基础上进行的，其目的是利用药物使直肠周围结缔组织增生，借以固定直肠。临床上常用70%酒精或10%明矾溶液注入直肠周围结缔组织中。方法是在距肛门孔2～3cm处，肛门上方和左、右两侧直肠旁组织内分点注射70%酒精3～5mL（猪和犬）或10%明矾溶液5～10mL，另加2%盐酸普鲁卡因溶液3～5mL。注射的针头沿直肠侧直前方刺入3～10cm。为了使进针方向与直肠平行，避免针头远离直肠或刺破直肠，在进针时应将食指插入直肠内引导进针方向，操作时应边进针边用食指触知针尖位置并随时纠正方向。

八、犬断尾术

1. 幼、小犬断尾术

（1）断尾的适宜日龄　选择出生后 7 ~ 10d 的犬，可进行断尾，这时断尾出血和应激反应很小。断尾长度根据不同品种及畜主的选择来决定。

（2）断尾方法　生后 7 ~ 10d 的幼小犬断尾，不需要麻醉。尾部消毒，尾根部放置止血带。在预计截断的部位，用剪刀在尾的两侧作两个侧方皮肤瓣。横断尾椎，这时尾椎是柔软的。在截断的断端，对合两侧皮肤瓣，应用吸收性缝线间断缝合皮肤，这样缝合能控制出血和防止治愈后出现无毛斑痕，特别对于短毛犬，更要注意使用吸收性缝线的缝合。除去止血带。缝线一般可以术后被吸收，有时可被犬舐掉。

2. 老龄犬断尾术

（1）麻醉　全身麻醉或硬膜外麻醉。

（2）断尾方法　尾部消毒，术部剪毛消毒，尾根部放置止血带。预计截断的部位，用手指触及椎间隙。在截断处作背腹侧皮肤瓣切开，皮肤瓣的基部在预计截断的椎间隙处。结扎截断处的尾椎侧方和腹侧的血管，应用外科刀横切断尾椎肌肉，从椎间隙截断尾椎。缝合截断断端上皮肤瓣，覆盖尾的断端。为了防止断端形成血肿，在缝合时，首先应用吸收性缝线作 2 ~ 3 个皮下缝合，防止死腔形成，出现血肿。然后应用单丝非吸收缝线作间断皮肤缝合，10d 后拆线。

（邱伟海　高德臣　朱宏兵）

复习思考题

一、问答题

1. 简述猪、马、牛、羊等畜禽的去势时间。
2. 简述瘤胃切开术的适应证都有哪些？

二、病例分析题

1. 一例牛的瘤胃积食，制定出牛瘤胃切开术的手术实施方案。
2. 一例仔猪的隐睾，制定出手术实施方案。

第十三章 损　　伤

知识目标

- 掌握创伤的结构和愈合过程及影响因素。
- 掌握血肿与挫伤的症状、诊断、治疗。
- 掌握休克与溃疡的病因、症状、控制和治疗。

技能目标

- 正确地进行血肿、挫伤的诊断与治疗。
- 正确地进行休克、溃疡的诊断与治疗。

损伤是由各种不同外界因素作用于机体，引起机体组织器官在解剖上的破坏或生理机能上的紊乱，并伴有不同程度的局部或全身反应的病理现象。

损伤的分类如下：

1. 按损伤组织和器官的性质分为软部组织损伤和硬部组织损伤

（1）软部组织损伤为机体软部组织和器官的损伤。根据皮肤及黏膜的完整性是否受到破坏，又分为软部组织开放性损伤和软部组织非开放性损伤。

（2）硬部组织损伤为机体硬部组织和器官的损伤，如关节和骨损伤、关节脱位和骨折等。

2. 按损伤的病因分类

（1）机械性损伤　因机械性刺激作用所引起的损伤。包括开放性损伤和非开放性损伤。

（2）物理性损伤　由物理性因素引起的损伤，如烧伤、冻伤、电击及放射性损伤等。

（3）化学性损伤　由化学因素引起的损伤，如化学性热伤及强刺激剂引起的损伤等。

（4）生物学的损伤　由生物性因素引起的损伤，如各种细菌和毒素引起的损伤等。

第一节　创　　伤

一、创伤的概念

创伤是因锐性外力或强烈的钝性外力作用于机体组织或器官，使受伤部皮肤或黏膜出现伤口及深在组织与外部相通的机械性损伤。创伤，一般由创缘、创口、创壁、创底、创腔、创围等部分组成（图 13－1）。

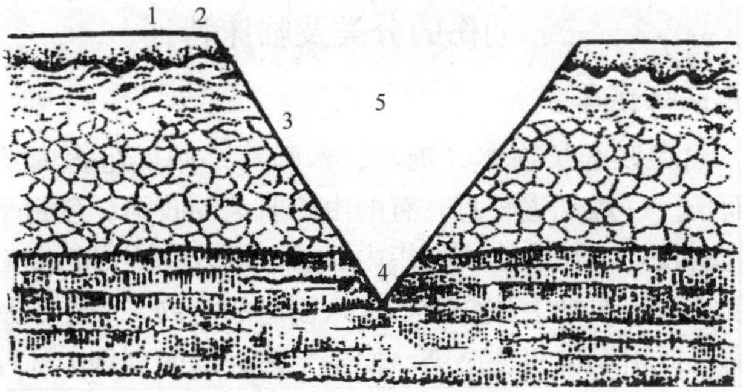

图 13－1　创伤的组成

1—创围　2—创缘　3—创壁　4—创底　5—创腔

二、创伤的症状

1. 新鲜创的临床症状

新鲜创是包括无菌手术创和 8h 以内的污染创，其主要症状是出血、创口裂开、疼痛及机能障碍。

（1）出血　是新鲜创伤的主要特征，出血量的多少决定于受伤的部位、组织损伤的程度、血管损伤的状况、血液的凝固性等。

（2）创口裂开　创口裂开是因受伤组织断离和收缩而引起。创口裂开的程度决定于受伤的部位，创口的方向、长度和深度，以及组织的弹性。活动性较大的部位，创口裂开比较明显；长而深的创伤比短而浅的创口裂开大；肌腱的横创比纵创裂开宽。

（3）疼痛及机能障碍　是因为感觉神经受损伤或炎性刺激而引起。疼痛的程度决定于受伤的部位、组织损伤的性状和个体特性。富感觉神经分布的部位，如蹄冠、外生殖器、肛门和骨膜等处发生创伤，则疼痛显著。由于疼痛和破坏受伤部的解剖组织学结构，常出现肢体的机能障碍。

2. 感染创的临床特征

感染创是指创内有大量的病原微生物侵入，呈现化脓性炎症的创伤。根据感染创的临床特征将其分成两个阶段。

（1）化脓期（化脓创）　由于感染的发展使创伤组织发生充血、渗出、肿胀、疼痛和局部体温升高等急性炎症症状，随后受创伤的组织发生坏死、分解、液化，形成脓汁。在创内、创缘和创围有大量的脓汁，这是化脓创的重要特征。

（2）肉芽期（肉芽创）　随着化脓后期炎症的消退，症状减轻，毛细血管的内皮细胞和成纤维细胞开始增生，形成肉芽组织。健康的肉芽组织质地坚硬，粉红色呈颗粒状，表现有少量黏性灰白色脓性分泌物。

三、创伤的分类及临床特征

1. 按致伤物的性状分

（1）刺创　由尖锐细长物体（钢丝、木刺等）刺入组织内发生的损伤。创口小，创道狭而长，一般创道较直，有的由于肌肉的收缩，创道呈弯曲状态，深部组织常由损伤引发内出血或形成组织内血肿。刺入物有时折断后留在组织中作为异物残留于创道内，再加上致伤物体带入创道的污物，刺创极易感染化脓，甚至形成化脓性窦道或引起厌氧性感染。发生于体腔部的刺创，往往成为透创，应特别注意。

（2）切创　因锐利的刀类、铁片、玻璃片等切割组织发生的损伤。切创的创缘及创壁比较平整，组织受挫轻微，出血量多，疼痛较轻，创口裂开明显，污染较少。一般经适当的外科处理和缝合，能迅速愈合。

（3）砍创　由砍柴刀、马刀等砍切组织发生的损伤。因致伤物体重，致伤力量强，故创口裂开大，组织损伤严重，出血量较多，疼痛剧烈。

（4）挫创　由钝性外力的作用（如打击、冲撞、跳踢等）或动物跌倒在硬地上所致的组织损伤。挫创的创形不整，常存有明显的被血液浸润的挫灭破碎组织，出血量少，创内常存有创囊及血凝块，创伤多被尘土、砂石、粪块、被毛等污染，极易感染化脓。

（5）裂创　由钩、钉等钝性牵引作用，使组织发生机械性牵张而断裂的损伤。裂创的创形不规则，组织发生撕裂或剥离，创缘呈不规则锯齿状，创内深浅不一，创壁及创底凸凹不平，并存有创囊、严重破损组织碎片。出血较少，创口裂开很大，疼痛剧烈。有的皮肤呈瓣状撕裂，有的并发肌肉及腱的断裂，撕裂组织容易发生坏死或感染。

（6）压创　由车轮碾压或重物挤压所致的组织损伤。压创的创形不整齐，存有大量的挫灭组织、压碎的肌腱碎片，有的皮肤缺损或存在粉碎性骨折。压创一般出血少，虽然疼痛不是很剧烈，但创伤污染严重，极易感染化脓。

（7）搔创　被猫和犬的爪搔抓致伤，皮肤常被损伤，呈线形，一般比较浅表。被熊爪抓伤时可形成广泛的组织缺损。

（8）缚创　保定用绳，特别是粗糙的新绳缚捆时，可引起缚创，如马系部、趾部常发缚创易感染化脓。

（9）咬创　由动物的牙咬所致的组织损伤，猪和马较多见。被咬部呈管状创或近似裂创或呈组织缺损创。创内常有挫灭组织，出血少，常被口腔细菌所污染，可继发蜂窝织炎。

（10）毒创　被毒蛇咬、毒蜂刺蜇等所致的组织损伤。被咬部位呈点状损伤，常不易被发现。但毒素进入组织后，患部疼痛剧烈，迅速肿胀，以后出现坏死和分解。毒素引起的全身性反应迅速而严重，可因呼吸中枢和心血管系统的麻痹而死亡。

（11）复合创　具备上述两种以上创伤的特征。常见者有挫刺创、挫裂创等。

（12）火器创　由枪弹或弹片致伤所造成的开放性损伤，与一般开放性损伤不同，有其本身的特殊性。

2. 按创伤有无感染分

（1）无菌创　通常将在无菌条件下所做的手术创称为无菌创。

（2）污染创　创伤被细菌和异物所污染，但进入创内的细菌仅与损伤组织发生机械性接触，并未侵入组织深部发育繁殖，也未呈现致病作用。污染较轻的创伤，经适当的外科处理后，可能取第一期愈合。污染严重的创伤，又未及时而彻底地进行外科处理时，常转为感染创。

（3）感染创　进入创内的致病菌大量繁殖，对机体呈现致病作用，使伤部组织出现明显的创伤感染症状，甚至引起机体的全身性反应。

四、创伤的愈合

1. 创伤愈合的种类

创伤愈合分第一期愈合、第二期愈合和痂皮下愈合。

（1）第一期愈合　创伤第一期愈合，是一种较为理想的愈合形式。其特点是创缘、创壁整齐，创口吻合，无肉眼可见的组织间隙，临床上炎症反应较轻微。创内无异物、坏死灶及血肿，组织保持有生活能力，失活组织较少，没有感染，具备这些条件的创伤可完成第一期愈合。无菌手术创绝大多数可达第一期愈合。新鲜污染创，如能及时做清创术处理，也可以期待达到此期愈合。

（2）第二期愈合　特征是伤口增生大量的肉芽组织，充填创腔，然后形成疤痕组织与被覆上皮组织而治愈。一般当伤口大，伴有组织缺损，创缘及创壁不整，伤口内有血凝块、细菌感染、异物、坏死组织，以及由于炎性产物，代谢障碍，致使组织丧失第一期愈合能力时，要通过第二期愈合而治愈。临床上多数创伤病例取第二期愈合。

（3）痂皮下愈合　特征是表皮损伤，伤面浅在并有少量出血，以后血液或渗出的浆液逐渐干燥而结成痂皮，覆盖在伤部的表面，具有保护作用，痂皮下损伤的边缘再生表皮而治愈，如擦伤、轻度烧伤。若感染细菌时，于痂皮下化脓取第二期愈合。

2. 影响创伤愈合的因素

创伤愈合的速度常受许多因素的影响，这些因素包括外界条件方面的、人为的和机体方面的。创伤诊疗时，应尽力消除妨碍创伤愈合的因素，创造有利于创伤愈合的良好条件。

（1）创伤感染　创伤感染化脓是延迟创伤愈合的主要因素，由于病原菌的致病作用，一方面使伤部组织遭受更大的破坏，延长愈合时间；另一方面机体吸收了细菌毒素和有害的炎性产物，降低机体的抵抗力，影响创伤的修复过程。

（2）创内存有异物或坏死组织　当创内，特别是创伤深部存留异物或坏死组织时，炎性净化过程不能结束，化脓不会停止，创伤就不能愈合，甚至形成化脓性窦道。

（3）受伤部血液循环不良　创伤的愈合过程是以炎症为基础的过程，受伤部血液循环不良，既影响炎性净化过程的顺利进行，又影响肉芽组织的生长，从而延长创伤愈合时间。

（4）受伤部不安静　受伤部经常进行有害的活动，容易引起继发损伤，并破坏新生肉芽组织的健康生长，从而影响创伤的愈合。

（5）处理创伤不合理　如止血不彻底，施行清创术过晚和不彻底，引流不畅，不合理的缝合与包扎，频繁地检查创伤和不必要的换绷带，以及不遵守无菌规则，不合理地使用药剂等，都可延长创伤的愈合时间。

（6）机体维生素缺乏　维生素A缺乏时，上皮细胞的再生作用迟缓，皮肤出现干燥及粗糙；B族维生素缺乏时，能影响神经纤维的再生；维生素C缺乏时，由于细胞间质和胶原纤维的形成障碍，毛细血管的脆弱性增加，致使肉芽组织水肿、易出血；维生素K缺乏时，由于凝血酶原的浓度降低，致使血液凝固缓慢，影响创伤愈合时间。

五、创伤的检查方法

创伤检查的目的在于了解创伤的性质，决定治疗措施和观察愈合情况。

1. 一般检查从问诊开始

了解创伤发生的时间，致伤物的性状，发病当时的情况和病畜的表现等。然后检查病畜的体温、呼吸、脉搏，观察可视黏膜颜色和病畜的精神状态。检查受伤部位和救治情况，以及四肢的机能障碍等。

2. 创伤外部检查按由外向内的顺序，仔细地对受伤部位进行检查

先视诊创伤的部位、大小、形状、方向、性质，创口裂开的程度，有无出血，创围组织状态和被毛情况，有无创伤感染现象。再观察创缘及创壁是否整齐、平滑，有无肿胀及血液浸润情况，有无挫灭组织及异物。然后对创围进行柔和而细致的触诊，以确定局部温度的高低、疼痛情况、组织硬度、皮肤弹性及移动性等。

3. 创伤内部检查应胆大心细，并遵循无菌规则

首先创围剪毛、消毒。检查创壁时，应注意组织的受伤情况、肿胀情况、出血及污染情况。检查创底时，应注意深部组织受伤状态，有无异物、血凝块及创囊的存在。必要时可用消毒的探针、硬质胶管等，或用消毒乳胶手套的手指进行创底检查，摸清创伤深部的具体情况。

对于有分泌物的创伤，应注意分泌物的颜色、气味、黏稠度、数量和排出情况等。必要时可进行酸碱度测定、脓汁及血液检查。对于出现肉芽组织的创伤，应注意肉芽组织的数量、颜色和生长情况等。创面可作按压标本的细胞学检查，有助于了解机体的防卫机能状态，客观地验证治疗方法的正确性。

六、创伤的治疗

1. 创伤治疗的一般原则

（1）抗休克　一般是先抗休克，待休克好转后再行清创术，但对大出血、胸壁穿透创及肠脱出，则应在积极抗休克的同时，进行手术治疗。

（2）防治感染　污染性创伤，一般不可避免被细菌等所污染，伤后应即开始使用抗生素，预防化脓性感染，同时进行积极的局部治疗，使污染的伤口变为清洁伤口并进行缝合，但对火器创的处理，原则上只做清创不做缝合。

（3）纠正水与电解质失衡　可灌注口服补液盐、静注糖盐水和5%碳酸氢钠溶液等。

（4）消除影响因素　影响创伤愈合的因素很多，在创伤治疗过程中，注意消除影响创伤愈合的因素，可使肉芽组织生长正常，促进创伤早期治愈。

（5）加强饲养管理　加强饲养管理，增强机体抵抗力，能促进伤口愈合，对严重的创伤，应给予高蛋白及富含维生素的饲料。

2. 治疗创伤的基本方法

（1）新鲜创的急救　首先止血，然后对创围剪毛，消毒，清洁及消毒创面，撒上消炎的抗生素粉或磺胺粉，绷带包扎创伤。对于严重创伤和已污染的创伤，应防止感染破伤风，给动物注射破伤风抗毒素。

（2）创伤的治疗方法

① 创围清洁法：清洁创围的目的在于防止创伤感染，促进创伤愈合。清洁创围时先用数层灭菌纱布块覆盖创面，防止异物落入创内。后用毛剪将创围被毛剪去，剪毛面积距创缘周围10cm左右为宜。创围被毛如被血液或分泌物黏着时，可用3%过氧化氢和2%氨水混合液将其除去，再用70%酒精棉球反复擦拭紧靠创缘的皮肤，直到清洁干净为止。离创缘较远的皮肤，可用肥皂水和消毒液洗刷干净，但应防止洗刷液落入创内。最后用5%碘酊或75%酒精、福尔马林溶液以5min的间隔，两次涂擦创围皮肤。

②创面清洗法：揭去覆盖创面的纱布块，用生理盐水冲洗创面后，持消毒镊子除去创面上的异物、血凝块或脓痂。再用生理盐水或防腐液反复清洗创伤，直至清洁为止。创腔较浅且无明显污物时，可用浸有药液的棉球轻轻地清洗创面；创腔较深或存有污物时，可用洗创器吸取防腐液冲洗创腔，并随时除去附于创面

的污物，但应防止过度加压形成的急流冲刷创伤，以免损伤创内组织和扩大感染。清洗创腔后，用灭菌纱布块轻轻地擦拭创面，以便除去创内残存的液体和污物。

③清创手术：用外科手术的方法将创内所有的失活组织切除，除去可见的异物、血凝块，消灭创囊、凹壁，扩大创口（或作辅助切口），保证排液畅通，力求使新鲜污染创变为近似手术创伤，争取创伤的第一期愈合。

④创伤用药

抗感染药：新鲜创经过处理后，撒上抗生素粉或磺胺粉。

促进创口净化的药物：这类药物能改善局部血液循环，加速淋巴净化，清除细菌和毒素。常用的药物有8%～10%氯化钠溶液、10%～20%的硫酸钠溶液和50%葡萄糖溶液。

促进肉芽生长的药物：常用的有10%磺胺鱼肝油、青霉素鱼肝油、2%～3%的红汞鱼肝油、松碘油膏。

促进皮肤生长的药物：常用的有氧化锌水杨酸钠膏、水杨酸钠磺胺膏。

处理肉芽生长的药物有硫酸铜、高锰酸钾等。

⑤缝合与包扎：缝合可分为初期缝合、延期缝合和肉芽缝合。

初期缝合：对无污染的新鲜创进行缝合。

延期缝合：对用药物治疗后消除感染的创伤的缝合。

肉芽缝合：对生长良好肉芽创的缝合。

包扎：经外科处理的四肢下部和新鲜创都要进行包扎，包扎的绷带由吸收层（灭菌纱布）、接受层（灭菌脱脂棉）、固定层（绷带）三层组成。

⑥引流法：多用于深部感染化脓创的炎性净化期，用引流物（纱布条、胶管）将药物导入创内。使药物和创面均匀接触，较长时间发挥作用。同时将创内的炎性渗出物沿着引流条排出体外，当肉芽生长良好时，就应停止引流。

⑦全身治疗：应用抗生素和磺胺药。对局部化脓剧烈，为了减少渗出和酸中毒，静脉注射10%的氯化钙100～150mL，5%的碳酸氢钠溶液300～500mL。根据病情变化，可采用强心、利尿、补液等办法。

第二节　非开放性损伤

由于钝性外力的撞击、挤压、跌倒等而致伤，伤部的皮肤和黏膜保持完整，而有深部组织的损伤，非开放性损伤因无伤口，感染机会较少，但有时伤情较为复杂，不能忽视，常见的有挫伤、血肿和淋巴外渗。

一、挫　　伤

挫伤是机体在钝性外力直接作用下，引起组织的非开放性损伤。

1. 病因

家畜被马踢、棍棒打击、车辆冲撞、车辕砸压、跌倒或坠落于硬地上都容易发生挫伤。其受伤的组织或器官可能是皮肤、皮下组织、筋膜、肌肉、肌腱、腱鞘、韧带、神经、血管、骨膜、关节、胸腹腔及内脏器官。

2. 症状

病后患部皮肤可出现轻微的致伤痕迹，如被毛逆乱或脱落、擦伤等。挫伤的症状为溢血、肿胀、疼痛和机能障碍。溢血是由于血管破裂，使血液积聚在组织中，在缺乏色素的皮肤上可见到溢血斑。肿胀是由于损伤后局部组织炎症，血液和淋巴液浸润引起。肿胀部增温，呈坚实感，如并发血肿可出现稍有弹性的感觉。伤周围常伴有弥散性水肿，以肿胀的下部为明显。疼痛是由于神经末梢受损或渗出液压迫所致，当较大的知觉神经干及知觉神经分布丰富的部位受挫伤时，则疼痛显著。一般挫伤疼痛为瞬时性，但重度挫伤有时引起局部感觉丧失现象。若损伤发生于四肢，可出现运动机能障碍。

严重的挫伤，往往伴有骨及关节的挫伤。若发生感染时，全身及局部症状加重，可形成脓肿或蜂窝织炎。有的部位反复发生挫伤，可形成淋巴外渗、黏液囊炎及患部皮肤肥厚、皮下结缔组织硬化。

3. 治疗

治疗原则：制止溢血，镇痛消炎，促进肿胀的吸收，防止感染，加速组织的修复能力。

初可用冷却疗法，经过 2d 后改用温热疗法、氦氖激光照射、红外线照射，也可局部涂擦刺激性药物，如樟脑酒精或 5% 鱼石脂软膏等。局部涂布用醋调制的复方醋酸铅散，对促进肿胀的消退有良好的效果。或用中药山栀子粉加淀粉或面粉，以黄酒调成糊状外敷。

应及时治疗并发症和继发病。

二、血　　肿

血肿是由于种种外力作用，造成血管破裂，溢出的血液分离周围组织，形成充满血液的腔洞。

1. 病因

血肿常见于软组织非开放性损伤，但骨折、刺创、火器创也可形成血肿。马的血肿经常发生于胸前、鬐甲、股部、腕部。牛的血肿常发生于胸前和腹部。血肿可发生于皮下、筋膜下、肌间、骨膜下及浆膜下。根据损伤的血管不同，血肿分为动脉性血肿、静脉性血肿和混合性血肿。

2. 症状

血肿的临床特点是肿胀迅速增大，肿胀呈明显的波动感或饱满有弹性。4 ~ 5d 后肿胀周围呈坚实感，并有捻发音，中央部有波动，局部增温。穿刺时，有血液流出。有时可见淋巴结肿大和体温升高等全身症状。

血肿感染可形成脓肿，注意鉴别。

3. 治疗

重点应从制止溢血、防止感染和排除积血着手。可于患部涂碘酊，装压迫绷带。经4~5d后，可穿刺或切开血肿，排除积血或凝血块和挫灭组织，如发现继续出血，可行结扎止血，清理创腔后，再行缝合创口或开放疗法。

三、淋巴外渗

淋巴外渗是在钝性外力作用下，由于淋巴管断裂，致使淋巴液聚积于组织内的一种非开放性损伤。

1. 病因

是钝性外力在动物体上强行滑擦，致使皮肤或筋膜与其下部组织发生分离，因而淋巴管发生断裂。淋巴外渗常发生于淋巴管较丰富的皮下结缔组织，而筋膜下或肌间则较少。马常发生于颈部、胸前部、肩胛部、鬐甲部、腹侧部、臂部和股内侧部等。

2. 症状

淋巴外渗在临床上发生缓慢，一般于伤后3~4d出现肿胀，并逐渐增大，有明显的界限，呈明显的波动感，手感皮肤不紧张，炎症反应轻微。穿刺液为橙黄色稍透明的液体，或其内混有少量的血液。时间较久，析出纤维素块，如囊壁有结缔组织增生，则呈明显的坚实感。

3. 治疗

首先使家畜安静，有利于淋巴管断端的闭塞。较小的淋巴外渗可不必切开，于波动明显部位，用注射器抽出淋巴液，然后注入95%酒精或酒精福尔马林液(95%酒精100mL，福尔马林1mL，碘酊数滴，混合备用)，停留片刻后，将其抽出，以期淋巴液凝固堵塞淋巴管断端，达到制止淋巴液流出的目的。应用一次无效时，可行第二次注入。

较大的淋巴外渗，可行切开，排出淋巴液及纤维素，用酒精福尔马林液冲洗，并将浸有上述药液的纱布填塞于腔内，作假缝合。当淋巴管完全闭塞后，可按创伤治疗。

应注意，长时间的冷敷能使皮肤发生坏死；温热、刺激剂和按摩疗法，均可促进淋巴液流出和破坏已形成的淋巴栓塞，都不宜应用。

第三节　损伤并发症

一、休　克

休克是因强烈的刺激因素引起的机体循环血液量锐减，微循环障碍，导致组织缺氧和器官损害、代谢和功能障碍的一种综合征，它不是一种独立的疾病。各种动物都可发生。

1. 病因

休克多见于重剧的外伤和伴有广泛组织损伤的骨折、神经丛或大神经干受到异常刺激、大出血、大面积烧伤、不麻醉进行较大的手术、胸腹腔手术时粗暴的检查、过度牵张肠系膜等。

2. 症状

表现兴奋状态，血压无变化或稍高，脉搏快而充实，呼吸数增加，皮温降低，黏膜发绀，无意识地排尿、排粪。这个过程短则几秒即能消失，长者不超过1h，所以在临床上往往被忽视。继兴奋之后，动物出现典型沉郁、食欲废绝、不思饮、家畜反应微弱，或对痛觉、视觉、听觉的刺激全无反应，脉搏细而间歇，呼吸浅表不规则，肌肉张力极度下降，反射微弱或消失，此时黏膜苍白、四肢厥冷、瞳孔散大、血压下降、体温降低、全身或局部颤抖、出汗、呆立不动、行走如醉，此时如不抢救，以死亡而告终。

3. 诊断

根据临床检查和生理生化测定指标作为休克的诊断依据。临床上，患畜精神沉郁，肌肉颤抖，呼吸快而浅表，体温下降，脉搏快而微弱，最后昏迷。

4. 治疗

治疗原则：除去病因，改善血液循环，提高血压，消除毒血症和缺氧症，恢复新陈代谢。

（1）消除病因　及时止血、止痛。要根据休克发生不同的原因，给以相应的处置。如为出血性休克，关键是止血，当然在止血的同时也必须迅速地补充血容量。如为中毒性休克，要尽快消除中毒因素，对化脓灶、脓肿、蜂窝织炎要切开引流。过敏性休克注射肾上腺素。

（2）补充血容量　在贫血和失血时，输血效果好，因为全血有携氧能力，补充血容量以达到正常血细胞压积；根据需要还可补充代血浆、生理盐水或葡萄糖生理盐水。另外静脉注射乳酸钠林格氏溶液，大动物按20~40mL/kg体重，犬90mL，猫40mL。若大量补充不含电解质的葡萄糖液，会导致血内低渗状态，使细胞水肿，故用量应加以限制。

（3）改善心脏功能　当静脉灌注适当量液体之后，患畜情况没有好转，中心静脉压反而增高，应用强心的药物。当中心静脉压高、血压低，为心功能不全的表示，采用提高心肌收缩力的药物，α-受体兴奋剂，如异丙肾上腺素和多巴胺是应选药物。大剂量的皮质类固醇，能促进心肌收缩，降低周围血管阻力，有改善微循环的作用，并有中和内毒素作用，较多用于中毒性休克。

（4）纠正酸中毒　轻度的酸中毒给予生理盐水，中度酸中毒则须用碱性药物，如碳酸氢钠、乳酸钠等，严重的酸中毒或肝受损伤时，不得使用乳酸钠。

(5) 抗生素及磺胺类药物疗法　外伤性休克常合并有感染，在休克前期，一般常给广谱抗生素。如果同时应用皮质激素时，抗生素要加大用量。

(6) 加强护理　加强病畜饲养管理，指定专人护理，使家畜保持安静，要注意保温，但也不能过热，保持通风良好，给予充分饮水。输液时使液体保持同体温相同的温度。

二、溃　疡

皮肤（或黏膜）上经久不愈合的病理性肉芽创称为溃疡。

1. 病因

血液循环、淋巴循环和物质代谢的紊乱，中枢神经系统和外周神经的损伤或疾病所引起的神经营养紊乱；某些传染病、外科感染和炎症的刺激；维生素不足和内分泌紊乱；伴有机体抵抗力降低和组织再生能力降低的机体衰竭、严重消瘦及糖尿病等；异物、机械性损伤、分泌物及排泄物的刺激；防腐消毒药的选择和使用不当；急性和慢性中毒和某些肿瘤等。

2. 症状

临床上常见的有下述几种溃疡。

(1) 单纯性溃疡　溃疡表面被覆蔷薇红色、颗粒均匀的健康肉芽。肉芽表面覆有少量黏稠、黄白色的脓性分泌物，干涸后则形成痂皮。溃疡周围皮肤及皮下组织肿胀，缺乏疼痛感。

(2) 炎症性溃疡　临床上较常见。溃疡呈明显的炎性浸润。肉芽组织呈鲜红色，有时因脂肪变性而呈微黄色。表面被覆大量脓性分泌物，周围肿胀，触诊疼痛。

(3) 坏疽性溃疡　见于冻伤、湿性坏疽及不正确的烧烙之后。溃疡表面被覆软化污秽无构造的组织分解物，并有腐败性液体浸润。常伴发明显的全身症状。

(4) 水肿性溃疡　常发生于心脏衰弱的病畜及局部静脉血液循环被破坏的部位。肉芽苍白脆弱，呈淡灰白色，且有明显的水肿。溃疡周围组织水肿，无上皮形成。

(5) 蕈状溃疡　常发生于四肢末端有活动肌腱通过部位的创伤。其特征是局部出现高出于皮肤表面、大小不同、凸凹不平的蕈状突起，其外形恰如散布的真菌故称蕈状溃疡。肉芽常呈紫红色，被覆少量脓性分泌物且容易出血。上皮生长缓慢，周围组织呈炎性浸润。

(6) 褥疮及褥疮性溃疡　褥疮是局部受到长时间的压迫后所引起的因血液循环障碍而发生的皮肤坏疽。常见于畜体的突出部位。

3. 诊断

皮肤（或黏膜）上经久不愈合的病理创口，创内有肉芽，表面有脓汁覆盖。

4. 治疗

治疗原则：消除病因，防止感染，促进健康肉芽生长，加速皮肤形成。

应根据不同的溃疡使用不同的治疗方法。如是单纯性溃疡应精心的保护肉芽，防止其损伤，加速上皮的形成，可使用加2%～4%水杨酸锌软膏、鱼肝油软膏等。如是炎症性溃疡，应禁止使用有刺激性的防腐剂。如有脓汁潴留时应切开创囊排净脓汁。为了防止从溃疡面吸收毒素，亦可用浸有20%硫酸镁或硫酸钠溶液的纱布覆于创面。蕈状肉芽组织超出于皮肤表面很高，可剪除或切除，也可用硝酸银棒、苛性钾、苛性钠、20%硝酸银溶液烧灼腐蚀。

三、窦道和瘘

窦道和瘘都是狭窄不易愈合的病理管道，其表面被覆上皮或肉芽组织。窦道是一端与体表相通的盲管，可发生于机体的任何部位的深在组织（结缔组织、肌肉组织等）；瘘是管道使体腔与体表相通或使空腔器官相通，其管道是两边开口。

（一）窦道

窦道常为后天性的，多见于臂部、鬐甲部、颈部、股部、肩胛和前臂部等。

1. 病因

（1）异物　常被致伤物体一起带入体内，如砂石、木屑、谷芒、钉子、被毛、金属丝、结扎线，或手术时将其留于创内的棉球及纱布等，或长期不正确的使用引流等。

（2）化脓坏死性炎症　脓肿、蜂窝织炎、开放性化脓性骨折及韧带的坏死、骨坏疽及化脓性骨髓炎等。

（3）深部脓汁不能顺利排出，而有大量脓汁潴留形成脓窦，都容易形成窦道。

2. 症状

窦道口不断地排出脓汁。有的窦道口过小，位置又高，脓汁大量潴留于窦道底部时，当运动时由于肌肉的压迫而使脓汁的排出量增加。窦道口下方的被毛和皮肤上常附有干涸的脓痂。由于脓汁的长期浸渍而形成皮肤炎，被毛脱落。

窦道内脓汁的性状和数量等因致病菌的种类和坏死组织的情况不同而异。当深部存在脓窦且有较多的坏死组织，并处于急性炎症过程时，脓汁量大而较为稀薄并常混有组织碎块和血液。病程拖长，窦道壁已形成疤痕，且窦道深部坏死组织很少时，则脓汁少而黏稠。

窦道壁的构造、方向和长度因病程的长短和致病因素的不同而有差异。新发生的窦道，管壁肉芽组织未形成疤痕，管口常有肉芽组织赘生。

窦道在急性炎症期，局部炎症症状明显。当化脓坏死过程严重，窦道深部有大量脓汁潴留时，可出现明显的全身症状。陈旧性窦道一般全身症状不明显。

3. 诊断

除对窦道口的状态、排脓的特点及脓汁的性状进行细致的检查外，还要对窦道的方向、深度、有无异物等进行探诊。探诊时可用灭菌金属探针、硬质胶管，有时可用消毒过的手指进行。探诊时必须小心细致，如发现异物时应进一步确定其存在部位、与周围组织的关系、异物的性质、大小和形状等。探诊时必须确实保定，防止病畜骚动。要严防感染进一步扩散和人为的窦道发生。必要时亦可进行X射线诊断。

4. 治疗

治疗原则：消除病因和病理性管壁，通畅引流。

（1）对脓肿、蜂窝织炎自溃或切开后形成的窦道，可灌注10%碘仿醚、3%双氧水等以减少脓汁的分泌和促进组织再生。

（2）当窦道内有异物、结扎线和组织坏死块时，必须用手术方法将其除去。在手术前最好向窦道内注入除红色、黄色以外的防腐液，使窦道管壁着色或向窦道内插入探针以利于手术的进行。

（3）当窦道口过小、管道弯曲，由于排脓困难而潴留脓汁时，可扩开窦道口，根据情况造反对孔或作辅助切口，导入引流物以利于脓汁的排出。

（4）窦道管壁有不良肉芽或形成疤痕组织，可用腐蚀剂腐蚀，或用锐匙刮净或用手术方法切除窦道。

（二）瘘

先天性瘘是由于胚胎期间畸形发育的结果，如脐瘘、膀胱瘘及直肠－阴道瘘等。此时瘘管壁上常被覆上皮组织。后天性瘘较为多见，是由于腺体器官及空腔器官的创伤或手术之后发生的。在家畜常见的有胃瘘、肠瘘、食道瘘、颊瘘、腮腺瘘及乳腺瘘等。

1. 症状

可分为以下两种：

排泄性瘘：其特征是经过瘘的管道向外排泄空腔器官的内容物（尿、饲料、食糜及粪等）。除创伤外，也见于食道切开、尿道切开、瘤胃切开、肠管切开等手术化脓感染之后。

分泌性瘘：其特征是经过瘘的管道分泌腺体器官的分泌物（唾液、乳汁等）。常见于腮腺部及乳房创伤之后。当动物采食或挤乳时，有大量唾液和乳汁呈滴状或线状从瘘管射出时，是腮腺瘘和乳腺瘘的特征。

2. 治疗

（1）对肠瘘、胃瘘、食道瘘、尿道瘘等排泄性瘘管必须采用手术疗法。其方法多用纱布堵塞瘘管口，扩大切开创口，剥离粘连的周围组织，找出通向空腔器官的内口，除去堵塞物，检查内口的状态，根据情况对内口进行修整手术、部分切除术或全部切除术，密闭缝合，修整周围组织，缝合。手术中一定要尽可能防止污染新创面，以争取第一期愈合。在瘘管创面滴入甘油数滴，然后撒布高锰酸钾粉少许，用棉球轻轻按摩，用其烧灼作用以破坏瘘的管壁。一次不愈合者可重复应用。

（2）对腮腺瘘等分泌性瘘，可向管内灌注20%碘酊、10%硝酸银溶液等。上述方法无效时，对腮腺瘘可先向管内用注射器在高压下灌注溶解的石蜡，后装着胶绷带。亦可先注入5%～10%的甲醛溶液或20%的硝酸银溶液15～20mL，数日后当腮腺已发生坏死时进行腮腺摘除术。

（高德臣　胡永灵）

复习思考题

一、问答题

1. 简述创伤的治疗方法。

2. 简述溃疡的治疗原则和治疗方法。

二、病例分析题

一例牛由于外伤大失血引起休克，请制定急救方案。

第十四章　外科感染

知识目标

- 掌握影响外科感染的因素和治疗方法。
- 掌握局部外科感染症状、治疗和预防。
- 掌握败血症病因、诊断、治疗和预防。
- 了解外科感染的分类。

技能目标

- 熟练进行脓肿、蜂窝织炎的诊断、治疗。
- 熟练准确地进行败血症诊断、控制和治疗。

第一节　概　　述

一、外科感染的概念

1. 外科感染的概念

感染是有机体对致病菌的侵入、生长和繁殖造成的一种反应性病理过程。外科感染是一个复杂的病理过程，当病原微生物经皮肤、黏膜的创伤或其他途径侵入动物机体，并在组织中生长、繁殖，产生毒素，对机体呈现病原作用而引起局部或全身反应的病理过程。体内的病原菌根据其致病力的强弱、侵入门户以及有机体局部和全身的状态而出现不同的结果。

2. 外科感染的分类

（1）根据病原菌感染的途径

①外源性感染：致病菌通过皮肤或黏膜的伤口侵入有机体某一部位，随循环带至其他组织或器官内的感染过程。

②隐性感染：侵入有机体内的致病菌未被杀死而隐藏存活于某组织（腹膜粘连部位、形成疤痕的溃疡病灶和脓肿内、组织坏死部位、作结扎和缝合的缝合线上、形成包囊的异物等），当有机体全身和局部的防卫能力降低时则发生此种感染。

（2）按感染由几种病原菌引起

①单一感染：外科感染是由一种病原菌引起的则称单一感染。

②混合感染：由多种病原菌引起的则称为混合感染。

（3）按感染的先后

①原发性感染：为某一种病原菌所引起的最初感染。

②继发性感染：原发性病原微生物感染后，经过若干时间又并发它种病原菌的感染。

③再感染：被原发性病原菌反复的感染。

二、外科感染的病程演变

致病菌通过损伤的皮肤、黏膜或者经过淋巴管和血管侵入有机体后发生感染时，即出现红、肿、热、痛及机能障碍的临床症状。根据感染后有机体反应发展的快慢可分为急性和慢性两种；根据致病菌的性质可分为化脓性、厌气性和腐败性感染三种。

急性外科感染时机体的反应如下：

局部反应：初期，局部发生主动性充血，局部温度增高，以后在炎症病灶的中心，由于血液循环停滞而出现被动性充血，继而发生炎性渗出和白细胞游出，以及炎症局部的网状内皮系统的细胞明显增生，因而局部出现肿胀、疼痛和机能障碍。当局部急性化脓性感染发展时，有机体就形成了一系列的屏障以阻挡感染的发展，例如肉芽组织、脓肿的腔壁，从原发感染病灶扩散途径上的淋巴管和淋巴结等也起这种阻挡作用。急性化脓性感染时，这些淋巴管和淋巴结的炎症变化就是它们抑制致病菌及毒素的标志。当感染由局部病灶向外蔓延时常能直接进入血液循环，在有利条件下能发展成为全身化脓性感染。

全身反应：在局部化脓时，除局部反应外也能出现全身的症状，如体温升高、心跳和呼吸加快、病畜精神沉郁、食欲减退等。

三、外科感染诊断与防治

1. 感染的诊断

根据机体感染后的局部病状（明显的红、肿、热、痛和机能障碍，有的很快化脓）和全身反应（如体温升高、心跳和呼吸加快等）可以作出论断。

2. 感染的治疗原则

治疗原则：既要治疗局部，也必须注意整体。

（1）局部治疗　局部化脓感染时，为了阻止致病菌向深部扩散和防止有毒物质被吸收，使病畜充分安静是十分必要的，安静可减少疼痛刺激，避免神经组织进一步遭受损伤，又能恢复病畜的体力和被破坏的代谢机能。为此，必须确实固定、限制局部活动，进行细致的外科处理后，根据情况决定是否包扎。如要包扎，但不能影响局部的血液循环。在冬季要注意局部保温，可用附有多层棉花的绷带包扎。

某些病例于感染的初期，当软组织肿胀剧痛时，可使用冷敷，但长时间冷敷有可能引起局部贫血而造成坏死。对某些病例可以局部涂擦刺激剂或应用温热疗法使局部发生主动性充血，以利于炎症的消散吸收。当脓肿形成后热敷是禁忌的，因为在这种情况下，增加充血能使组织内压增加而引起剧烈疼痛，也容易造成脓肿的自溃。某些物理疗法对化脓性感染有较好的疗效，但必须选用得当。

手术疗法是治疗化脓性感染的主要方法之一。如果局部化脓灶波动已很明显，疼痛和肿胀及其他全身症状（如体温升高、血液改变、结膜黄染等）出现时，应该立即进行手术切开，手术时既要防止感染扩散，又要引流畅通。

（2）全身治疗　感染后由于水和电解质代谢的紊乱，病畜常处于脱水状态，特别是重症高热时更为明显。因此必须根据病畜的具体情况大量补液，以补充水和电解质的不足，可应用碳酸氢钠疗法和静脉内注射酒精疗法调节机体的酸碱平衡，后者对神经系统也能产生良好的影响。应用钙制剂可以改善机体无机盐类代谢的紊乱（化脓性感染时出现明显的低钙血症），并可加强交感神经系统调节某些内分泌的机能活动。应用葡萄糖疗法可补充糖原，以增强肝脏的解毒机能和改善循环。注意饲养管理，对病畜饲给营养丰富的饲料和补给大量维生素（特别是维生素 A、B 族维生素、维生素 C）。为了提高机体的抗病能力、解毒能力和增强机体抵抗力，可输血、输血浆。为了控制病原，可选用对致病菌敏感的抗生素和磺胺制剂。

（3）对症治疗　应用强心剂、利尿剂和强壮剂等。

第二节　外科局部感染

一、脓　　肿

在任何组织或器官内形成外有脓肿膜包裹，内有脓汁潴留的局限性脓腔称为脓肿。它是致病菌感染后所引起的局限性炎症过程，如果在解剖腔内（胸膜腔、喉囊、关节腔、鼻窦）有脓汁潴留时则称之为蓄脓，如关节蓄脓、上颌窦蓄脓、胸膜腔蓄脓等。

1. 病因

引起脓肿的致病菌主要是葡萄球菌，其次是化脓性链球菌、大肠杆菌、绿脓杆菌和腐败性细菌。当静脉内注射水合氯醛、氯化钙、高渗盐水及砷制剂等刺激性强的化学药品时，如将它们误注或漏注到静脉外也能发生脓肿；其次是注射时不遵守无菌操作规程而引起的注射部脓肿。也有的是由于血液或淋巴将致病菌由原发病灶转移至某一新的组织或器官内所形成的转移性脓肿。牛结核杆菌、放线菌感染，可形成冷性脓肿。

2. 分类及症状

浅在性热性脓肿常发生于皮下结缔组织、筋膜下及表层肌肉组织内。初期，局部肿胀无明显的界限而稍高出于皮肤表面，触诊时局部温度增高，坚实有剧烈的疼痛反应。以后，肿胀的界限逐渐清晰并在局部组织细胞、致病菌和白细胞崩解，最严重的肿胀部位开始软化并出现波动。由于脓汁溶解表层的脓肿膜和皮肤，脓肿可自溃排脓。但常因皮肤溃口过小，脓汁不易排尽。

浅在性冷性脓肿一般发展缓慢，局部缺乏急性炎症的主要症状，即虽有明显的肿胀和波动感，但缺乏温热和疼痛反应。

深在性脓肿，常发生于深层肌肉、肌间、骨膜下、腹膜下及内脏器官。局部肿胀增温的症状常不明显，常出现皮肤及皮下结缔组织的炎性水肿，触诊时有疼痛反应，并常有指压痕。病灶中心无波动感，全身症状明显。

3. 诊断

根据上述症状，对浅在性脓肿比较容易确诊，对某些深在性脓肿确诊有困难时可进行诊断性穿刺。当肿胀尚未成熟或脓腔内脓汁过于黏稠时常不能排出脓汁，但在后一种情况下针孔内常有干涸黏稠的脓汁或脓块附着。

在脓肿诊断时，必须与血肿、淋巴外渗、挫伤和某些疝相区别。

根据脓汁的性状可进一步确定脓肿的病原。由葡萄球菌感染所产生的脓汁一般呈微黄色或黄白色、黏稠、臭味小；链球菌，特别是溶血性链球菌感染所产生的脓汁稀薄微带红色；大肠杆菌感染所产生的脓汁呈暗褐色，稀薄有恶臭；绿脓杆菌感染所产生的脓汁呈苍白绿色或灰绿色黏稠，而坏死组织呈浅灰绿色；马流产沙门氏菌感染所产生的脓汁呈乳脂样黏稠，有恶臭；牛结核菌感染所产生的脓汁稀薄有絮状物及乳脂样块；家兔发生脓肿时，其脓汁呈白色、软膏样且黏稠；鸡的脓肿脓汁常呈灰白色、黏稠有干酪样块；腐败性致病菌感染时，脓汁呈污秽绿色或巧克力糖色，稀薄而有恶臭。

4. 治疗

（1）消炎、止痛及促进炎症产物消散吸收　当局部肿胀正处于急性炎性细胞浸润阶段，可局部涂擦樟脑软膏，或用冷疗法（如复方醋酸铅溶液冷敷，鱼石脂酒精、栀子酒精冷敷），以抑制炎症渗出和具有止痛的作用。局部治疗的同时，可根据病畜的情况配合应用抗生素、磺胺类药物并采用对症疗法。

（2）促进脓肿的成熟　当局部炎症产物已无消散吸收的可能时，局部可用鱼石脂软膏、鱼石脂樟脑软膏、温热疗法等以促进脓肿的成熟。待局部出现明显的波动时，应立即进行手术治疗。

（3）手术疗法　脓肿形成后其脓汁常不能自行消散吸收，因此，只有当脓肿自溃排脓或手术排脓后经过适当地处理才能治愈。

二、蜂窝织炎

在疏松结缔组织内发生的急性弥漫性、化脓性炎症称为蜂窝织炎。它常发生在皮下、筋膜下及肌间的蜂窝组织内，在其中形成浆液性、化脓性和腐败性渗出液，并伴有明显的全身症状。

1. 病因及分类

引起蜂窝织炎的致病菌主要是葡萄球菌和链球菌等化脓性球菌，比较少见的是腐败菌或化脓菌和腐败菌的混合感染，疏松结缔组织内误注或漏入刺激性强的化学制剂后也能引起蜂窝织炎的发生。

临床上常见的分类有：

（1）按蜂窝织炎发生部位的深浅可分为浅在性蜂窝织炎（皮下、黏膜下蜂窝织炎）和深在性蜂窝织炎（筋膜下、肌间、软骨周围、腹膜下蜂窝织炎）。

（2）按渗出液的性状和组织的病理学变化可分浆液性、化脓性、厌气性和腐败性蜂窝织炎，如化脓性蜂窝织炎伴发皮肤、筋膜和腱的坏死时则称为化脓坏死性蜂窝织炎，在临床上也常见到化脓菌和腐败菌混合感染而引起的化脓腐败性蜂窝织炎。

（3）按蜂窝织炎的发生部位可分关节周围蜂窝织炎、食管周围蜂窝织炎、淋巴结周围蜂窝织炎、股部蜂窝织炎、直肠周围蜂窝织炎等。

2. 症状

主要表现为大面积肿胀，局温增高，疼痛剧烈和机能障碍。其全身症状主要表现为病畜精神沉郁，体温升高（马可达39℃以上），食欲不振并出现各系统（循环、呼吸及消化系统等）的机能紊乱。由于发病的部位不同其症状亦有差异。

皮下蜂窝织炎：常发生于四肢（特别是后肢），主要是由于外伤感染所引起。病初，局部出现弥漫性渐进性肿胀。触诊时热痛反应非常明显，初期，呈捏粉状、有指压痕，后则变为稍坚实感。局部皮肤紧张，无可动性。

筋膜下蜂窝织炎：常发生于前肢的前臂筋膜下、鬐甲部的深筋膜和棘横筋膜下，以及后肢的小腿筋膜下和阔筋膜下的疏松结缔组织中。其临床特征是患部热痛反应剧烈，机能障碍明显，患部组织呈坚实性炎性浸润。病程，根据发病筋膜的局部解剖学特点而向周围蔓延，全身症状严重恶化，甚至发生全身化脓性感染而引起动物的死亡。

肌间蜂窝织炎：常继发于开放性骨折、化脓性骨髓炎、关节炎及腱鞘炎之后。先发生炎性水肿，患部肌肉肿大、肥厚、坚实、界限不清，机能障碍明显，触诊和被动运动时疼痛剧烈。表层筋膜因组织内压增高而高度紧张，皮肤可动性受到很大的限制。肌间蜂窝织炎时全身症状明显，体温升高，精神沉郁，食欲不振。局部已形成脓肿时，切开后可流出灰色、常带血样的脓汁。有时由化脓性溶解可引起关节周围炎、血栓性血管炎和神经炎。

3. 治疗

蜂窝织炎治疗的着眼点是减少炎性渗出、抑制感染扩散、减轻组织内压、改善全身状况、增强机体抗病能力，要采取局部和全身疗法并举的原则。

（1）局部疗法

①控制炎症发展：为了减少炎性渗出可用冷敷（10%鱼石脂酒精、90%酒精、醋酸铅明矾液、栀子浸液），涂以醋调制的醋酸铅散，用0.5%盐酸普鲁卡因青霉素溶液作病灶周围封闭。当炎性渗出已基本平息，为了促进炎症产物的消散吸收可用上述溶液温敷。在蜂窝织炎的治疗上亦可外敷雄黄散，内服连翘散。

②手术切开：冷敷后炎性渗出不见减轻，组织出现增进性肿胀，病畜体温升高和其他症状都有明显恶化的趋向时，为了减轻组织内压，排出炎性渗出液，应立即进行手术切开。局限性蜂窝织炎性脓肿时可等待其出现波动后再行切开。

手术切开时应根据情况做局部或全身麻醉。浅在性蜂窝织炎应充分切开皮肤、筋膜、腱膜及肌肉组织等。为了保证渗出液的顺利排出，切口必须有足够的长度和深度，做好纱布引流。必要时应造反对孔，四肢应做多处切口，最好是纵切或斜切，伤口止血后可用中性盐类高渗溶液作引流液以利于组织内渗出液的外流。

（2）全身疗法　早期应用抗生素疗法、磺胺疗法及盐酸普鲁卡因封闭疗法。对病畜要加强饲养管理，特别是多给些富有维生素的饲料。注意纠正水和电解质及酸碱平衡的紊乱，进行合理的输液。为了提高机体抵抗力，预防败血症，静注5%碳酸氢钠500mL，40%乌洛托品40mL，生理盐水1000mL，25%葡萄糖注射液1000mL或樟酒糖注射液（精制樟脑4.0g、精制酒精200mL、葡萄糖60g、0.8%氯化钠液700mL，混合灭菌）250~300mL。

三、败　血　症

败血症也称全身化脓性感染，是机体从感染病灶吸收致病菌及其产生的毒素和组织分解产物所引起的全身性病理过程。主要表现为神经系统、实质器官和组织发生一系列的机能和形态方面的变化，它是损伤感染的一种严重并发症。

1. 病因

（1）致病菌主要有金黄色葡萄球菌、溶血性链球菌、大肠杆菌、绿脓杆菌及坏疽杆菌。可以是单一感染，多为混合感染。

（2）过劳、营养不良以及某些慢性传染病，都是容易引发败血症的因素。

（3）粗暴地处理创伤使其防卫性肉芽面受到损伤，创内存有大量脓汁、创液和坏死组织分解产物不能排出创外以及创内有异物、坏死灶和脓窦等都容易导致败血症。

2. 症状

（1）脓血症　特征是致病菌通过栓子或被感染的血栓进入血液循环而被带到各种不同的器官和组织内，在它们遇到生长繁殖的有利条件时，即在这些器官和组织内形成转移性脓肿。转移性脓肿由粟粒大到成人拳大，可见于有机体的任何器官，如肺、肝、肾、脾、脑及肌肉组织内。常发生于牛、犬、家禽、猪及绵羊，少发于马（主要见于腺疫）。

败血病灶内出现明显的感染症状。当创伤性全身化脓性感染时，首先在创伤的周围发生严重的水肿、疼痛剧烈，以后组织即发生坏死。肉芽组织肿胀、发绀，也发生坏死。初期，脓汁呈微黄色黏稠，以后变稀薄并有恶臭。病灶内常存有脓窦、血栓性静脉炎及组织溶解。随着感染和中毒的增进，病畜出现明显的全身症状。最初精神沉郁，恶寒战栗，食欲废绝，但喜饮水，呼吸加速，脉弱而频，出汗，体温升高（马可达40℃以上），有的呈典型的弛张热型，有些则呈间歇热型或类似间歇热型。在体温显著升高前常发生战栗，体温下降后则出汗。倘若由转移性败血灶中的热源性物质不断吸收则可出现稽留热，病畜卧地不起而发生褥疮。当病畜体温有明显的变化，且血压下降常常是全身化脓性感染的特征。当长时期发高热，而间歇不大，且其他全身症状加重时，常可导致动物的死亡。

（2）毒血症　从原发性和继发性病灶有大量致病菌的外毒素、内毒素以及组织坏死和腐败分解产物，进入血液循环而引起的机体中毒称为毒血症。在各种毒素的作用下，中枢神经系统发生严重的中毒，新陈代谢引起急剧的变化，网状内皮系统、造血器官及氧化过程都出现抑制。发病的主要因素是毒素，常见于马及山羊。

动物常躺卧，起立困难，运步时步态不稳，体温明显增高（马可达40℃以上），常呈极小的间歇后而一直稽留到死前。仅在死前不久才下降。肌肉剧烈颤抖，有时出汗，食欲废绝，呼吸困难，脉弱而快，结膜黄染，有时有出血点。马有时能见到中毒性腹泻，有时还出现病痛症状，尿量减少并含有蛋白质，血液方面有明显的改变。败血病灶常含有大量的坏死组织及腐败性脓汁，有的局部化脓并不显著，但组织没有再生现象。

3. 诊断

（1）有局部化脓性病灶，含有大量坏死组织及脓汁。

（2）全身症状重剧，体温40℃以上，呼吸困难，脉快而弱，精神沉郁，食欲废绝，肌肉颤抖，结膜黄染，有时有出血点。

（3）血沉加快，白细胞增数，核左移。

4. 治疗

治疗原则是彻底处理局部败血病灶，控制全身感染，提高机体抵抗力，恢复机体的功能。

（1）局部治疗　彻底清除病灶内的坏死组织，扩大创口，消除创囊，清除异物，排除脓汁。用防腐消毒液彻底冲洗创腔，然后按化脓创处理，创围用普鲁卡因青霉素封闭。

（2）全身疗法　尽早应用抗生素疗法。大剂量应用青霉素、链霉素以及抗菌增效剂，如增效磺胺嘧啶注射液（TMP + SD）、增效磺胺甲氧嗪注射液（TMP + SMP）。及时给患畜输液，补充血容量，纠正机体电解质紊乱，中和毒素，提高机体抵抗力，静脉注射2%葡萄糖1 000mL，40%乌洛托品40mL，生理盐水 1000mL，5% 碳酸钠 500mL 或樟酒糖 300mL，肌内注射 B 族维生素和维生素 C。

（3）对症疗法　当心脏衰弱时应用苯甲酸钠咖啡因或强尔心。肾机能紊乱时应用乌洛托品，败血性腹泻时静脉注射氯化钙。

（胡永灵　白春杨）

复习思考题

一、问答题

1. 简述脓肿的治疗方法。

2. 简述蜂窝织炎的治疗方法。

二、病例分析题

一例犬由于误注药物到皮下引起无菌性脓肿，请制定处理方案。

第十五章　头、颈、腹部疾病

知识目标

- 重点掌握脐疝，腹股沟阴囊疝，直肠脱的发病原因、症状、诊断、治疗。
- 掌握结膜炎、角膜炎的病因、症状、诊断、治疗。
- 了解眼睑外翻、扁桃体炎的病因、诊断、治疗。

技能目标

- 熟练地进行脐疝、腹股沟阴囊疝、直肠和肛门脱垂、结膜炎、角膜炎诊断与治疗。
- 初步掌握眼睑外翻、瞬膜腺突出的治疗技术。

第一节　头、颈部疾病

一、结膜炎

眼睑结膜和眼球结膜的表层或深层的炎症，称为结膜炎，是各种家畜常发生的一种眼病。根据分泌物的性质，可分为浆液性、黏液性和化脓性结膜炎。

1. 病因

由机械性损伤、压迫、摩擦等可致本病，主要是异物的刺激，如风沙、灰尘、芒刺、谷壳、草棒、花粉以及化学药品、烟雾、毒气等，进入结合膜囊而发病。或继发于某些疾病过程中，如腺疫、流感、牛吸吮线虫病及高温疾病等。

2. 症状

（1）急性结膜炎　初期，羞明流泪，结膜潮红，随着炎症的发展，眼睑肿胀闭锁，结膜表面有出血斑，分泌大量的黏性、脓性分泌物。继发角膜炎时，角膜表面往往呈蓝色或灰白色浑浊状。

（2）慢性结膜炎　一般症状较轻，不羞明，眼结膜暗红，肥厚呈丝状，分泌物浓稠，由于分泌物的经常刺激，于眼内角的下方皮肤发生湿疹、脱毛、发痒。

3. 治疗

治疗原则是除去病因，消炎镇痛，防止光线刺激。

（1）患病眼睛清洗　用3%硼酸溶液或0.1%雷佛奴尔溶液洗涤眼结膜囊，清除异物和分泌物。

（2）消炎镇痛　消炎可用抗生素眼膏或可的松眼药水点眼，2~3次/d。镇痛可用1%～3%盐酸普鲁卡因溶液点眼。也可用数层纱布浸0.1%雷佛奴尔溶液，敷在患眼上，装置眼绷带，更换3～4次/d。分泌物过多时，可用0.5%～1%硝酸银溶液点眼，1～2次/d，或用0.3%硫酸锌溶液点眼。慢性结膜炎，可用0.5%～1%硝酸银溶液点眼，或用硫酸铜棒涂擦眼结膜表面，然后立即用生理盐水冲洗，再施行温敷。

二、角膜炎

角膜炎是角膜上皮的炎症。临床上可分为浅在性角膜炎、深在性角膜炎和化脓性角膜炎。当转为慢性时，则形成角膜翳。

1. 病因

角膜多由于外伤（如鞭梢的打击、笼头的压迫、倒睫的刺激）或异物误入眼内（如碎玻璃、碎铁片、沙石）而引起。细菌感染、营养障碍、邻近组织病变的蔓延等，可诱发本病。此外，某些传染病也可继发本病。

2. 症状

呈现羞明流泪、疼痛、眼睑闭锁、结膜潮红、肿胀等一般症状。根据损伤部位、程度和有无痒感，临床症状也有差异。

（1）浅在性角膜炎　角膜表层损伤，侧面观看可见表层上皮蜕落及伤痕，炎症侵害到角膜表层，角膜表面粗糙，侧面观看无镜状光泽，变为灰白色浑浊，有时在角膜周围增生很多血管、呈树枝状侵入角膜表面，形成所谓血管性角膜炎。

（2）深在性角膜炎　一般症状与浅在性角膜炎基本相同，主要区别是角膜表面不粗糙，仍有镜状光泽，浑浊部位在深部，呈点状、小棒伏及云雾状，其颜色有灰白色、乳白色、淡蓝色等，角膜周围及边缘血管充血，出现明显新生血管增生，有时与虹膜发生粘连。

（3）化脓性角膜炎　初期，角膜周围充血，羞明、流泪，疼痛剧烈，进而浸润形成脓肿，角膜上呈现数目不定的、粟粒状至豌豆大的黄色局限性浑浊，在浑浊周围生长有灰白色的晕圈，轻者向外破溃，流出脓液变为溃疡。重者向内破溃，形成眼前房蓄脓症。

当炎症消失转为慢性时，角膜上面形成白斑或色素斑，有的也呈烟雾状，浑浊程度不等，称为角膜翳，呈现不同程度的视力障碍。

3. 治疗

治疗原则是消除炎症，促进浑浊物消散。

（1）消除炎症　用3%硼酸或用0.1%雷佛奴尔溶液冲洗后，再以醋酸可的松或抗生素眼膏点眼，2～4次/d。外伤性角膜炎可向眼内点抗生素眼药膏，或向眼内吹入适量的硫化汞（反刍畜禁用）。

（2）消散浑浊　可进行热敷或将甘汞与蔗糖等量的混合粉剂吹入眼内，也可用2%黄降汞膏（反刍兽禁用），为加速浑浊吸收，可于眼睑皮下注射自家血液2~3mL，隔3~4d注射一次。也可于结膜下注射氢化可的松与1%盐酸普鲁卡因等量的混合液0.1~0.3mL（马、牛）。继发虹膜炎时，可用0.5%~1.0%硫酸阿托品点眼。感染化脓时，经冲洗后涂抗生素眼药膏。

（3）封闭疗法　急性角膜炎，可施行球后封闭疗法，有较好的消炎镇痛作用。其方法是0.5%~1%盐酸普鲁卡因10~15mL，加青霉素20万~40万U，在眼窝后缘向面嵴作垂直线，其交点即注射部位，注射用长10cm左右的针头，垂直刺入眼球后深部7~8cm，缓慢注入药液，每周两次。

（4）手术治疗　角膜穿孔时，应严密消毒防感染。对新发的虹膜脱出病例，可将虹膜还纳展平；脱出时间较久的病例，可用灭菌的虹膜剪剪去脱出部，涂黄降汞眼膏，装眼绷带。

三、眼睑外翻

眼睑外翻是指部分或全部的眼睑缘向外翻转，临床上以睑结膜显露和形成兔眼为特征。主要发生在犬。

1. 病因

本病发生与先天性遗传有关，常见于下眼睑比较松弛的大丹犬、斗牛犬等；另外还有外伤、慢性炎症、老龄犬眼睑松弛、眼睑神经损伤等。

2. 症状

下眼睑外翻使眼睛暴露过多，结膜呈红色或暗红色，患犬最易感染细菌和过敏，引起角膜炎。由于眼睛的湿润度和清洁角膜的效率降低，患犬也可发展为干性角膜结膜炎。

3. 治疗

轻度眼睑外翻，不需要治疗，如果继发其他疾病，如结膜炎和角膜炎，则需对症治疗。严重的眼睑外翻，可导致其他慢性疾病，并且经常刺激眼睛，应通过外科手术进行矫正。沃顿-琼斯氏睑成形术为最简单和最常用的手术，术后一周内眼球及眼睑滴涂抗生素眼药膏或眼药水，颈部最好安装项圈进行保定，防止抓伤，术后10~14d拆除缝线。

四、瞬膜腺突出

瞬膜腺突出又称樱桃眼，有的则称第三眼睑突出。多发于小型犬，如北京犬、西施犬、沙皮犬、哈巴犬以及以上各种犬的杂交后代，性别不限，年龄为2月龄至1岁半，个别有2岁的。

1. 病因

病因较为复杂，诱发因素和发生机理也较为复杂。发生该病的犬多以高蛋白质、高能量动物性饲料为主，如多喂牛肉、牛肝，有的喂以卤鸭肉、卤鸭肝，个别病例发现在饲喂猪油渣（新鲜）后 2 ~ 3d 即发病，尚未查知有明显的生物性、物理性、化学性的病因。

2. 症状

呈散发性，未见明显传染性。病程短的在一周左右，病程长的拖延达一年左右方进行治疗。

本病多发生于两个部位，多数增生物位于内侧眼角，有薄的纤维膜状蒂与第三眼睑相连。有的发生在下眼睑结膜的正中央，纤维膜状蒂与下眼睑结膜相连，两者均为粉红色椭圆形肿物，外有包膜，呈游离状，大小（0.8 ~ 1）cm × 0.8cm，厚度为 0.3 ~ 0.4cm，多为单侧性，也有先发生于一侧，间隔 3 ~ 7d 另一侧病眼也同样发生而成为双侧性。有的病例在一侧手术切除后的第 3 ~ 5d，另一侧也同样发生。下眼睑结膜发生的病例多为单侧性。

发生该病的一侧眼睑结膜潮红，部分球结膜充血，眼分泌物增加，有的流泪。病犬不安，常因以眼揉触笼栏或家具而引起继发感染，造成不同程度的角膜炎症、损伤，甚至化脓，也有眼部其他症状不明显的，一般无全身症状。

3. 治疗

以外科手术切除瘤体。先以“846”复合麻醉剂作浅麻醉。以加有青霉素溶液的注射用水（每 10mL 加青霉素 10 万 U）冲洗眼结膜，用组织镊夹住增生物包膜，向外牵引使其充分暴露，之后用小型弯止血钳钳夹其蒂部，再以小手术剪或外科手术刀剪除或切除（图 15 - 1）。手术中尽量不损伤结膜及瞬膜，再以青霉素溶液冲洗创口，去除夹钳，以灭菌干棉球压迫局部止血。以青霉素 40 万 U 肌内注射抗感染，术后也可用氯霉素眼药水点眼 2 ~ 3d。

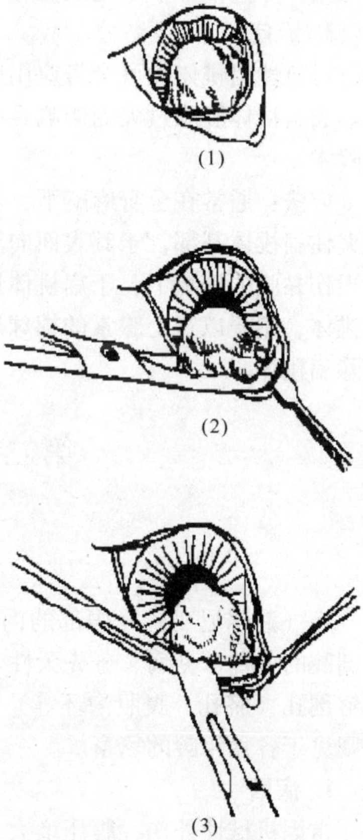

(1)

(2)

(3)

图 15 - 1　手术摘除过程

五、扁桃体炎

扁桃体是机体防卫机能的器官，是有关咽、喉、头部的集合淋巴结装置，其生理机能尚不十分清楚。扁桃体一般随动物成长而逐渐退化，为预防或治疗原发疾病，将扁桃体摘除，对机体并无明显不利的影响。本病多发生于犬，其他家畜较少发生。

检查扁桃体时，应将犬仰卧保定，打开

口腔，将舌向口外拉出后，再用压舌板将舌根部下压，即可看到粉红色的扁桃体。如发炎时，其颜色变得暗红、肿大、突出，有时可见有出血或坏死斑点，并被覆有黏液或脓性分泌物。

1. 病因

常因动物舔食积雪、骤饮冷水等寒冷刺激或异物（针、骨等）刺入造成的损伤而引发本病。当有细菌感染时，则发生化脓性扁桃体炎，咽炎和其他上呼吸道炎症也能蔓延至扁桃体而发病。通常咽炎与扁桃体炎同时发生。肾炎、关节炎等也可并发扁桃体炎。犬瘟热时，可发生一过性扁桃体炎。

2. 症状

（1）急性扁桃体炎　1～3岁犬易发，病畜突然体温升高，流涎，精神沉郁，食欲废绝。有时发生咳嗽、呕吐、打哈欠。有的病犬表现抓耳、频频摇头。视诊扁桃体，可发现其肿大、突出，呈暗红色。

（2）慢性扁桃体炎　多发生于幼犬，常反复发作，间隔时间不定。扁桃体突出、肿大、易出血。精神沉郁，食欲减退。反复发作数次后动物表现衰弱，四肢无力，体重下降，被毛粗糙，时有呕吐、咳嗽等。

3. 治疗

对急性扁桃体炎可全身应用广谱抗生素5～7d，局部涂布碘甘油，热敷咽喉部。当扁桃体肿胀过大而影响吞咽，或反复发作的慢性扁桃体炎时，应行扁桃体摘除术。

方法：通常在全身麻醉下，对患犬侧卧或仰卧保定，充分开口，用长柄止血钳夹住扁桃体基部，于其表面向里注射1∶5000肾上腺素溶液0.2mL，3min后在不损伤黏膜的情况下，于扁桃体周围切开并剥离，达其根部时用肠线结扎，除去扁桃体，用浸以肾上腺素的棉球压迫止血或烧烙止血，另外，也可用扁桃体钳子摘除扁桃体。

第二节　腹部疾病

一、疝的概述

疝（赫尔尼亚）是腹部的内脏从自然孔道或病理性破裂孔脱至皮下或其他解剖腔的一种常见病。分先天性与后天性两类。先天性疝多发于初生幼畜，如某些解剖孔（脐孔、腹股沟环等）的扩大，膈肌发育不全等是常见原因；后天性疝则见于各种年龄的家畜。

1. 病因

常因机械性外伤、腹压增大、小母猪阉割不当等原因而发生。各种家畜均可发病，但以猪、马、牛、羊更为常见。小动物犬、猫亦不少，野生动物的疝也有报道。

2. 疝的分类

根据向体表突出与否，凡突出体表者叫外疝，不突出体表者叫内疝（例如膈疝）。根据发生的解剖部位分为脐疝、腹股沟阴囊疝、腹壁疝、会阴疝等。

3. 疝的组成

包括有疝孔（疝轮）、疝囊和疝内容物。疝孔系自然孔的异常扩大（如脐孔、腹股沟环），或是腹壁上任何部位病理性的破裂孔（如钝性暴力造成的腹肌的撕裂），内脏由此而脱出。

（1）疝孔　呈圆形、卵圆形或狭窄的通道，由于解剖部位不同，病理过程的时间长短不一，疝孔的结构也不一样，初发的新疝孔，多数因断裂的肌纤维收缩，疝孔较薄，但被血液浸润。陈旧性的疝多因局部结缔组织增生，则疝孔增厚，边缘变钝。

（2）疝囊　由腹膜及腹壁的筋膜、皮肤等构成，腹壁疝的最外层常为皮肤。根据各地通过手术治疗的病例，发现腹壁疝的腹膜也常破裂。典型的疝囊可再分为囊口（囊孔）、囊颈、囊体及囊底，疝囊的大小及形状取决于发生部位的局部解剖结构，可呈鸡蛋形、扁平形或圆球形。小的疝囊常被忽视，大的疝囊可达人头大或更大，在慢性外伤性疝囊的底部有时发生脱毛和皮肤擦伤等。

（3）疝内容物　为通过疝孔脱出到疝囊内的一些可移动的内脏器官，常见者有小肠肠襻、网膜，其次为瘤胃、真胃，较少为子宫、膀胱等，几乎所有病例疝囊内都含有数量不等的浆液——疝液，这种液体常在腹腔与疝囊之间互相流通。在可复性的疝内此种疝液常为透明、微带乳白色的浆液性液体。当嵌闭性的疝时，起初由于血液循环受阻，血管渗透性被破坏，疝液增多，然后肠壁的渗透性被破坏，病液变为浑浊、血样，并带有恶臭腐败气味，在正常的腹腔液中仅含有少量的嗜中性粒细胞和浆细胞。疝发生时，如果血管和肠壁的渗透性被破坏，则在浆液中可以见到大量崩解的嗜中性粒细胞，而几乎看不到浆细胞，依此可作为是否有嵌闭现象存在的一个参考指证。当疝液减少或消失后，脱到疝囊的肠管等就和疝囊发生部分或广泛性粘连。

根据疝内容物的活动性的不同，分为可复性疝与不可复性疝。当家畜体位改变或压迫疝囊时，疝内容物可通过疝孔而还纳到腹腔，称为可复性疝。后者是指用压迫或改变体位疝内容物依然不能回到疝囊内，故称为不可复性疝。疝内容物不能回到腹腔的原因是，疝孔比较狭窄或者疝道长而狭小，疝内容物与疝囊发生粘连；肠管之间互相粘连；肠管内充满过多的粪块或气体。如果疝内容物嵌闭在疝孔内，脏器受到压迫，血液循环受阻而发生淤血、炎症，甚至坏死等统称为嵌闭性疝。

嵌闭性疝又可分为粪性、弹力性及逆行性等数种。粪性嵌闭是由于脱出的肠管充满大量粪块而引起，增大的肠管不能回入腹腔。弹力性嵌闭是由于腹内压增高而发生，腹膜与肠系膜被高度牵张，引起形成疝孔的肌肉反射性痉挛，孔口显著缩小。以上两种嵌闭性疝均是肠血管受到压迫而引起循环障碍、淤血，甚至肠管坏死。逆行性嵌闭是由于游离于疝囊的肠管，其中一部分又通过病孔钻回腹腔中，两者都受到疝孔的弹力压迫，或造成血液循环障碍。

4. 症状

外疝中除腹壁疝外，其他各种疝，如脐疝、腹股沟阴囊疝、会阴疝等都有其固定的解剖部位发病处。腹壁疝可发生在腹壁的任何部位，非嵌闭性疝一般不引起家畜的任何全身性障碍，而只是在局部突然呈现一处或多处的柔软性隆起，当改变家畜体位或用力压迫疝部时有可能使隆起消失，可触摸到隆起疝孔。当病畜强烈努责或咳嗽时，隆起变得更大，表示疝囊内容物随时有增减的变化。外伤性腹壁疝随着腹壁的组织受伤程度，扁平的炎性肿胀往往从疝孔开始逐步向下向前蔓延，有时甚至可一直延伸到胸壁的底部或向前达到胸骨下方处，压之有水肿指痕。嵌闭性疝则突然出现高度的疝痛，局部肿胀增大、变硬、紧张，排粪、排尿受到影响，或发生继发性臌气。

5. 诊断

外疝诊断并不困难，应注意收集病史，并从全身性、局部性症状中加以分析，要注意与血肿、脓肿、淋巴外渗、蜂窝织炎、精索静脉肿、阴囊积水及肿瘤等作区别诊断。

二、脐　　疝

肠管通过脐孔而进入皮下形成脐疝。一般是先天性原因为主，见于初生时，或者出生后数天或数周，犊牛的先天性脐疝多数在出生后数月逐渐消失，少数或者越来越大。

1. 病因

发生原因是脐孔发育不全、没有闭锁，脐部化脓或腹壁发育缺陷等。各种犊牛为多见，幼驹也不少。

胎儿的脐静脉、脐动脉和脐尿管通过脐管走向胎膜，它们的外面包围着疏松结缔组织。当胎儿出生后脐带被扯断，血管和脐尿管就变成空虚不通，而在四周则结缔组织增生，在较短时间内完全闭塞脐孔。如果不正确的断脐（如扯断脐带血管及尿囊管留得太短），腹壁脐孔则闭合不全，再加强烈努责或用力跳跃等原因，促使腹内压增加而形成。

2. 症状

脐部呈现局限性球形肿胀，质地柔软，也有的紧张，但缺乏红、痛、热等炎性反应。病初，多数能在改变体位时疝内容物还纳回到腹腔，并可摸出疝轮，仔猪在饱腹或挣扎时脐疝可增大。听诊可听到肠蠕动音。犊牛脐疝一般由拳头大小可发展至小儿头大，甚至更大。由于结缔组织增生及腹压大，往往摸不清疝轮。脱出的网膜常与脐轮粘连，或肠壁与疝囊粘连，也有疝囊与皮肤发生粘连的。猪的脐疝如果疝囊膨硕，由于皮肤磨破伤及粘连的肠管也能形成粪瘘。肠粘连往往是广泛而多处发生，因此手术时必须仔细剥离。嵌闭性脐疝虽不多见，一旦发生就有显著的全身症状，病畜极度不安，马、牛均可出现程度不等的疝痛，食欲废绝，在犬与猪还可以见到呕吐，呕吐物常常有粪臭。由于肿胀和疼痛很快发生腹膜炎而体温升高，脉搏加快。如不及时进行手术则常会引起死亡。

3. 诊断

应注意与脐部脓肿和肿瘤等相区别，必要时可慎重地作诊断性穿刺。

4. 预后

可复性脐疝预后良好，在幼畜经保守疗法常能痊愈，疝孔由瘢痕组织填充，疝囊腔闭塞而其内容物自行还纳于腹腔内。嵌闭性疝预后可疑，如能及时手术治疗，预后良好。

5. 治疗

非手术疗法（保守疗法）适用于疝轮较小，年龄小的小家畜。可用疝带(皮带或复绷带)、强刺激剂（幼驹用赤色碘化汞软膏，犊牛用重铬酸钾软膏）等促使局部炎性增殖闭合疝口。但刺激剂常能扩展炎症至疝囊壁，以及位于其中的肠管，引起粘连性腹膜炎。国内有用95%酒精（碘液或10% ~15%氯化钠液代替酒精），在疝轮四周分点注射，每点3 ~5mL，取得了一定效果。国外用金属制疝夹治疗马驹可复性脐疝，疝轮直径不超过8cm时可成功。

手术疗法比较可靠，但有时遇到缝合后10d左右又回复至原来状态者，这说明缝合之处并未能按时愈合而重新裂开。本手术应按无菌操作切开皮肤，切口为棱形，分离并切开疝囊（根据需要），特别要注意剥离肠管的粘连部分。若无粘连即可将疝内容物直接还纳（一般作仰卧保定或半仰卧保定时疝内容物可自然还纳至腹腔），并作袋形（烟包）缝合以封闭疝轮，如病程稍长，疝轮的边缘坚硬而厚者最好将疝轮削薄成为一新鲜创面，再用重叠式褥状缝合，皮肤作结节缝合(如皮肤依然突出很多可以适当整型)。

脐疝的手术方法可用于任何种类的动物，但在猪则有几种情况应加考虑。最常见到疝囊的腹膜上发生脓肿，如仔细手术，可完整摘除脓肿，而不致造成破裂。其次是公猪的包皮可覆盖着疝环，在沿包皮作U形切口，将包皮翻向后方。还可以包皮的侧方作两个椭圆形切口，包括囊的过多的皮肤部分，用钝性分离法将疝囊的腹膜部分与包皮分开，直至囊壁与外围组织剥开游离为止。

6. 术后护理

术后不宜喂得过饱，限制剧烈活动，防止腹压增高。术部包扎绷带，保持7 ~10d，可减少复发。

三、腹股沟阴囊疝

腹股沟阴囊疝多见于公马和公猪，其他公畜比较少见。

1. 病因

公猪的腹股沟阴囊疝有遗传性。猪胎儿的睾丸在卵受精后80～90d下降至腹股沟管的下方，在100d或更迟些，睾丸下降至阴囊内，再经过10～15d或刚刚出生时睾丸达到完全发育，此时总鞘膜发育至足够抵抗一定的压力，至出生时或出生后，睾丸下降至阴囊，腹股沟管关闭。若腹股沟环过大，容易发生疝。常在出生时发生（先天性腹股沟阴囊病），或在出生几个月后发生，如非两侧同时发生则多半见于左侧。后天性腹股沟阴囊疝主要是腹压增高而引起，如公马奔跑时，两前肢凌空，身体重心向后移，腹内压加大，有时发生腹股沟阴囊疝，还有发生于装蹄时保定失误，也是挣扎而加大腹部压力所引起。

2. 症状

腹股沟疝除内容物发生嵌闭（出现剧烈的疝痛）外，只有当疝内容物下坠至阴囊时才可能引起人们的注意（此时为腹股沟阴囊疝）。此时一侧性阴囊增大，皮肤紧张发亮，触诊时柔软有弹性，但多半不痛，也有的呈现发硬、紧张、敏感。听诊时可听到肠蠕动音。当先天性及可复性疝直肠检查时可触知腹股沟内环扩大（马可以自由通过3指），落入阴囊的肠管即使在站立保定下也可以轻轻牵引，并有回至腹腔的可能。嵌闭性腹股沟疝的全身症状明显，如不能及时发现并确诊、采取紧急处理措施，往往耽误治疗而发生死亡。病畜出现剧烈的疝痛，一侧（或两侧）阴囊变得紧张，出现浮肿、皮肤发凉（少数病例发热），阴囊的皮肤因汗液变湿润。病畜不愿走动，并在运步时张开后肢，步态紧张，表示显著疼痛，脉搏及呼吸数增加。随着炎症现象的发生，全身症状加重，体温增高。当嵌闭的肠管坏死时并发闭疝综合征，进行急救手术切除坏死肠段，可免于死亡。

猪可发生单纯性的腹股沟疝，疝内容物由腹股沟裂口直接脱至腹股沟外侧的皮下，可发生于一侧或两侧，脱出时间长的可发生嵌闭，造成肠管淤血、坏死。多发生在阉过的公猪，也见于未阉割的公猪。

猪的腹股沟阴囊疝症状明显，一侧或两侧的阴囊增大，因捕捉及凡能使腹压增大的原因均可加重疝囊增大，触诊时阴囊硬度不一，可摸到疝的内容物（多为小肠），如提举两后肢，常可使疝内容物回缩腹腔则阴囊缩小，但当后肢放下后或加大腹压后又恢复原发病的症状。少数亦可成为嵌闭性疝，肠管可与阴囊壁发生广泛性粘连。

3. 诊断

直肠检查是大家畜的重要诊断方法。可触摸内环的大小。马，以三个手指检查，可触摸到通过疝孔的内脏，其次是与阴囊积水、睾丸炎与附睾炎相区别。前者触诊柔软，直肠检查触摸不出内容物。后两者局部触诊肿胀稍硬，在急性炎性阶段有热痛反应。还应与阴囊肿瘤相区分。

临床上还容易与马疝痛相混淆，在投给泻剂后而使病情加重时更应考虑是否存在本病。

4. 治疗

嵌闭性疝具有剧烈疝痛等全身性症状，只有立即进行手术治疗（根治手术）才可能挽救其生命。非嵌闭性腹股沟阴囊疝，尤其是先天性病畜其腹股沟环有可能随着年龄的增长而逐渐缩小，而达到自愈。但本病的治疗还是以早期进行手术为宜。

应该在全身麻醉下进行手术，既可消除努责，又便于整复脱出的内容物。除非为了保留优良的种公畜而保留睾丸，手术时常与公畜去势术同时进行。切口选在靠近腹股沟外环处，一般在阴囊颈部正外侧切开皮肤，然后剥离总鞘膜，并将引出创外，立即整复病肠内容物，同时可由助手将手伸向直肠内帮助牵引，或者鉴定整复是否彻底，将总鞘膜及精索捻转数周后，于距离腹股沟外环 3 ~ 4cm 处，用铬制肠线作双结扎精索，随即连同总鞘膜一并切除睾丸。将切断精索的游离端送回腹股沟管中作为生物填塞，最后用肠线在每边缝 1 ~ 2 针，然后撒布青霉素粉，皮肤结节缝合，并在阴囊的部位作反对孔，以利创液排除。

有时腹股沟阴囊病肠管脱出较多，且又发生嵌闭，必须先将腹股沟环扩大，以改善脱出肠管的血液循环，并同时用温热的灭菌生理盐水纱布托住肠管，视其颜色能否由暗紫红色转为鲜红色，肠蠕动能否逐步恢复。根据各地经验，凡介于恢复与不能恢复之间特别要慎重，多数勉强保留下来的肠管还是不能避免坏死的结局，所以要果断地作肠切除术与断端吻合术。

四、直肠和肛门脱垂

直肠和肛门脱垂是指直肠末端的黏膜层脱出肛门（脱肛）或直肠的一部分、甚至大部分向外翻转脱出肛门（直肠脱）。严重的病例在发生直肠脱的同时并发肠套叠或直肠疝。本病多见于猪和犬，马、牛和其他动物也有发生，均以幼龄动物易发。

1. 病因

（1）长时间努责。

（2）长期腹泻、便秘和肠炎。

（3）饲料中缺乏维生素或严重应激反应。

2. 症状

较轻的病例，直肠在病畜卧地或排粪后部分脱出，即出现部分直肠或黏膜脱垂。在发生黏膜性脱垂时，直肠黏膜的皱壁往往在一定的时间内不能自行复位，若此现象经常出现，则脱出的黏膜发炎，很快在黏膜下层形成高度水肿，失去自行复原的能力。临床诊断可在肛门口处见到圆球形，颜色淡红或暗红的肿胀。随着炎症和水肿的发展，则直肠壁全层脱出，即直肠完全脱垂，诊断时可见到由肛门内突出呈圆筒状下垂的肿胀物。由于脱出的肠管被肛门括约肌嵌压，而导致血循障碍，水肿更加严重，同时因受外界的污染，表面污秽不洁，沾有泥土和草屑等，甚至发生黏膜出血、糜烂、坏死和继发损伤。此时，病畜常伴有全身症状，体温升高，食欲减退，精神沉郁，并且频频努责，作排粪姿势。

3. 诊断

可依据临床症状作出诊断。但应注意判断有否并发肠套叠和直肠疝。单纯性直肠脱，圆筒状肿胀脱出向下弯曲下垂，手指不能沿脱出的直肠和肛门之间向盆腔的方向插入，而伴有肠套叠的脱出时，脱出的肠管由于后肠系膜的牵引，而使脱出的圆筒状肿胀向上弯曲，坚硬而厚，手指可沿直肠和肛门之间向骨盆方向插入，不遇障碍。

4. 治疗

病初，及时治疗便秘、下痢、阴道脱等。并注意饲喂青草和软干草，充分饮水。对脱出的直肠，则依照具体情况，参照下述方法及早进行治疗。

（1）整复　是治疗直肠脱的首要任务，其目的是使脱出的肠管恢复到原位上，适用于发病初期或黏膜性脱垂的病例。整复应尽可能在直肠壁及肠周围蜂窝组织未发生水肿以前施行。方法是先用0.25%温热的高锰酸钾溶液或1%明矾溶液清洗患部，除去污物或坏死黏膜，然后用手指谨慎地将脱出的肠管还纳原位。为了保证顺利地整复，在猪和犬等可将两后肢提起，马、牛可使躯体后部稍高。为了减轻疼痛和挣扎，最好给病畜施行荐尾硬膜外腔麻醉或直肠后神经传导麻醉。在肠管还纳复原后，可在肛门处给予温敷以防再脱。

（2）剪黏膜法　是我国民间传统治疗家畜直肠脱的方法，适用于脱出时间较长，水肿严重，黏膜干裂或坏死的病例。其操作方法是按“洗、剪、擦、送、温敷”五个步骤进行。先用温水洗净患部，继以温防风汤（防风、荆芥、薄荷、苦参、黄柏各12.0g，花椒3.0g，加水适量煎两沸，去渣，候温待用）冲洗患部。之后用剪刀剪除或用手指剥除干裂坏死的黏膜，再用消毒纱布兜住肠管，撒上适量明矾粉末揉擦，挤出水肿液，用温生理盐水冲洗后，涂1%～2%的碘石蜡油润滑，然后从肠腔口开始，谨慎地将脱出的肠管向内翻入肛门内。在送入肠管时，术者应将手臂（猪、犬用手指）随之伸入肛门内，使直肠完全复位。最后在肛门外进行温敷。

（3）固定法　在整复后仍继续脱出的病例，则需考虑将肛门周围予以缝合，缩小肛门孔，防止再脱出。方法是距肛门孔1～3cm处，作一肛门周围的荷包缝合，收紧缝线，保留1～2指大小的排粪口（牛2～3指），打成活结，以便根据具体情况调整肛门口的松紧度，经7～10d病畜不再努责时，则将缝线拆除。

（4）直肠周围注射酒精或明矾液　本法是在整复的基础上进行，其目的是利用药物使直肠周围结缔组织增生，借以固定直肠，临床上常用70%酒精或10%明矾溶液注入直肠周围结缔组织中。方法是在距肛门孔2～3cm处，肛门上方和左、右两侧直肠旁组织内分点注射70%酒精或10%明矾溶液。

（5）直肠部分截除术　手术切除用于脱出过多，整复有困难，脱出的直肠发生坏死、穿孔或有套叠而不能复位的病例。

①麻醉：荐尾硬膜外腔麻醉或局部浸润麻醉。

②手术方法：现将常用的两种方法分述于后。

切除并缝合黏膜下层切除术（图 15－2）：适用于单纯性直肠脱。在距肛门周缘约 1cm 处，环形切开达黏膜下层，向下剥离，并翻转黏膜层，将其剪除，最后顶端黏膜边缘与肛门周缘黏膜边缘用肠线作结节缝合。整复脱出部，肛门口作荷包缝合。

直肠部分切除术（图 15－3）：在充分清洗消毒脱出肠管的基础上，取两根灭菌的兽用麻醉针头或细编织针，紧贴肛门外交叉刺穿脱出的肠管将其固定。若是马、牛等大动物，直肠管腔较粗大，最好先插入直肠一根橡胶管或塑料管，然后用针交叉固定，进行手术。对于仔猪和幼犬，可用带胶套的肠钳夹住脱出的肠管进行固定，且兼有止血作用。在固定针后方约 2cm 处，将直肠环形横切，充分止血后（应特别注意位于肠管背侧痔动脉的止血），用细丝线和圆针，把肠管两层断端的浆膜和肌层结节缝合，然后用单纯连续缝合法缝合内外两层黏膜层。缝合结束后，用 0.25% 高锰酸钾溶液充分冲洗、蘸干，涂以碘甘油或抗生素药物。

当并发套叠性直肠脱时，采用温水灌肠，力求以手将套叠肠管挤回盆腔，若不成功，则切开脱出直肠外壁，用手指将套叠的肠管推回肛门内，或开腹进行手术整复。为防止复发，应将肛门固定。

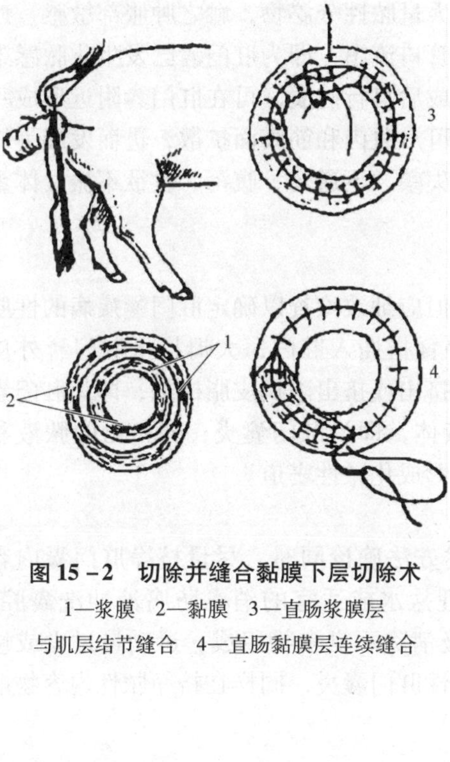

图 15－2　切除并缝合黏膜下层切除术

1—浆膜　2—黏膜　3—直肠浆膜层与肌层结节缝合　4—直肠黏膜层连续缝合

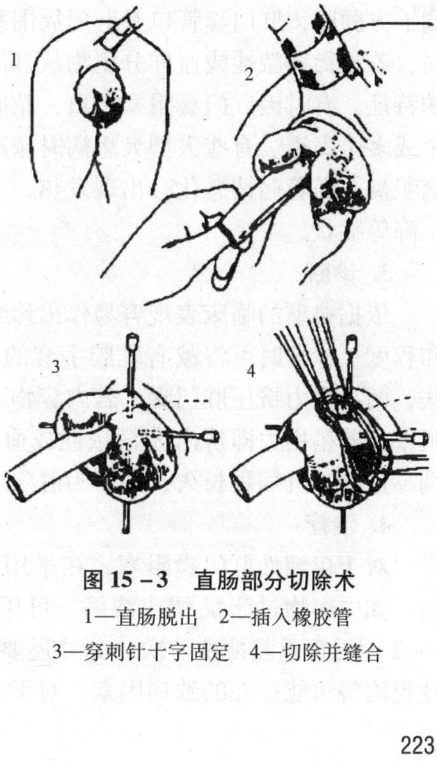

图 15－3　直肠部分切除术

1—直肠脱出　2—插入橡胶管　3—穿刺针十字固定　4—切除并缝合

（6）封闭治疗　用普鲁卡因做盆腔器官封闭，效果良好。

五、犬、猫肛门囊炎

犬、猫肛门囊炎是肛门部最常见的疾病，主要包括肛门囊阻塞、肛门囊炎和肛门囊脓肿三种。本病的发生与年龄、性别无关，犬、猫均有发生，但以犬发病较多。

1. 病因

肛门囊是肛门两侧稍下方，相当于时钟4时和8时位置的左右两个球形囊状结构，囊壁内衬腺体，分泌灰色或褐色含有小颗粒的皮脂样恶臭分泌物，经2～4cm长的短管排出，具有润滑肛门口皮肤的作用。把犬尾部上举时，开口部突出于肛门，易于看到。当某些原因引起肛门囊腺体分泌旺盛或囊管阻塞时，囊内分泌物积留使肛门囊肿大，并易引起感染和炎性反应，严重时形成脓肿或蜂窝织炎。可能的致病原因主要有长期饲喂高脂肪性食物，粪便稀软阻塞囊管或开口处；全身性皮脂溢出并发肛门囊腺分泌过剩；肛外括约肌张力减退，造成肛门囊皮脂样物积留。

2. 症状

本病出现各种症状，这些症状多是由于肛门囊发炎，分泌物滞留，肛门不舒服引起的。主要表现为动物常保持犬坐姿势，不时在地面或物体上擦肛，试图啃咬肛门或甩尾，排便困难，烦躁不安。接近动物可感腥臭味，观察肛门一侧或两侧下方肿胀，肛门囊管口及肛门周围黏附大量脓性分泌物，触之肿胀部敏感、疼痛，若见稀薄脓性或血样分泌物从肛门囊管口流出，即为肛门囊已发生化脓感染的特征。有时因肛门囊阻塞严重，脓肿形成后自行破溃，可在肛门囊附近形成一个或多个窦道。有些大型犬患病时脓液还可沿肌肉和筋膜面扩散，进而发展为蜂窝织炎。随着病情恶化，出现发热、大便失禁、不通畅、腹泻、食欲不振、体重下降等症状。

3. 诊断

依据典型的临床表现容易作出诊断，但应细致检查以确定肛门囊疾病的性质和程度。检查时可将戴有乳胶手套的一手食指插入肛门，大拇指抵肛门囊外皮肤，两指用力挤压肛门囊，若内容物不易挤出或挤出浓稠皮脂样物，即为肛门囊阻塞；若稍用力即挤出大量脓性或血样液体，即为肛门囊炎；若挤出的脓液黏稠、量少，且病程长久，则多为肛门囊已形成化脓性窦道。

4. 治疗

对于单纯性肛门囊阻塞，在采用上述方法确诊同时，尽量挤净肛门囊内容物。如内容物过于黏稠或浓缩，可用生理盐水或适宜的消毒防腐液冲洗囊腔，1～2周后再重复冲洗一次。此外还要积极消除不良食物组成、运动量过少或慢性腹泻等可能存在的致病因素。对于化脓性肛门囊炎，同样在挤净脓性内容物前提下，应用适宜的消毒防腐液冲洗囊腔，接着向囊腔内注入氨苄西林或庆大霉素等，并沿肛门囊周围施行氨苄西林或庆大霉素普鲁卡因封闭治疗，通常需要处理2~3次即可奏效。如肛门囊已形成化脓性窦道或瘘管，需探明其深度及范围（图15－4），施行肛门囊及病变组织摘除术（图15－5），但注意不要损伤肛门括约肌和提举肌。修整成新鲜创口后常规缝合，术后4d内禁食或喂流食，减少排便，防止犬坐下及啃咬患处，每天带犬散步2次。症状较重并伴有全身症状的犬，应全身抗感染治疗。

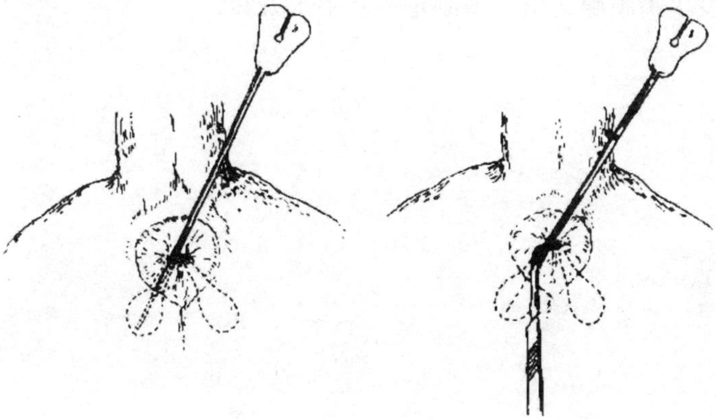

图15－4　肛门囊探查及切开

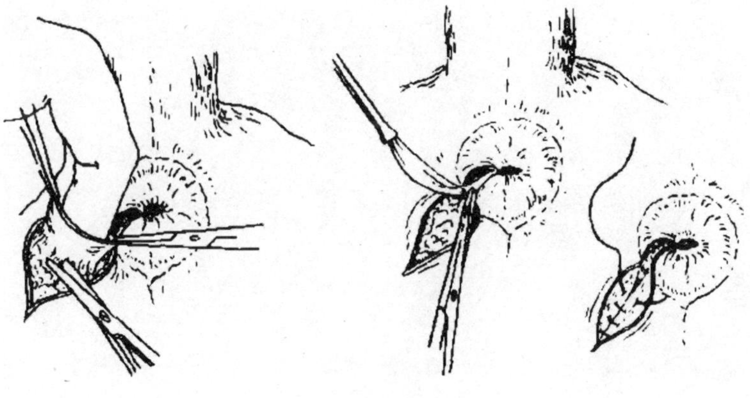

图15－5　肛门囊切除

（白春杨　胡永灵）

复习思考题

一、问答题

1. 简述结膜炎的治疗原则和治疗方法。

2. 制定脐疝的手术治疗方案。

3. 简述直肠脱的综合治疗措施。

二、病例分析题

一例犬发生瞬膜腺突出，请制定一套手术方案。

第十六章　四 肢 疾 病

知识目标

- 掌握四肢疾病的诊断。
- 基本掌握骨折、关节脱位等主要四肢疾病的发病特点、诊断、治疗。
- 掌握蹄部疾病的发生、发展规律、诊断、治疗。

技能目标

- 能准确进行跛行的诊断。
- 熟练地进行主要四肢疾病的诊断、治疗。

第一节　跛行的诊断

临床上四肢疾病的突出临床特征就是跛行，跛行是肢蹄及某些疾病的一种临床症状，它不是一个独立的疾病。它是家畜的肢蹄或邻近部位的病态而表现于四肢的一种运动机能障碍。

一、跛行的原因、种类及程度

1. 跛行的原因

（1）四肢的运动及支柱器官的疼痛性疾患，如关节、肌腱、腱鞘、骨等急性炎症，都可引起跛行。

（2）由于慢性炎症过程，形成关节粘连、骨瘤、腱及韧带挛缩等，可引起四肢机械性障碍。

（3）由于神经麻痹和肌肉萎缩，则四肢肌肉功能受阻碍，而影响四肢的运动表现跛行。

（4）由于某些疾病过程，常可引起四肢机能障碍，如骨软症、风湿病、布氏杆菌病、睾丸炎等。

2. 跛行的程度

（1）轻度跛行　全蹄面能落地负重，但负重时间较短。或患肢提举、伸扬缓慢、稍有困难。

（2）中度跛行　全蹄面不能全部落地负重，负重时间很短或以蹄尖负重。或患肢举扬有明显的抬不高，迈不远。

（3）重度跛行　患肢几乎不能或完全不能提举、伸扬与负重，运步时呈拖拉步样或三肢跳跃前进。牛很少呈现三肢跳跛行的种类。

3. 跛行的种类

主要根据患肢机能障碍的状态及步幅的变化来确定。步幅就是悬垂肢从第一次着地的蹄迹到第二次着地的蹄迹之间的距离，为一步幅。此一步幅又被对侧支柱肢的蹄迹分为两个半步，在蹄迹前方的叫前半步，在后方的叫后半步。健康家畜的前后两个半步的距离，基本是相等的。当某一肢的悬垂作用或支柱作用出现机能障碍时，则步幅的前后两个半步，即发生明显变化，根据步幅变化，跛行可分为以下四种。

(1) 支跛　患肢在支柱或负重的瞬间，感到疼痛，使对侧健康肢提前落地，患肢负重时间缩短，运步时从侧方望诊，则后半步缩小（后方短步）。支跛患病部位多在肢的腕、跗关节以下。概括为“敢抬不敢踏，病痛腕跗下”。

(2) 悬跛　患肢的提举、伸扬不充分，抬不高，迈不远，前进缓慢，侧方望诊，则前半步缩小（前方短步）。重症时患肢在地上拖拉前进。悬跛的病变部位多在腕跗关节以上，概括为“敢踏不敢抬，病变上段呆”。

(3) 混合跛　患肢提举、伸扬及负重时均出现障碍，即支跛与悬跛的特征同时存在。

(4) 特殊跛行

①紧张步：表现急促短步，如蹄叶炎。

②黏着步：表现缓慢短步，步样强拘，如风湿病。

③鸡步：患肢举扬不自然，后蹄突然高举，强力屈曲跗关节，如鸡走路姿势。

二、诊断方法

跛行的诊断一般分为问诊、确定患肢、寻找患部及建立诊断四个步骤。

1. 确定患肢

在问诊的基础上，以视诊为主，观察病畜在站立和运动中所表现出的异常状态。

(1) 站立检查　使病畜安静自然站在平坦地面上，从病畜前后、左右对四肢的局部、负重状态及站立姿势，进行全面有比较的观察。其着眼点是肢蹄各部有无外伤、肿胀、变形和肌肉萎缩等变化；四肢是否平均负重，有无频频交换负重现象（牛一般不交换负重，其健肢内收支持体重，患肢外展）；注意肢势变化与负重状态，一般疼痛性患肢经常伸向前方、后方、内方或外方，多用蹄尖、蹄侧或蹄踵部负重，表现系部直立，系关节不敢下沉。严重者多不能负重，而提举悬垂。

牛患四肢病时，一般不站立而卧下休息。卧的姿势如发生改变，或卧下不愿起立，说明运动器官有疾患。另外也要注意病牛，由卧的姿势改变为站立时的表现，有时从中看异常状态而发现患肢。

（2）运动检查　轻度跛行病畜站立时往往缺乏显著变化，必须通过运动检查，发现异常状态，借以确定患肢，并可帮助判定患部。

检查时应在平坦宽广场地上，行牵引运动，用不同地面和各种措施，先慢后快地进行下线运动，牵缰绳长短要适当，一般以1m左右为宜。检查者有步骤的从侧面、前面、后面进行比较观察病畜在运动中表现的异常现象，检查要点如下：

①观察肢的提举、伸扬和落地负重状态：各关节屈曲、伸展是否充分，左右两肢，提举高度是否相等，系部倾斜是否一致，系关节下沉是否充分，蹄负面是否完全着地等。从中判定是前方短步，还是后方短步，以确定跛行种类，找出患肢。

②观察点头运动：当一前肢患病时，病畜在健前肢着地负重的瞬间，头颈稍倾向于健侧，并将头低下。在病前肢着地负重时，又将头向患侧高举，这种上下摆动现象，称为点头运动。即头低下时着地的肢是健肢，头高举时着地的肢是患肢。概括为“点头行、前肢痛”，“低在健、抬在患”。

③观察臀部升降运动：当一后肢患病时，为了把后躯重心移向对侧健肢，所以在健肢着地时，臀部显著下降，而患肢着地时，臀部显著高举，这种现象称为臂部升降运动，即臀部下降时，着地肢为健肢，臀部高举时，着地肢为患肢。概括为“臀升降、后肢痛”，“降在健、升在患”。

④促使跛行程度加重：当跛行较轻，用上述方法不能确定患肢时，可采取下列措施，促使跛行明显化。

上下坡运动：前肢支跛下坡时明显，后肢支跛上坡时明显。当屈肌有疾患时，上坡时跛行增剧。伸肌有疾患时，下坡时跛行显著。

圆圈运动：支跛病肢在内圈明显，悬跛病肢在外圈明显。

急速回转运动：支跛病肢在回转侧跛行明显。悬跛病肢在外侧，跛行也加重。

2. 寻找患部

确定患肢只是疾病外部现象，而不是疾病的本质，所以必须根据运动检查时所确定的跛行种类及程度，有步骤有重点的进行肢蹄各部检查，以便找出患病部位。

（1）蹄部检查

①蹄的外部检查：主要注意蹄形有无变化，蹄铁形状、磨灭状态及钉节位置，蹄壁有无裂缝缺损及赘生。其次再检查蹄底各部有无刺伤物体和刺伤孔等变化。检查牛蹄时特别要注意趾间韧带有无异常。

②蹄温检查：用手背接触蹄壁，比较其温度高低，当蹄内有急性炎症时，则蹄温显著增高。

③蹄的痛觉检查：先用检蹄钳敲打钉节和钉头，再用检蹄钳钳压蹄匣各部。

如发现肢体上部肌肉有收缩反应或抽动患肢，或拒绝敲打和钳压等疼痛性反应，则说明蹄内有炎性病变存在。

（2）肢体各部的触压检查　使病畜自然站立，由冠关节开始逐步向上触摸压迫各关节、关节侧韧带、黏液囊、屈腱、腱鞘、骨骼及肢体上部肌肉等部位，注意有无肿胀、增温、疼痛、变形、波动、肥厚、萎缩及骨赘等变化。

（3）被动运动检查　人为对关节、腱及肌肉等进行屈曲、伸展、内转、外转及旋转等运动，观察活动范围和疼痛反应，以及有无异常音响等变化，进而发现患病部位。

3. 建立诊断

肢蹄病的种类很多，发病原因不同，病变有大小、轻重和新旧之分，所以当建立诊断时，必须将检查所获得的丰富材料，进行认真的分析对比，反复研究归纳总结，做出初步诊断，再通过实践验证，得出最后诊断。

第二节　关节疾病

一、关节扭伤

关节在突然受到间接的机械外力作用下，使关节超越了生理活动范围，瞬时间的过度伸展、屈曲或扭转而发生的关节损伤。此病是马、骡常见和多发的关节病，最常发生于系关节和冠关节，其次是跗、膝关节。牛也发生，常发生于系关节、肩关节和髋关节。

1. 病因

关节扭伤发病原因，常由于在不平坦的道路上重剧使役，急转、急停、转倒、失足登空、嵌夹于穴洞的急速拔腿、跳跃障碍、不合理的保定、肢势不良、装蹄失宜等，还有误踏深坑或深沟、跳沟扭闪（跨越沟渠）、跌倒等。

2. 症状

在临床上，关节扭伤表现疼痛、跛行、肿胀、温热和骨质增生等症状。

（1）疼痛　原发性疼痛，受伤后立即出现，是关节滑膜层神经末梢对机械刺激的锐敏反应。炎性反应性疼痛，根据组织损伤程度和炎症反应情况而异。韧带损伤痛点位于侧韧带的附着点纤维断裂处，触诊可发现疼痛。运动有疼痛反应，举起患肢进行关节被动运动，只要使受伤韧带紧张，即使不超过其生理活动范围，立即出现疼痛反应，甚至拒绝检查。同时转动关节向受伤的一方，使损伤韧带弛缓，则疼痛轻微或完全无痛。当作被动运动检查，有时发现关节的可动程度远远超过正常活动范围，这是关节侧韧带断裂和关节囊破裂的严重表现，此时疼痛明显。

（2）跛行　原发性跛行，受伤时突发跛行。行走数步之后，疼痛减轻或消失，这是原发性剧烈疼痛的结果。反应性疼痛跛行在伤后经 12～24h，炎症发展为反应性疼痛，再次出现跛行，跛行程度随运动而加剧，中度、重度扭伤时表现这种跛行，而且组织损伤的越重，跛行也越重。如损伤骨组织时表现为重度跛行。病畜在站立时，如为中度扭伤，患肢屈曲以蹄尖着地，免负体重；重度扭伤以蹄尖支柱，时时提起患肢或悬起不敢着地。

（3）肿胀　扭伤的关节肿胀，出现在病程的两个阶段。病初，炎性肿胀是关节滑膜出血、关节腔血肿、滑膜炎性渗出的结果，特别是关节周围出血和水肿时，肿胀更为明显；另一种肿胀出现在慢性经过的骨质增殖，形成骨赘时，表现硬固肿胀。因四肢上部关节外被有厚厚的肌肉，患部肿胀不甚明显。轻度扭伤，无明显肿胀，中度扭伤有程度不同的肿胀，只在严重关节扭伤时，炎症反应越剧烈，肿胀也越明显。

（4）温热　根据炎症反应程度和发展阶段而有不同表现。一般伤后经过半天乃至1d时间，它和炎性肿胀、疼痛和跛行并存，并表现有一致性。仅在慢性过程关节周围纤维性增殖和骨性增殖阶段，有肿胀、跛行而无温热。

骨赘：慢性关节扭伤可继发骨化性骨膜炎，常在韧带、关节囊与骨的结合部受损伤时形成骨赘，因而存在长期跛行。

3. 治疗

治疗原则：制止出血和炎症发展，促进炎性渗出物吸收、镇痛消炎、预防组织增生，恢复关节机能。

（1）制止出血和渗出　在伤后1~2d，为了制止关节腔内的继续出血和渗出，应进行冷疗和包扎压迫绷带。冷疗可用冷水浴（将病畜系于小溪、小河及水沟里，或用冷水浇）或冷敷。症状严重时，可静脉注射10%氯化钙溶液或肌内注射维生素K_3使病畜安静。

（2）促进吸收　急性炎性渗出减轻后，应及时使用温热疗法，促进吸收。如温水浴（用25~40℃温水浴，连续使用，每用2~3h后，应间隔2h再用）、干热疗法（热水袋、热盐袋）促进溢血和渗出液的吸收。如关节内出血不能吸收时，可作关节穿刺排出，同时通过穿刺针向关节腔内注入0.25%普鲁卡因青霉素溶液，或使用碘离子透入疗法、超短波和短波疗法、石蜡疗法、酒精鱼石脂绷带，或敷中药四三一合剂（处方：大黄4.0、雄黄3.0，龙脑1.0，研细，蛋清调敷）。

（3）镇痛　注射镇痛剂。可向疼痛较重的患部注射盐酸普鲁卡因酒精溶液（处方：普鲁卡因2.0%、酒精80mL、蒸馏水20mL灭菌）10~15.0mL，或向患关节内注射2.0%盐酸普鲁卡因溶液。或涂擦轻刺激剂，如10%樟脑酒精、碘酊樟脑酒精合剂（处方：5%碘酊20g、10%樟脑酒精80mL），或注射醋酸氢化可的松。在用药的同时适当牵遛运动，加速促进炎性渗出物的吸收。

韧带、关节囊损伤严重或怀疑有软骨、骨损伤时，应根据情况包扎石膏绷带。对转为慢性经过的病例，患部可涂擦碘樟脑醚合剂（处方：碘20g、95%酒精100mL、乙醚60mL、精制樟脑20g、薄荷脑3g、蓖麻油25mL）每天涂擦5～10min，涂药的同时进行按摩，连用3～5d。

装蹄疗法：如肢势不良，蹄形不正时，在药物疗法的同时进行合理的削蹄或装蹄。

二、关节脱位

关节骨端的正常的位置关系，因受力学的、病理的以及其他因素而失去其原来状态，称为关节脱位（脱臼）。关节脱位常是突然发生，有的间歇发生，或继发于某些疾病。本病多发生于牛、马的髋关节和膝关节。肩关节、肘关节、指（趾）关节也可发生。

1. 病因

外伤性脱位是临床上最常见的外科病。以间接的外力作用（蹬空、突然关节强烈屈伸、肌肉异常不调和地强收缩）为主，而直接的外力作用（打击、蹴踢、冲撞、跌倒）次之，由于两种不同的外力作用于关节，受害关节在超生理范围的活动状态下，关节韧带和关节囊遭到破坏，引起关节变位。

2. 症状

关节脱位的共同症状：

（1）关节变形　由于关节骨端的离开失去原形，改变原来解剖学上的隆起与凹陷。

（2）异常固定　因关节骨头与关节窝错开卡住，加之有关韧带和肌肉的高度紧张，在非正常的位置上固定不动，即使被动运动时，或基本不动或活动不灵，但在被动之后仍恢复异常固定状态，带有弹拨性。

（3）关节肿胀　在严重的外伤性脱位，关节组织破坏较重，因关节出血、血肿及剧烈的急性炎症反应可出现明显的肿胀。

（4）肢势改变　在脱位关节的下方发生肢势改变，如内收、外展、屈曲或伸张等肢势。

（5）机能障碍　在伤后立即出现。由于关节骨端变位和疼痛，患肢运动障碍或完全不能运动。

3. 诊断

上述五点是关节脱位的共同症状，而在各不同关节的脱位时却各自有它的特征性表现，在确诊时要注意临床特征。诊断时如能深入视诊、触诊、被动运动以及与对侧肢的比较观察，关节脱位并不难诊断。但是，当在重度肿胀，或外被肌肉较厚的关节脱位，诊断难度较大时，用X线检查可正确判断有无骨端变位和并发骨折。

4. 治疗

关节脱位的治疗原则：整复、固定、功能锻炼。

整复（复位）：脱位的复位是脱位的关节头通过关节囊的破裂口回到原来的位置，整复的时间越早越好，否则炎症发展影响复位。整复时全身麻醉或传导麻醉、关节腔麻醉，使肌肉、韧带弛缓，减少疼痛，消除阻力，便于复位。

整复的方法有按、揣、揉、拉和抬。可用绳子同时牵引，首先用力牵引患肢拉开反常固定的患关节，然后按照正常解剖位置使脱位的骨端还原。整复正确时可以感觉到有一种音响，同时患关节的变形和异常运动消失，完全恢复原来关节的正常活动。整复后必须绝对安静1~2周。

固定：整复后为了防止再发，应立即进行固定。后肢关节脱位可用石膏绷带或夹板固定，经过3~4周后，取下绷带并牵遛运动，促进机能恢复。在固定的同时应用热疗法，效果更好。上肢关节不便绷带固定时，可用5%灭菌盐水或自家血液向脱位关节周围分点注射（全量20mL），引起周围组织炎症反应，肿胀，借此组织紧张度以达到固定的目的，整复困难的脱位，可进行手术疗法。

第三节　骨的疾病

一、骨　　折

在外力作用下，骨骼的完整性被破坏，出现断、裂、碎，称为骨折。骨折主要发生于急剧的外力作用、肌肉强烈地收缩和骨质病。

根据骨折部与外界是否相通，可分为开放性骨折和非开放性骨折。根据骨折的程度可分为完全骨折、不全骨折及粉碎性骨折。

1. 症状

（1）异常变形　骨折断端因受外力而移位，使骨折部外形或解剖位置发生改变。完全骨折时变形明显，患肢呈弯曲、缩短、延长等异常姿势。不全骨折无此变化。

（2）异常活动和骨摩擦音　肢体完全骨折时，活动远侧端，出现屈曲、旋转等异常活动，并可听到或感觉到骨断端的摩擦音或碰击声，不全骨折无此变化。

（3）疼痛　骨折发生后，疼痛剧烈，肌肉颤抖，出汗，当自动或被动运动时表现严重不安或躲避，从外部触压骨折部，疼痛加剧。当骨裂时，手指压迫骨裂线有压痛，称骨折疼痛线。

（4）出血与肿胀　由于骨折出现出血及炎性渗出，骨折部位出现明显的肿胀。

（5）疼痛机能障碍　肢体骨折，患肢不能屈伸、运步和负重或提起患肢悬垂，运步时呈三肢跳跃前进。肋骨骨折时呼吸困难，脊椎骨折时能发生神经麻痹及肢体瘫痪。

开放性骨折，创口哆开，骨折断端露于创面，常并发感染。

2. 急救措施

骨折发生后，首先使病畜安静，防止断端活动和严重并发症，针对不同的伤情，立即进行止血，预防休克，防止伤口感染。为此，对骨折部先用简易夹板做临时固定包扎，保持患部安静，尽可能防止断端发生转位或过多损伤周围软组织，以免非开放性骨折变成开放性骨折。开放性骨折，创内防腐消毒止血后，撒布抗菌药物，随后再固定包扎，及时应用抗生素，以防继发感染。

处理结束后，尽快将病畜转送动物医院治疗。性情暴躁的病畜，使用镇痛镇静剂后再运送。

3. 治疗

在侧卧保定下，采用全身浅麻醉或局部浸润麻醉。及早使骨折断端正确接着复位，而后装着石膏绷带或夹板绷带固定，吊在四柱栏内（牛不能长期吊起，犬、羊可令其自由活动），加强护理。整复固定后可注射抗菌、镇痛、消炎药物。同时补充钙制剂，配合内服中药接骨散等措施，后期要注意恢复机能训练。

二、骨 髓 炎

骨髓炎是骨组织炎症的总称，包括骨髓炎、骨炎、骨膜炎。按病情发展可分为急性和慢性两类。临床上以化脓性骨髓炎为多见。

1. 病因

葡萄球菌、链球菌或其他化脓菌是引起化脓性骨髓感染的主要致病菌。感染来源有三。

（1）外伤性骨髓炎　大多发生于骨损伤后，例如开放性骨折、粉碎性骨折或在骨折治疗中应用内固定时，病原菌可直接经由创口进入骨折端、骨碎片间以及骨髓内而感染。

（2）蔓延性骨髓炎　系由附近软组织的化脓过程直接蔓延到骨膜后，沿哈佛氏管侵入骨髓内而发病。

（3）血源性骨髓炎　发生于蜂窝织炎、败血症、腺疫等情况下，骨组织受到损伤，抵抗力降低时，病原菌经由血液循环进入骨髓内引起发病。病原菌一般为单一感染。家畜骨髓炎的常发部位为四肢骨、上（下）颌骨、胸骨、肋骨等。

2. 症状

急性化脓性骨髓炎病程急剧，病畜体温突然升高，精神沉郁。病部迅速出现硬固、灼热、疼痛性肿胀，呈弥漫性或局限性。压迫病灶区疼痛显著。局部淋巴结肿大，触诊疼痛。病畜出现严重的机能障碍，发生于四肢的骨髓炎呈现重度跛行，下颌骨的骨髓炎会出现咀嚼障碍、流涎等。血液检查，白细胞增多，血培养常为阳性。严重者病情发展很快，通常发生败血症。

经过一定时间脓肿成熟，局部出现波动，脓肿自溃或切开排脓后，形成化脓性窦道，临床上只要浓稠的脓液大量排出，全身症状即能缓解。通过窦道探诊，可感知粗糙的骨质面和探针进入到骨髓腔，若能用手指探查，诊断更确实。局部冲洗时，脓汁中常混有碎骨屑。

外伤性骨髓炎时，骨髓因皮肤破损而与外界相通，临床常取亚急性或慢性经过，可见窦道口不断地排脓，无自愈倾向。窦道周围的软组织坚实、疼痛、可动性小。由于骨痂过度增生，局部形成很大面积的硬固性肿胀，通常可见局部肌肉萎缩和病畜的消瘦。

3. 治疗

应使病畜保持安静，及早控制炎症的发展，防止死骨形成和败血症。

早期应使用大剂量敏感的抗生素以控制感染。必要时进行补液和输血，以增强抵抗力，控制病变的发展。

由开放性骨折、创伤等引起的急性化脓性骨髓炎，要及时扩创，作清创术，清除坏死组织、异物和死骨，用含有抗菌药物的溶液冲洗创腔；已形成脓肿或窦道的，应及时手术切开软组织，分离骨膜，暴露骨密质，用骨凿打开死骨腔，清除死骨片；慢性病例，应用锐匙刮去死骨腔内肥厚的瘢痕和肉芽组织，消灭死腔，为骨的愈合创造条件。以后按感染化脓创治疗原则处理，肋骨骨髓炎可作部分肋骨骨膜下切除术。

为了确保术部的充分休息，防止发生病理性骨折，局部应装着夹板绷带或有窗石膏绷带固定。

第四节　蹄部疾病

一、牛、羊腐蹄病

发生在蹄间，主要表现为皮肤炎症，具有腐败、恶臭、疼痛剧烈为特征的疾病称为腐蹄病。也叫蹄间腐烂或指（趾）间腐烂。该病主要发生于牛、羊或猪。

1. 病因

本病主要是因厩舍泥泞不洁，低洼沼泽放牧，蹄间的外伤，或由于蛋白质、维生素饲料不足及护蹄不当，使趾间抵抗力降低，而被各种腐败菌感染而致病。

2. 症状

病初，蹄间发生急性皮炎，潮红、肿胀、知觉过敏，频频举肢，呈现跛行。炎症逐渐波及蹄球与蹄冠部，严重时化脓而形成溃疡、腐烂，并有恶臭脓性液体。病畜精神、食欲不振，乳量下降。而后蹄匣角质开始剥离，往往并发骨、腱、韧带的坏死，体温升高，跛行严重，严重者蹄匣脱落。一般在潮湿的季节，带菌的家畜极易造成本病的流行。

3. 治疗

发生本病后，先将蹄部彻底消毒，除去坏死组织，应用饱和硫酸铜或高锰酸钾溶液消毒患部，再撒布高锰酸钾粉、硫酸铜粉末或磺胺粉，或青霉素鱼肝油乳剂（青霉素 20 万 U 于 5mL 蒸馏水中，再加入 50mL 鱼肝油，混合搅拌，制成乳剂）于腐烂创口上，深部腐烂可用纱布药液充填，而后包扎。此外亦可应用松节油与松馏油等量混合液或松节油、松馏油与鱼肝油等量混合溶液等。病情严重可应用抗生素和磺胺疗法。

多数牛、羊同时发病时，可设消毒槽，槽中放入 1% ~3% 硫酸铜溶液，使病畜每日通过 2 ~3 次。同时对病畜隔离饲养，原污染圈舍要进行严格消毒。

二、蹄 叶 炎

蹄壁真皮的局限性或弥散性的无菌性炎症，称蹄叶炎。常见于马的两前蹄或两后蹄同时发病，也有四蹄同时发病，牛多见于两后蹄。

1. 病因

本病病因尚不十分清楚，目前一般认为，蹄叶炎的发生是与机体过敏反应和神经反射有关，但临床上常在下列情况发生本病。

(1) 饲养失宜　长期喂饲过多精料或饲料骤变，运动缺乏，则引起消化障碍，产生有毒物质，吸收后造成血液循环紊乱，使蹄真皮淤血而发炎。

(2) 使役不当　在硬地或不良的道路上服重役或长时间使役不休息，或长期休闲突然服重役等，使组织中产生大量的乳酸与二氧化碳，障碍了正常的代谢机能，末梢淤血，引起蹄真皮发炎。

(3) 蹄形不正　如高蹄、低蹄、狭窄蹄、过长蹄，使蹄机能受到严重障碍，影响蹄的血液循环，而易诱发本病。

(4) 继发于其他疾病　如胃肠炎或便秘后、中毒、风寒感冒以及难产与胎衣不下等疾病过程中，产生大量有毒物质被吸收，可继发蹄叶炎。

机体在上述的因素作用下，使蹄壁真皮毛细血管扩张、充血、血液停滞，血管壁通透性增强，炎性渗出物渗出，积聚于真皮小叶与角小叶之间压迫真皮而引起剧痛。

当炎症继续发展，渗出液大量积聚压迫蹄骨，则破坏真皮小叶与角小叶的结合，造成蹄骨变形下沉，甚至蹄底穿孔，蹄前壁凹陷，而蹄轮密集，则蹄尖翘起，蹄匣变形而形成芜蹄。

2. 症状

(1) 急性蹄叶炎　肢势有变化，两前蹄患病时，站立时为了缓解疼痛，两前肢伸向前方，以蹄踵负重，蹄尖翘起，头颈高抬，两后肢伸入腹下，呈蹲坐姿势。如站立过久，常想卧地，强迫运动时为急速短促紧张步样。

两后蹄患病时，头颈低下，两前肢后踏，两后肢诸关节屈曲稍前伸，以蹄踵负重，腹部卷缩，强迫运动为紧张步样。

四蹄同时发病，初期四肢前伸，而后四肢频频交换负重，肢势常不一定，终因站立困难而卧倒。

蹄部变化可见病蹄指（趾）动脉搏动亢进，蹄温增高，敲打或钳压蹄壁，有明显疼痛反应，特别蹄尖壁疼痛更为显著。

由于疼痛剧烈，全身变化常出现肌肉颤抖，出汗，体温升高，脉搏增数，呼吸促迫，食欲减退，反刍停止等症状。如因其他疾病引起的，还具有原发病的症状。

（2）慢性蹄叶炎　病蹄疼痛症状与温度均减轻，呈轻度跛行。时间再久即形成芜蹄，病畜消瘦，降低或丧失生产性能。

3. 治疗

治疗本病要根据不同原因，采取不同措施，进行综合疗法。原则是除去病因，减少渗出，消炎镇痛，促进吸收，防止蹄骨变形。

（1）放血疗法　发病后及早从颈静脉放血，根据病畜营养及体格大小，一般可放 1 000～2 000mL（体弱者禁放血），而后静脉注入等量的糖盐水，加入 0.1% 盐酸肾上腺素溶液 1～2mL 或加入 10% 氯化钙溶液 100～150mL，效果更好。放蹄头血，也有良好作用。

（2）冷敷和温敷疗法　病初 2～3d 可进行冷敷、冷脚浴或浇注冷水，2～3 次/d，每次 0.5～1h。或在河边、井旁脚浴。以后改为温敷或温脚浴，促进炎性渗出物吸收。

（3）封闭疗法　应用 0.5% 盐酸普鲁卡因溶液注入系部皮下指（趾）深屈肌腱内外侧，每侧 15～30mL，隔日一次，连用 3～4 次，效果良好。也可进行静脉或患肢上方穴位封闭。

（4）辅助治疗　可静脉注射高渗氯化钠、高渗葡萄糖溶液 300～500mL，有良好效果。皮下注射盐酸毛果芸香碱，也有良好作用。

（5）脱敏疗法　发病初期可试用抗组胺药物，如盐酸苯海拉明 0.5～1g，内服，1～2 次/d；10% 氯化钙溶液 100～150mL、维生素 C 10～20mL 分别静脉注射；也可皮下注射 0.1% 盐酸肾上腺素溶液 3～5mL，1 次/d。

（6）清理肠道，排除毒物　可内服硫酸钠 200～300g 或氯化钠 200g、福尔马林 20mL、常水 5000mL，一次内服。在治疗中绝对保持病畜安静，加强护理，喂给易消化的饲料，根据不同病情灵活综合应用上述疗法。慢性蹄叶炎无特效疗法，可通过削蹄装蹄，矫正蹄形，以防蹄的变形。

（白春杨　邱伟海　胡永灵）

复习思考题

一、问答题

1. 简述关节扭伤的综合防治措施。

2. 简述治疗牛蹄叶炎的方法。

二、病例分析题

一例牛发生跛行，请制定出诊断疾病的方案。

第三篇 产科疾病

第十七章 产科常见病

知识目标

● 重点掌握流产、胎衣不下、生产瘫痪、子宫内膜炎的发病原因、症状、诊断、治疗。

● 了解产前截瘫，卵巢机能减退，犬、猫生产搐搦的病因，诊断，治疗。

技能目标

● 熟练地进行难产诊断与助产术。

● 熟练地进行胎衣不下的手术剥离。

一、流 产

流产指由于胎儿或母体生理过程发生扰乱，或它们之间正常关系受到破坏从而导致妊娠过程的中断，造成胚胎被吸收或从子宫中排出死亡的或不足月的胎儿。前者称之为死产，后者称之为早产。

1. 病因

流产分为：普通性流产，传染性流产，寄生虫性流产。

(1) 普通性流产的病因

①胎膜及胎盘异常：胎膜及胎盘反常往往导致胚胎的死亡。

②胎儿过多：胎儿的多少，受子宫容积的限制（多胎动物）。

③胚胎发育停滞：是妊娠早期流产的主要原因之一。

④母畜疾病或饲养管理不当导致的流产。

(2) 传染性流产的病因　孕畜感染传染病，如布氏杆菌病，日本乙型脑炎，细小病毒病等。

(3) 寄生虫性流产的病因　孕畜感染寄生虫病，如胎毛滴虫病、锥虫病等。

流产发生与否取决于病因刺激的强度，作用的部位、时间的长短以及胎儿的生活力和母体的抵抗力、胎儿对母体环境的适应能力及母体对病因的忍耐力。总之，流产多为综合性因素的结果。

2. 症状和诊断

根据流产过程不同，临床症状可分为三种：

（1）胚胎消失（隐性流产） 造成屡配不孕（附植前死亡）或返情推迟（附植后死亡），妊娠率降低，产仔数减少。在临床上不表现症状。

（2）排出不足月的或死亡的胎儿 流产的预兆及其过程与正常分娩的预兆和过程相似，但轻微。预兆出现后 2～3d 即排出胎儿。

（3）延期流产（死胎停滞）

胎儿干尸化（木乃伊）症状：机体正常、不表现全身症状，亦不发情。

直检：触诊子宫有硬物，整个子宫形如皮球，一般大如人头，但无胎动，无波动及子叶，子宫与周围组织粘连。卵巢上黄体明显。

胎儿浸溶：初期，病畜自阴门排出红褐色或棕褐色恶臭的液体；稍晚时，排出带有零星的骨头碎片；最后排出白色脓液。初期，母畜无全身症状，随病势恶化，1.5～3 周后母畜吸收了分解产物，出现严重的全身症状。直检触之子宫内有硬物，子宫壁肥厚而紧张，没有子叶，稍施加压力可感到骨片的摩擦音。

3. 诊断

主要根据临床症状、直肠检查及产道检查来进行流产诊断。

当母畜配种并诊断为怀孕，若相隔一段时间再次发情则应怀疑为隐性流产。

随着怀孕时间增加，不见腹围增大，又不发情，直检触诊子宫有硬物，整个子宫形如皮球，一般大如人头，且无胎动。可诊断为胎儿干尸化。

如排出带有零星的骨头碎片，最后排出白色脓液，直检触之感到骨片的摩擦音，可诊断为胎儿浸溶。

4. 防治

（1）确诊病因 找出发病的原因，制订相应防治措施。

（2）保胎安胎 黄体酮：牛、马 50～100mg，羊、猪 10～30mg，口服或肌注；1% 阿托品：牛、马 1～3mL，口服或肌注（抑制子宫收缩）；也可给予镇静剂：如氯丙嗪、溴剂等。

（3）助产 在子宫颈已经开张，胎儿死亡，流产无法制止时，应与助产。

（4）人工流产 主要用于延期流产（胎儿干尸化及浸溶），子宫颈不开张时，为促进子宫颈开张及子宫收缩。药物引产有地塞米松、催产素、乙烯雌酚等。

（5）拉出胎儿后，根据子宫感染的情况，分泌物的数量和性质，可采取相应的措施。用 0.2% 高锰酸钾溶液冲洗子宫，并注射垂体素（牛 40～80U；羊、猪 5～10U），再通过直肠按摩，排出灌注液，最后置入抗生素胶囊。

（6）防治流产的总原则是在可能情况下，制止流产的发生；当不能制止时，应促使死胎排出，以保证母畜及其生殖道的健康不受损害；分析流产发生的原因，根据具体情况采取相应措施，以尽量减少损失为原则。

二、产前截瘫

产前截瘫是妊娠家畜既无导致截瘫的局部因素（如腰、臀部及后肢损伤），又无明显的全身症状，但后肢不能站立的一种疾病。该病可发生于各种家畜，但以牛和猪发病率较高。

1. 病因

产前截瘫的发病原因非常复杂，可能是妊娠末期许多疾病（如胎水过多、严重的子宫捻转、酮血病、风湿等）的症状，也可能是下列因素导致的结果。

（1）饲料中钙、磷含量不足或比例失调，是导致产前截瘫的主要原因。饲料中钙、磷含量缺乏或比例失调时，骨骼中钙盐沉着不足，血钙浓度下降，促进甲状旁腺素分泌增加，骨钙动用加速以维持血钙中生理水平，而骨的结构因此受到损害，导致截瘫。

（2）营养不良，圈舍阳光不足，缺乏运动等因素是引发产前截瘫的重要诱因。

（3）胎儿躯体过大形成对盆腔神经核血管的压迫，也可能引发产前截瘫。

（4）胎儿躯体逐渐长大，钙的需要量日渐增多，如饲料钙不及时增加，可能引发产前截瘫。

（5）胃肠功能紊乱、慢性消化不良及维生素 D 缺乏等，影响小肠对钙的吸收，使血钙浓度降低，也可能是引发产前截瘫的病因。

2. 症状

牛，一般于分娩前一个月左右逐渐出现运动障碍。发病初期，表现为站立不稳，两后肢交替负重；行走时，后肢摇摆，步态不稳；卧地后起立困难，或不愿起立。后期，则不能站立，卧地不起。临床检查，后驱无可见的病变，触诊无热、痛反应。通常无全身症状，但有时心跳快而弱。卧地时间较长时，可能发生褥疮或患肢肌肉萎缩，有时也可能伴发阴道脱。

猪多于产前几天至数周发病。发病初期，表现为卧地不起，站立时四肢强拘，系部直立，行走困难。一般一前肢最先出现跛行，以后波及四肢。触诊掌（跖）骨有疼痛反应，表面凹凸不平，不愿站立，驱赶不敢迈步，疼痛号叫，甚至两前腿跪地爬行。此外，患猪常表现异食、消化功能紊乱及粪便干燥。

3. 诊断

结合饲养管理情况和临床症状进行诊断。必要时，应注意与胎水过多、子宫捻转、损伤性胃炎、风湿、酮病、骨盆骨折、后肢韧带及肌腱断裂等进行鉴别诊断。

4. 治疗

（1）对于缺钙而引起的产前截瘫，可静脉注射钙制剂进行治疗。牛，可静脉注射10%葡萄糖酸钙200～500mL及5%葡萄糖500mL，隔日一次；也可静脉注射10%氯化钙100～300mL及5%葡萄糖500mL，隔日一次。猪，可静脉注射氯化钙20～30mL及5%葡萄糖500mL，隔日一次。为促进钙盐吸收，可肌内注射维生素AD，牛10mL（1mL含维生素A 50000U，维生素D 5000U），猪、羊3mL，隔2d一次；也可肌内注射骨化醇（维生素D_2），牛10～15mL（1mL含40万U）。猪可肌内注射维丁胶性钙1～4mL，隔日一次，2～5d后运动障碍即得到改善。

（2）对缺磷的患畜，可静脉注射磷酸二氢钾。

（3）发病时间距分娩期较近且病情较轻者，经适当治疗，产后多能很快恢复。而对于已近分娩期，且出现全身感染的病情危重患畜，需进行人工引产，以挽救母畜和胎儿生命。

（4）对于病因复杂的病例，在进行对症治疗的同时，要耐心做好护理工作，并给予富含蛋白质、矿物质及维生素的易消化饲料。给病畜多垫褥草，每日翻转数次，并对其腰荐部及后肢加以适当按摩，以促进后肢的血液循环。对于有可能站立的病畜，每日应抬起数次。可结合针灸、电针等中医疗法进行治疗，也可选用后驱注射肌肉或脊髓兴奋药物的方法进行治疗。

三、难　产

难产是指妊娠动物在分娩过程中，已超过正常分娩时间而不能将胎儿娩出。

1. 病因

引起难产的原因有如下几方面：

胎儿异常：如胎儿过大、胎位不正、畸形胎、胎向和胎势异常、气肿胎等，往往会引起难产。

母体产道狭窄：包括子宫狭窄（如子宫先天性发育不良、子宫捻转、子宫肌纤维变性），子宫颈狭窄（子宫颈异常、先天性发育不良、纤维组织增生或瘢痕），阴道和阴门狭窄，骨盆腔狭窄、畸形以及产道肿瘤等，都会影响胎儿娩出。

母体分娩力不足：如营养不良、年老体弱，运动不足、过度肥胖，以及激素不平衡或不足（雌激素、前列腺素或垂体后叶素分泌失调，孕酮过多）等，都可引起分娩力（阵缩与努责）微弱，造成难产。

2. 症状和诊断

难产的症状通常是显而易见的，但要区分其种类、程度、是否还有胎儿未娩出等，则有赖于病史调查和临床检查。

病史调查：即了解或询问病例是初产还是经产，经产者以往是否发生过难产；配种日期和公母品种及大小；本次分娩出现症状时间，阵缩与努责的强度及频度，是否已分娩出胎儿及只数，每只胎儿娩出的间隔时间；是否经过处理和处理情况如何等。

临床检查：即先观察病例的阵缩和努责的情况，从产道流出的分泌物情况和已分娩出的幼仔情况。然后将母畜保定好的情况下，进行腹部触诊和产道检查。可以查明子宫的大小、产道扩张程度、有无异常，有无胎儿，是死胎还是活胎等。

难产通常有如下表现，有助于诊断：

（1）阵缩和努责持续时间和强度正常，但自分娩开始发动后30min，胎儿未娩出者，很有可能为难产。若从阴道内流出绿色分泌物，表明胎盘已经分离，胎儿仍未娩出则为难产，且多为产道狭窄和胎儿异常性难产。

（2）阵缩和努责次数少、持续时间短、力量微弱，自分娩开始后3h，胎儿尚未娩出则为难产，且多为原发性子宫乏力性难产。

（3）当分娩出1只或几只胎儿后，经过4h以上无继续分娩现状，但腹部触诊或产道检查产道内仍有胎儿则为难产，且多为子宫收缩无力性难产。

（4）初产妊娠期超过1～2d或经产妊娠期超过1～2周者，若胎儿仍活着分娩时往往发生难产，且多为胎儿发育过大性难产。

3. 治疗

难产的治疗方法包括药物助产和手术助产两类。

（1）药物助产　主要用于母体原发性阵缩和努责微弱或无力时。对于产道狭窄，胎向、胎位、胎势异常时禁用，以免引起子宫破裂。在子宫颈口完全张开以后，可使用催产素（缩宫素）、垂体后叶素或已烯雌酚，皮下或肌内注射。注射后3～5min子宫开始收缩，可持续30min，然后再注射一次，同时配合按压腹部。为了增强子宫或对子宫收缩剂的敏感性或促进子宫颈口张开，可先肌内注射雌激素（如已烯雌酚、雌二醇等）0.1～1mg，再注射催产素。也可静脉注射10%葡萄糖酸钙溶液10～100mL，以增强子宫的收缩。

（2）手术助产　方法包括牵引术、矫正术、截胎术和剖腹产术。牵引术是指用手指或长柄钳伸入产道，将胎儿夹住并牵引取出。矫正术是指用手指或器械伸入产道，将胎向、胎位或胎势异常的胎儿矫正后，再牵引取出。截胎术是指经牵引术助产无效并已死亡的胎儿，将其分割成数块分别取出。剖腹产术是指经牵引术助产术无效（因胎儿过大、产道狭窄等）、胎儿仍活着时，切开母体腹壁和子宫，将胎儿取出。以上手术助产方法，可根据难产的类型、产道的状态、胎儿的死活或胎向、胎位、胎势是否正常以及母体是否健康状况等，选择最佳的方法。

四、胎衣不下

正常的分娩活动后，胎衣应该在一定时间内排出，如果超过正常时间，则称为胎衣不下。各种家畜排出胎衣的时间：牛4～12h，猪10～60min，马1～

1.5h，羊0.5～4h，犬、猫2～6h。本病发生于各种家畜，其中以牛、羊最为常见，尤其是奶牛发病率最高。

1. 病因

（1）产后子宫收缩无力　母畜怀孕期间，尤其是怀孕后期饲养不当，饲料单一，运动不足，年老体弱，难产时间过长。

（2）胎盘炎症　怀孕期子宫感染（如布氏杆菌病、沙门氏杆菌、胎儿弧菌、生殖道支原体、弓形体、霉菌等造成的感染），发生轻度子宫膜炎及胎盘炎，形成结缔组织。胎儿、胎盘和母体胎盘发生粘连，即使子宫正常收缩，胎衣亦不易下落。

（3）胎盘结构　牛、羊为子叶型胎盘，绒毛比较集中，胎儿胎盘与母体胎盘的联系比较紧密，正常情况下排出较慢，如果子宫收缩无力或子宫黏膜和胎儿绒毛膜发生炎性肿胀，则胎衣更难下落。马、猪为弥散胎盘或上皮绒毛膜胎盘，胎衣易于脱落，故少发。

2. 症状和诊断

症状明显，诊断不难。

（1）牛，发生胎衣不下时，往往从阴门中垂下一部分胎膜，胎膜上有大小不等的子叶。

（2）马，为尿膜羊膜悬吊在阴门外，呈灰白色，表面光滑。

（3）有时子宫极度弛缓，全部胎膜都停留在子宫及阴道内，有时外露胎衣被撕断，在阴门外面不能发现胎衣，此时，必须通过阴道检查才能发现。

（4）病畜精神不振、拱背、举尾，常有努责，食欲、反刍稍减，奶牛泌乳量减少。

（5）停滞的胎衣，尤其是热天迅速发生腐败分解，发生特殊的臭味，不断从阴门中流出暗红色液体，内混有腐败的胎衣碎片。

（6）当腐败的胎衣被机体吸收后，母畜出现全身症状（高度沉郁 、体温升高、食欲下降）。

（7）猪发生胎衣不下时，表现不安、体温升高、食欲、泌乳下降，从阴门内流出红褐色恶臭的液体内含腐败的胎衣碎片。

3. 治疗

治疗原则：促进子宫收缩，阻止子宫内膜炎症的继续发展，恢复机体和子宫的正常机能。若不可能自行排出则手术剥离。

（1）药物疗法　催产素：牛50～80U，猪5～10U，肌内或皮下注射，2h后重复一次。催产素要在产后12h内使用起预防和治疗作用，超过24h效果不佳；麦角新碱：牛1～2mg，猪0.2～0.4mg，皮下注射；5%～10%盐水150mL，静脉注射（促进胎儿胎盘与母体胎盘分离）；也可用5%～10%盐水300mL，宫注，浓盐水可使胎儿、胎盘脱水而缩小，同时提高子宫的紧张性，促进子宫收缩，有利于胎儿、胎盘和母畜胎盘分离。注意必须使盐水尽可能排出。

（2）子宫内置入抗生素　在子宫内置入抗生素，如土霉素、四环素、磺胺1～2g，隔日一次，共2～3次，效果良好。使用药品4～6d后机体康复，子宫收缩，排出胎衣。

（3）手术剥离胎衣　容易剥离就坚持剥，不可强行剥离，剥离胎衣要尽可能干净，主要适用于牛。剥离方法，术者左手握住外露的胎衣，朝一个方向扭转，右手从绒毛膜与子宫黏膜之间伸入子宫寻找子叶；剥离胎盘应注意顺序，即从近及远，上、下、左、右逐个逐圈剥离，剥离完后再向前推进，否则胎膜会互相牵连，引起混乱，妨碍手术进行。

4. 预防

主要是注意产前饲养管理，加强运动或放牧，以保证母畜健康。产后灌服羊水，可收到满意的效果。灌服益母草红糖水：益母草0.25kg，煎汁加红糖1～1.5kg。注射催产素50U，距离分娩时间越早越佳，可降低其发病率。

五、生产瘫痪

生产瘫痪是母畜分娩前后突然发生的一种严重的代谢性疾病，其特征是知觉丧失、四肢瘫痪。本病主要发生于奶牛，尤以产乳量高、营养良好、舍饲的奶牛，以5～9岁（3～6胎）的母牛居多，初产母牛则几乎不发生，除奶牛外，乳山羊、水牛也能发生，猪少见。

本病一般发生在顺产后3d之内，尤以产后12～48h多发。产前、分娩过程以及产犊3d后发病者甚少。有的牛痊愈后，在以后分娩时可以再度发生。

1. 病因

引起本病发生的直接原因是血钙浓度剧烈降低。母牛在临近分娩、分娩过程以及尤其是产后，乳腺大量形成乳汁，大量营养物质（血糖、血钙）及水分迅速地进入初乳中，致使血钙外流，血钙浓度骤然降低，分娩前后从肠道内钙吸收减少。当血钙浓度大量降低时，可导致神经肌肉兴奋性过度，机体搐搦及强直性痉挛。分娩后，腹压突然降低，腹腔的器官被动性充血，以及产后血液大量进入乳房引起脑贫血，引起严重的脑功能活动障碍。从而影响甲状旁腺，甲状旁腺素分泌减少。

发病后，首先表现短暂的兴奋，随即发生大脑皮质抑制，继之皮质下中枢抑制加深，最后导致延脑功能障碍，知觉丧失、四肢瘫痪等神经症状。

2. 症状

典型病例（占20%）：病畜伏卧，精神沉郁呈昏睡状态，鼻镜干燥，皮温低，直肠温度亦低于正常（36～38℃），眼睑反射微弱或消失，瞳孔扩大，对光反射迟钝。胃肠蠕动停止。心音弱而快（80次/min）。乳房较软。

非典型病例（占80%），除瘫痪外，病畜精神抑郁，但不昏迷。主要特征是：头颈至鬐甲部呈“S”“乙”状弯曲姿势。有时病畜能站立，但步态不稳，行走困难，体温正常或稍低（37～37.5℃）。

3. 诊断

主要根据发病时间（分娩后3d之内），3～6胎的高产奶牛，临床特有症状（知觉丧失，四肢瘫痪，体温下降，严重的消化系统障碍等），乳房送风有明显疗效即可作出诊断。需与下列疾病作出鉴别诊断：产后截瘫，仅后肢麻痹而不能站立，食欲、反刍、体温正常；醋酮血症，症状与生产瘫痪相似，常发生于四岁以内的高产奶牛，呼出气分泌物有酮体化合物气味，对钙剂治疗和乳房送风无效。

4. 治疗

发病后必须立即治疗，最好是在母牛尚未卧地之前。治疗越早，疗效越好，早期治愈率可达90%～97%。

（1）静脉注射钙剂　10%葡萄糖酸钙800～1500mL（8～15g）；20%～25%硼葡萄糖酸钙500mL；为减轻氯化钙对心脏的刺激，可用20%葡萄糖500mL和10%氯化钙100～200mL混合静注。

注射钙剂速度要慢，500mL，最好20min，适当加温；10%氯化钙不安全，加糖稀释钙剂可直接提高血钙浓度，从而迅速使机体恢复正常，但严重心脏病病畜禁用。

（2）乳房送风　操作方法：用乳房送风器送风，将干燥消毒绵球放在空气过滤器中，以便过滤空气及防止污染。然后消毒乳头，以消毒过的乳导管涂上少量润滑剂，经乳头孔插入乳头内，然后按压双连球缓慢压送空气入乳房内直至乳房胀满，叩诊乳房呈鼓音为止。过量乳腺泡发生破裂，过少则疗效不佳。拔出乳导管，用纱布轻轻扎住乳头，防止空气逸出。顺序：先下再上，先后再前。

通常使用送风后0.5h，即可痊愈，复发者极少，如送风后6h内未见好转，可重复送风一次。如无送风器可用自行车打气筒，大的玻璃注射器代替，为防止乳房炎，送风前可向每乳区注射青霉素40万U。

上述两种方法可以同时使用，一般及时治疗疗效好。

六、子宫内膜炎

在分娩过程或产后病原微生物通过开放的子宫颈或破口以及血液和淋巴进入子宫，突破了生殖器官防卫机能，引起子宫发生炎症的过程。本病各种家畜均可发生，牛较为多见，犬、马、羊次之，猪则少发。

1. 病因

（1）分娩及难产时，消毒不严，将病菌直接带入子宫使其发生感染。不正确的助产引起产道损伤，为细菌侵入开放了门户，同时为细菌的繁殖创造了条件，极易发生子宫炎症。

（2）产后外阴松弛，阴唇外翻，黏膜与泥水、粪尿、垫草及尾根接触，病菌上行蔓延，从阴门、阴道、子宫颈侵入子宫内。

(3) 胎衣不下，恶露停滞，子宫复旧不全，阴道及子宫脱出，胎儿浸润等都为细菌的繁殖和侵入子宫创造了条件。胎衣不下的母牛88%以上发生子宫炎。因此胎衣不下是引起产后感染的主要原因之一。

(4) 阴道炎、子宫颈炎和输卵管炎，炎症扩散至子宫，亦可继发。

(5) 配种不当造成子宫感染（违反配种制度和操作规程）。如输精器械消毒不严，亦可带入病菌，造成感染。本交时先与患阴道炎和子宫炎的母畜交配再与健康母畜交配，也能引起感染。

此外，布氏杆菌、沙门氏菌、胎儿弧菌等病则能通过血液感染，引起胎盘炎。

2. 症状

初期，从子宫内排出黏液性和黏液脓性的分泌物，味臭，在阴门外附着或干燥后形成结痂。从子宫中排出乌红色或黄褐色稀糊状液体，带有纤维蛋白碎片（白色黏膜小块），内含腐败分解的组织碎片及脓液，恶臭。全身症状正常或感染严重时，出现体温升高，食欲与泌乳量下降，频频拱背努责。

3. 诊断

主要靠其分泌物的性质，结合直检、阴检，必要时进行探查性冲洗，并参考病史进行确诊。

4. 治疗

治疗原则：主要是促进子宫收缩，恢复子宫的张力，清除炎性分泌物，抑制和消除子宫的感染。

(1) 冲洗子宫　浅表症状：0.05%～0.1%高锰酸钾液、新洁尔灭、洗必泰。重症病例：黏膜水肿渗出物多时，应用收敛性药液，如1%～2%明矾，5%～10%鞣酸、碘水溶液（蒸馏水1000mL，1%碘酊20～30滴）通过胶管或输精管注入子宫。急性炎症多用浓度偏低的药物；慢性炎症则应用浓度偏高的温热（35～45℃）溶液冲洗为宜。

(2) 单独投入抗生素　严重的子宫炎（假膜性、坏死性子宫炎）可导致感染扩散，因此不要冲洗子宫，直接将抗生素投入子宫内，每天或隔天一次，连续3～5次。

(3) 静脉注射钙剂　氯化钙10～15g以提高全身肌肉和子宫肌肉的收缩力。

(4) 注射促进子宫收缩的药物　脑垂体后叶素（催产素）40～80U肌内注射（为提高疗效，需事先或同时注射雌激素）；麦角新碱6～8mg，肌内注射。

七、卵巢功能减退

卵巢功能减退是指卵巢功能暂时性和长久性的衰退，致使家畜无性周期或性周期停止，从而表现出不发情或发情停止的疾病。此病发生于各种家畜，而且比较常见，衰老家畜尤其容易发生。

1. 病因

卵巢功能减退往往是由于子宫疾病，以及饲养、管理、利用不当，使家畜身体虚弱所致。如饲料不足或饲料质量不高，特别是蛋白质、维生素A、维生素E的缺乏，在长期饥饿、过度使役、长期哺乳或慢性消耗性疾病，使母畜过多消耗营养，引起脑垂体产生卵泡刺激素的功能降低。还有卵巢炎、卵巢发育不全、卵巢萎缩、卵巢静止、卵巢硬化、胎衣不下、子宫内膜炎、子宫内有异物等，亦可引起卵巢功能减退。

母畜至年老时，或者繁殖有季节性的母畜在发情季节中，卵巢功能也会发生生理性的减退。此外，气候变化（寒冷、酷热或变幻无常）或者对当地气候不适应（家畜迁移时），也可使卵巢功能暂时减退。

2. 症状和诊断

卵巢功能减退的特征是发情周期延长或者长期不发情，发情的外表征象不明显。或者出现发情体征，但不排卵。体检可见外阴及整个躯体都正常。直肠检查，可见卵巢的形状和质地无明显的变化，也摸不到卵泡或黄体，有时只可在一侧卵巢上感觉到有一个很少的黄体残迹。卵巢发育不全时，性成熟后母畜不见发情，卵巢小而且无卵泡发育。卵巢萎缩时，母畜不发情。卵巢往往变硬，体积显著缩小，母牛的仅如豌豆大，母马的如鸽蛋大，卵巢中既无黄体又无卵泡。如果间隔一周左右，经过几次检查，卵巢仍无变化，即可作出诊断。由于卵巢萎缩，子宫的体积往往也会缩小。

卵巢静止时，母畜在分娩后仅出现一两次发情，长期不发情。卵巢的体积较正常，无卵泡发育，卵巢质地较硬，表面有时不规则，多伴有黄体残迹。卵巢硬化时，母畜长期不见发情，卵巢硬如木质，无卵泡发育。多为卵巢炎的后遗症，卵巢囊肿也可使卵巢变硬。

直肠检查是诊断本病的主要手段，可间隔5~6d检查一次，并结合上述症状，即可确诊。

3. 预后

年龄不大的母畜，卵巢功能减退时，预后良好。如果病畜衰老，卵巢显著萎缩退化，卵巢与附近的组织发生粘连，或者子宫也同时萎缩，预后不佳。

4. 治疗

（1）公畜催情法　公畜对于母畜的生殖功能来说，是一种天然的刺激。在公畜的影响下，可以促进母畜发情或者使发情的体征增强，而且可以加速排卵。

（2）激素疗法（可选用药物）

①促卵泡素（FSH）：牛肌内注射100~200U，马200~300U，每日或隔日一次，每注射一次后需检查，注意观察母畜是否发情，如一次无效可连续应用3~4次直至出现发情征象为止。

②人绒毛膜促性腺激素（HCG）：马、牛静脉注射2500~5000U或肌内注射

1 万～2 万 U；猪、羊肌内注射 500～1000U。必要时，间隔 1～2d 重复一次。在少数病例，特别是重复注射时，可能出现过敏反应，应加以注意。

③孕马血清（PMS）或孕马全血：怀孕 40～90d 的母马血液或血清中含有大量马绒毛膜促性腺激素，其主要作用类似促卵泡素，因而可用于催情。

孕马血清粉剂的剂量按 U 计算，马、牛肌内注射 1000～2000U，猪、羊 200～1000U。在牛，重复应用有时可以产生过敏反应，应加注意。

④雌激素：目前常用的雌激素制剂及其剂量如下。

a. 苯甲酸雌二醇（或丙酸雌二醇），肌内注射，马、牛 4～10mL，羊 1～2mg，猪 2～8mg。

b. 乙烯雌酚，肌内注射，马、羊 20～25mg，羊 1～2mg，猪 4～10mg。

c. 乙烷雌酚，剂量参照乙烯雌酚加倍。

d. 甲乙烯雌酚，作用较乙烯雌酚及乙烷雌酚弱，但维持时间可达一周以上，剂量参照乙烯雌酚增加 1～1.5 倍。

应当注意，剂量过大或长期应用雌激素可以引起牛卵巢囊肿或慕雄狂，有时可以引起卵巢萎缩和发情周期停止，甚至使骨盆韧带及其周围组织松弛而导致阴道或直肠脱出。

（3）物理疗法

①子宫热浴：大家畜可用生理盐水、1%～2% 的碳酸氢钠溶液，加温至 40℃，向子宫内灌注，停留 10～20min 排出。通过热浴，可促进子宫和卵巢的血液循环，加快代谢，改善营养。对卵巢发育不全、萎缩及硬化的病畜较适用。

②卵巢按摩：适于牛、马等大家畜。将手伸入直肠内，隔肠壁按摩卵巢，以激发卵巢的功能。适于卵巢发育不全、萎缩及硬化，此法连日或隔日进行，每次持续 3～5min。如在发情季节内按摩驴的子宫颈，往往当时就出现发情的明显征象（如弓背、伸颈及耳向后竖起等）但是这些方法也与雌激素一样，所引起的只是性欲和发情现象，不能促进卵泡发育及排卵，因而也不能有效地配种受孕。虽然如此，由于这些方法简便，因此在没有条件采用其他方法时仍然可以试用。此外，可人工刺激生殖器官，如用开阴器视诊阴道子宫颈，触诊或按摩子宫颈，子宫颈及阴道涂擦刺激性药物（稀碘酊、复方碘注射液）等，都可能很快引起母畜发情现象。

（4）中草药疗法　母畜卵巢功能减退，宜养血、养气、温宫、催情。

[处方一] 黄芪 30g，党参 24g，白术 12g，当归 24g，熟地 24g，香附 24g，黄精 21g，大云 12g，砂仁 15g，枸杞 21g，五味子 15g，淫羊藿 15g，丹参 30g，川断 45g，破故纸 21g，川芎 12g，白芍 24g，炙草 9g，黄酒、猪卵巢或公鸡睾丸 1 对作引。将上药研末，用开水冲，待温灌服，隔日 1 剂，连服 3～5 剂。马、牛一次灌服。

[处方二] 当归 47g，红花 25g，白术、川芎各 31g，淫羊藿、神曲各 63g，

水煎，白酒适量（常用250mL）为引，牛、马一天一剂灌服，连用3d；猪一剂两天灌服，一天一次，连用4d。

5. 预防

加强饲养，给予正确而合理的日粮，特别应注意供给足够的蛋白质、维生素和微量元素。改善管理，合理使役，防止过劳和不运动。哺乳期应添加精料，并适时断乳。搞好安全越冬工作，储备充足的青饲料以备冬末春初补饲用。及早正确地治疗母畜生殖器官疾病。

八、犬、猫生产搐搦

犬猫生产搐搦可发生于产前、产中及产后，以产后1～4周居多。小型犬、猫，尤以产仔多的、易兴奋的品种多发。以低钙血症，肌肉痉挛和惊厥发作为临床特征。本病的发生与日粮营养失衡、钙需要量增加（泌乳及胎儿生长）、钙的利用降低、泌乳应激及遗传因素有关。一般6岁后即不再发病。

病犬初期呈现不安、恐惧、焦虑、呜咽，呼吸加快。随着病程的发展，后肢僵硬，步态摇摆，体温升高。倒地不起的可伴有呼吸困难、脉搏疾速、黏膜充血、流涎。肌肉纤维性震颤，继之以短暂的间歇之后，震颤进行性加重，以致短时间的惊厥发作。濒死期动物处于休克状态，黏膜发白、干燥、瞳孔散大。常伴有血钙降低（<1.75mmol/L）。

治疗：静脉注射10%葡萄糖酸钙或10%葡萄糖氯化钙5～10mL可迅速治愈。断乳24h有助于疾病的恢复。补充钙和维生素D可防止复发。日粮钙含量1%和磷含量0.8%有预防作用。

（胡永灵　张传师　朱宏兵）

复习思考题

1. 简述防治流产的总原则。
2. 试述胎衣不下的治疗方法。
3. 简述子宫内膜炎发病原因，在冲洗子宫时应注意的事项。
4. 试述生产瘫痪临床症状与治疗技术。

第四篇　动物普通病综合实训

实训一　犬、猫口炎的诊断与治疗

【实训目的】

了解口炎的发病原因，掌握其主要症状，诊断方法及防治技术。

【实训材料】

犬或猫、体温计、听诊器。

【实训步骤】

（1）病例　动物医院临床病例。

（2）临床症状观察　首先进行一般临床检查，检查体温、呼吸数、心音及心率；观察动物的精神状态，饮食欲，营养状况等。重点检查口腔（口腔黏膜的颜色、气味、温度、湿度等）。

（3）诊断　首先学生根据临床检查与症状表现作出初步诊断，并提出诊断依据。教师点评。

（4）治疗　学生根据诊断结果与治疗原则写出药物处方，征得老师同意后实施治疗。

【实训报告】

简述本病的诊断要点及治疗措施。

实训二　山羊前胃弛缓的诱发与治疗

【实训目的】

通过对病畜的临床检查，作出初步诊断，掌握瘤胃实验室检查的要点与冲洗瘤胃的方法。

【实训材料】

山羊、体温计、听诊器、pH 试纸、导管、套管针、阿托品、新斯的明。

【实训步骤】

（1）人工复制病例　在实验的前 2d 给羊连续注射阿托品。

（2）观察症状　首先进行一般临床检查，测定体温、呼吸数；听诊呼吸音、肠音、胃蠕动音、心音及心率；观察动物的精神状态，饮食欲，营养状况，粪便及尿液的状况。

（3）实验室检查内容

①瘤胃液 pH 值的测定。

②瘤胃内的纤毛虫数量及活力的测定。

③葡萄糖发酵实验。

④瘤胃沉淀物活性实验。

（4）诊断　根据临床症状结合实验室检查即可确诊。

（5）治疗

①教师讲述治疗原则：除去病因，加强护理，增强前胃机能，改善瘤胃内环境，恢复正常微生物区系，防止脱水和自体中毒。

②学生根据治疗原则写出药物处方。

【注意事项】

在诊疗时注意人畜安全，在进行插入胃管时应该注意避免动物骚动不安，避免将胃管投入气管。进行瘤胃穿刺时，注意消毒避免感染。在进行治疗性给药时，注意动作轻柔，避免对动物的过度刺激。

【实训报告】

学生实训操作完成后，老师进行小结与点评。学生对实验结果进行分析。

实训三　犬、猫胃肠炎的诊断与治疗

【实训目的】

通过对病畜的临床检查，作出初步诊断，同时制定治疗原则并进行治疗。

【实训材料】

犬或猫、体温计、听诊器、犬细小诊断试纸等。

【实训步骤】

（1）病例　动物医院临床病例。

（2）临床症状观察　首先进行一般临床检查，检查体温、呼吸数、心音及心率；观察动物的精神状态，饮食欲，营养状况等，重点检查胃肠蠕动音与粪便性状。

（3）诊断　首先学生根据临床检查与症状表现作出初步诊断，并提出诊断依据。教师点评。

（4）治疗　学生根据诊断结果与治疗原则写出药物处方，并实施治疗。

【实训报告】

简述本病的诊断要点及治疗措施。

实训四　异物性肺炎的诊断与治疗

【目的要求】

通过对病畜的临床检查，作出初步诊断，同时确定治疗原则并进行治疗。了解肺炎发病原因，掌握其主要症状，诊断及防治措施。

【实训材料】

山羊、体温计、听诊器、注射器、生理盐水、青霉素、链霉素、输液器、酒精棉、毛剪、叩诊锤，X 光机。

【实训步骤】

（1）病例　人工复制：在实验前一天，通过气管给山羊注射含有腐败组织碎块的液体。

（2）临床症状观察　首先进行一般临床检查，检查体温、呼吸数、心音及心率；观察动物的精神状态，饮食欲，营养状况等。重点检查呼出的气体有无臭味，两鼻孔流出的鼻液。呼吸快慢与节律，肺部听诊与叩诊音的变化。

有条件可进行 X 线检查，可见局限性的阴影，病灶破溃并与支气管沟通时，呈椭圆形微透明阴影。

（3）诊断　首先学生根据临床检查与症状表现作出初步诊断，并提出诊断依据。教师点评。

（4）治疗　学生根据诊断结果与治疗原则写出药物处方，并实施治疗。

【实训报告】

简述本病的诊断要点及治疗措施。

实训五　尿石症的诊断与治疗

【实训目的】

通过对病畜的临床检查，作出初步诊断，同时确定治疗原则并进行治疗。了解尿石症的发病原因，掌握其主要症状，诊断及防治措施。

【实训材料】

犬或猫、X 光机、手术器械、体温计、听诊器、药物等。

【实验步骤】

（1）病例　动物医院临床病例。

（2）临床症状观察　首先进行一般临床检查，检查体温、呼吸数、心音及心率；观察动物的精神状态，饮食欲，营养状况等。重点检查排出的尿液有无异常，排尿次数与表现。有条件可进行 X 线检查，找出结石位置。

（3）诊断　根据尿频、尿痛等排尿障碍及血尿，提示有本病的可能。膀胱结石和尿道结石可经探诊和触诊发现结石部位。X 射线检查及超声探查可确定结石的部位和数量。

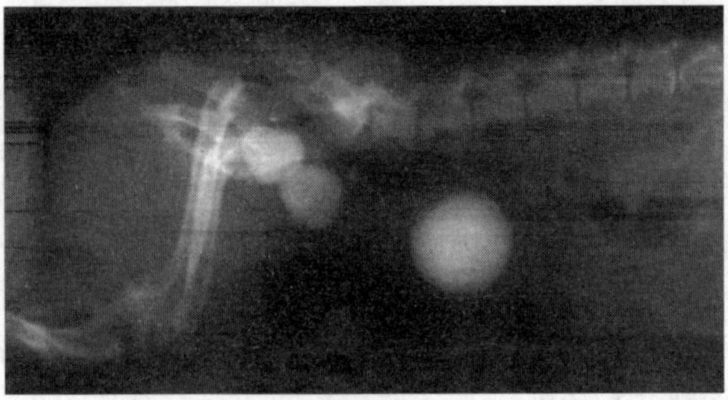

膀胱结石

（4）治疗　学生根据诊断结果与治疗原则写出药物处方，并实施治疗。

【实训报告】

简述本病的诊断要点及治疗措施。

实训六　有机磷中毒与解救

【实训目的】

通过对家兔有机磷中毒的临床观察和治疗，掌握有机磷盐中毒的发病原因，发病机理，掌握其主要症状，诊断及救治措施。

【实训材料】

家兔，8%敌敌畏、解磷定、阿托品、抗凝瓶、酒精棉球、注射器等。

【实训步骤】

（1）取兔一只，称重，记录呼吸、体温，观察精神状态，瞳孔的大小、眼结膜及耳血管的颜色，心脏采血3mL抗凝。

（2）临床观察按每千克体重0.5mL给兔口服敌敌畏（配成8%溶液），记录时间并观察动物的呼吸、瞳孔的大小、眼结膜及耳血管颜色的变化。当开始出现抽搐、唾液分泌增多、肌肉震颤、运动障碍现象时，心脏采血3mL抗凝。

（3）救治，解磷定5mL和阿托品0.5mL耳静脉注射，观察并记录解救效果。

（4）为巩固救治效果，要注意观察家兔的变化，并要多次注射解救药物。

【实训报告】

学生分析有机磷中毒的原因和机理。并简述本病的诊断要点及治疗措施。

实训七　消毒术和组织切开术

【实训目的】

了解外科手术主要的术前准备工作，掌握组织切开的操作技术。

【实训材料】

各种手术器械及敷料等、高压灭菌锅、各种消毒液、剃毛器具、兔。

【实训步骤】

（1）术部处理和消毒

①剃毛。②脱毛。③术部消毒（消毒顺序由中心开始，由内向外）。④术部隔离。

（2）手术人员手臂的消毒步骤

①剪短指甲，除甲缘下污垢。

②刷洗手臂（用肥皂、清水刷洗 2 次，3 ~5min）。

③清水洗净，无菌巾拭干。

④0.1%新洁尔灭、0.02%洗必太浸泡 3 ~5min。

⑤2%碘酊涂擦甲缘、指间。

⑥7%酒精脱碘。

⑦带无菌手套：戴干手套法、戴湿手套法。

（3）拭血纱布的制作　用敷料剪从大块纱布上剪下长 30cm，宽 25cm 的纱布块。为使裁剪整齐，可以先在裁剪线上抽掉一根线，然后在抽掉纱线的线缝上剪裁。折叠方法就是按照叠被子的方法折叠即可。

（4）拭血棉球的制作　先取长和宽为 18cm 的纱布，沿对角线剪开成为两块三角形的纱布。将长边稍折一下作为底边，再将适量的棉花包扎起来，即用两底角纱布尖端打结，剪掉多余的纱布即可。剪下的碎纱布和棉花可以再混在棉花团内，加以利用。

（5）器械的包扎和消毒　将常用器械包扎，有开关的器械要张开，刀片和缝线要用纱布包住，或放在小金属盒内，注射器的活塞要抽出来，并一套一套地包扎起来。

（6）煮沸消毒　水面要浸过器械，煮沸 15 ~20min。将器械用器械钳夹到酒精火焰消毒过的器械盘内。将包器械的灭菌包打开，并平铺于器械盘内。然后将器械按次序整齐地排列在布料上，并用另一灭菌的布覆盖起来。

（7）组织切开　练习皮肤的切开、筋膜分离、肌肉分离、腹膜分离、肠管的切开。

【注意事项】

要培养无菌观念，各种消毒术、无菌术必须做到实处。包扎时手术剪要掀开包扎，止血钳不要锁扣，缝针和刀片另外包扎。手术纱布要包扎好。包扎有刃器械时要用纱布隔开，以免损伤刃器。

【实训报告】

简述在手术中培养无菌观念的重要性。

实训八　常用手术器械及其使用方法

【实训目的】

认识外科常用器材，熟悉常用器材的操作方法。了解常用器材的保养和贮存方法。掌握手术的基本操作要领和规范。

【实训材料】

手术刀、手术刀片、手术剪（直、弯剪）、手术镊（有齿、无齿）、止血钳、持针钳、缝针、缝线（可吸收与不可吸收）、创巾钳、肠钳、牵开器、有沟探针、舌钳、骨科器械、其他成套器械（如肋骨剥离器械，开颅器械）等。

【实训步骤】

（1）认识外科常用器械　手术刀、手术刀片、手术剪（直、弯剪）、手术镊（有齿、无齿）、止血钳、持针钳、缝针、缝线（可吸收与不可吸收）、创巾钳、肠钳、牵开器、有沟探针、舌钳、骨科器械。

（2）练习上述常用器械的操作方法。

（3）了解常用器械的保养和保存方法　外科器械使用后，应立即清点和清洗。要避免刀剪的碰撞。仔细擦干。被脓汁或粪便污染的器械，应置于2%的煤酚皂中浸泡1h，然后清洗干净，并要用高压蒸汽灭菌或煮沸消毒，然后置于干燥箱内烘干。不是经常使用的器械，应在清洁干燥后，涂上一层凡士林或液状石蜡以便贮存。

【实训报告】

简述常用手术器械的基本操作要领和规范。

实训九　动物全身麻醉观察

【实训目的】

掌握犬或羊全身麻醉的给药途径和方法以及产生麻醉的时间和表现；掌握局部麻醉的用药方法，并检查其麻醉效果。

【实训材料】

循环监护仪、呼吸监护仪、呼吸麻醉机、痛觉测定仪、麻醉重症监护仪、小动物手术台、各种动物麻醉药品及急救药品的准备、针灸针刺麻醉器械、羊或犬。

【实训步骤】

（1）麻醉前的全身检查。

（2）麻醉给药。

（3）麻醉效果检测：检测呼吸频率、心跳节律、肌松效果、镇静镇痛效果、各种反射情况。并将检测结果进行记录。

	体温	呼吸	脉搏	反　射			疼痛反应			
				眼睑	瞳孔	角膜	胸	腹	蹄	肛
0′										
5′										
10′										
15′										
20′										
25′										
30′										
备注										

【注意事项】

动物在麻醉中要对麻醉指标进行适时监测，这些指标包括钳夹耳、唇、蹄部、尾，看其初步的镇痛效果，然后利用痛觉测定仪对镇痛进行分级；利用循环监护仪对心跳节律和血氧饱和度进行检测；利用呼吸监护仪对呼吸频率进行检测；同时测定其肌松效果；并对各种反射情况进行测定，以确定其麻醉深度，一旦麻醉过深要进行抢救。

【实训报告】

根据实验数据对实验动物的麻醉效果进行分析评价。

实训十　打结与缝合

【实训目的】

经过在纱布上的缝合操作，练习外科手术常用的缝合方法和操作；用细绳练习徒手打结法，要求达到准确和熟练。

【实训材料】

止血钳、持针钳、缝针、缝线（练习用）、纱布（练习缝合用）。

【实训步骤】

(1) 介绍外科手术常用结的种类。

(2) 教师示范外科手术最常用的方结，三叠结的操作技术。

(3) 学生练习打结方法：用细绳徒手练习单手打结与双手打结，用丝线练习器械打结。

(4) 练习缝合方法：用纱布（缝合用）练习缝合操作。要求学生重点掌握螺旋形缝合，圆枕缝合，水平纽扣状缝合，垂直纽扣状缝合，伦伯特氏缝合，库兴氏缝合，荷包缝合等技术。

【注意事项】

打结收紧时要求三点成一条直线，即左手的用力点和结扎点成一条直线。无论用何种打结法，两手都需要交叉，否则形成假结。两手用力要均匀，否则形成滑结。

【实训报告】

简述螺旋形缝合，圆枕缝合，水平纽扣状缝合，垂直纽扣状缝合，伦伯特氏缝合，库兴氏缝合，荷包缝合等适用范围。

实训十一　去势术和卵巢摘除术

【实训目的】

通过实训初步掌握动物去势术和卵巢摘除操作技术。

【实训材料】

手术刀、手术刀片、手术剪、2%碘酊、绷带、缝合针与缝合线、公猫、母猫、犬。

【实训步骤】

1. 去势术

（1）术前准备　全身麻醉，仰卧保定，充分暴露会阴部，术部清洗、剃毛、消毒。

（2）术式　术者用拇指、食指、中指将犬、猫的睾丸挤入阴囊底部，使两个睾丸位于阴囊际两侧，切口位于上侧睾丸距阴囊缝际0.3～1.0cm处，依次切开阴囊皮肤、内膜和总鞘膜。将睾丸挤出并分离出精索和血管。在睾丸上3～5cm处结扎精索及血管，在结扎线下方1cm处切断精索、血管，摘除睾丸。将精索、血管断端退入鞘膜管内。按相同方法在同一切口摘除另侧睾丸。术部清理后消毒。

（3）术后护理　观察术部是否有出血，如有较多出血表明结扎线松脱，需找出断端重新结扎止血。

2. 卵巢摘除术

（1）术前准备　仰卧保定，全身麻醉。

（2）术式　猫由脐后0.5cm处沿腹白线向后做1.5～3cm长的切口，犬由脐孔处沿腹白线向后作3～10cm长的切口。用食指或拉钩进行腹腔探查。左右卵巢分别位于左右肾脏后方的腰沟内。用食指或小钝钩将卵巢或输卵管钩住并拉至创口，用2把止血钳穿过子宫阔韧带无血管处，夹住卵巢两侧的输卵管和卵巢系膜，分别结扎输卵管、部分子宫阔韧带及卵巢系膜、另一部分子宫阔韧带，摘除卵巢。同法摘除另一侧卵巢。常规方法闭合腹壁。着装腹绷带。

（3）术后护理　防止继发感染。

【注意事项】

（1）术前空腹，全身体检。

（2）术后犬、猫主人将犬、猫带回家的途中，如动物仍处于麻醉状态，要确保其呼吸道畅通，防止窒息死亡。

（3）犬、猫主人回家后，不要灌喂犬、猫药物，食物，水等，防止误入气管。

（4）在犬、猫完全清醒前，有可能因认不清主人和自我保护而抓咬主人。

（5）术后为犬、猫滴少量低刺激性眼药以防角膜过分干燥，角膜发炎。

（6）连续使用抗生素 5 ~7d，防止继发感染。

【实训报告】

简述去势术和卵巢摘除术的操作要领。

实训十二　开　腹　术

【实训目的】

掌握小动物腹部手术各器官切开、缝合要求。

【实训材料】

大小手术台、手术器械、手术器械车、无影灯、肠钳、拉钩、兔或犬。

【实训步骤】

（1）手术方案的拟定。

（2）教师示范小肠切开术、大肠切开术、小肠切断与吻合、胃切开术等操作技术。

（3）根据时间安排要求学生练习小肠切开术、大肠切开术、小肠切断与吻合、胃切开等操作技术。

【注意事项】

（1）胃切开时做好隔离措施以免胃内容物漏入腹腔；犬幽门肌成型术一定不要切透黏膜层；犬脾摘除术要做好充分的止血。胃壁的两道缝合应该注意。术后的抗菌消炎一定要注意。

（2）小肠切开时要做两层缝合，并要纵切不要横切以免造成肠管狭窄；小肠切断与吻合时要对肠系膜血管进行充分止血，对较细的肠管要做45°斜切口；瘤胃切开时一定要把瘤胃先固定在腹壁上然后切口，注意不要把瘤胃内容物流入腹腔以免造成腹膜炎。

【实训报告】

简述小肠切开术、大肠切开术、小肠切断与吻合、胃切开术的操作要领。

实训十三　瘤胃切开术

【实训目的】

（1）了解反刍动物的解剖生理特点，掌握瘤胃切开术的适应证、手术方法和要领，并灵活应用于其他反刍动物的腹腔手术。

（2）通过本次实训操作，为以后的临床上，对羊或牛的瘤胃积食、创伤性网胃炎等手术治疗，打好技术操作方面的基础。

（3）通过实训，对大动物腹部手术做较深入的了解。

【实训材料】

大小手术台、手术器械车、手术器械、各种麻醉器械、无影灯、肠钳、拉钩、药品、牛或羊。

【实训步骤】

（1）麻醉与保定　采用站立保定，实施局部浸润麻醉与腰旁神经传导麻醉。

（2）术式

①在左肷部常规切开腹壁。

②瘤胃固定。

③胃壁切开。

④胃腔内探查与各种类型病区的处理。

⑤清理瘤胃创口与胃壁缝合。

⑥腹壁与皮肤缝合。

（3）术后治疗与护理　术后禁食36～48h，待瘤胃蠕动恢复、出现反刍后开始给以少量优质的饲草。术后12h即可进行缓慢的牵遛运动，以促进胃肠机能的恢复。术后不限饮水，对术后不能饮水者应根据动物脱水的性质进行静脉补液；术后4～5h内，每天使用抗生素，如青霉素、链霉素。术后还应注意观察原发病消除情况，有无手术并发症，并根据具体情况进行必要的治疗。

【注意事项】

（1）若是站立保定，应该妥善进行，防止术中卧地；侧卧保定时，应防止手术时间过长导致瘤胃臌气。

（2）按肌纤维的方向分离肌肉，避免造成创囊；按层切开，不要损伤大血管和神经。

（3）杜绝胃内容物及冲洗液体渗入腹腔。切开胃壁从上而下，而缝合胃壁时应从下到上。胃壁的两道缝合应该注意缝合严密。

（4）术后的抗菌消炎一定要注意。

【实训报告】

简述瘤胃切开术的适应证、手术方法和操作要领。

实训十四　脓肿治疗

【实训目的】

脓肿的检查和诊断，脓肿的治疗。

【实训材料】

大小手术台、手术器械车、手术器械、药品及绷带、临床病例。

【实训步骤】

（1）脓肿临床检查　用视、触诊与穿刺抽出脓汁方法进行。

（2）诊断　浅在性脓肿诊断容易，深性脓肿可经穿刺和超声波检查后确诊。

（3）治疗

①消炎、止痛及促进炎症产物消散吸收：先要求学生写出药物处方。

②手术疗法：根据具体情况选用脓汁抽出法、脓肿切开法、脓肿摘除法。

【注意事项】

脓肿诊断需要与外伤性血肿、淋巴外渗、挫伤和某些疝相区别。切开排脓时不要损害对侧的脓肿包膜。

【实训报告】

简述脓肿摘除法的适应证、手术方法和操作要领。

实训十五　跛行诊断

【实训目的】

练习跛行诊断的各种检查法；能初步诊断患肢与患病部位。

【实训材料】

皮尺、检蹄器、穿刺针、X射线诊断机、红外线机、运动摄影机、关节内窥镜、超声诊断仪、摄影机、牛或临床病例。

【实训步骤】

（1）询问病史及填写病历表。

（2）病畜的站立检查。

（3）病畜的运动检查。

（4）局部检查。

（5）特殊检查。

【注意事项】

（1）问诊时应注意询问详细、清楚、全面。

（2）视诊时应注意动物的生理状态、体格、营养、年龄、神经型、肢势、指（趾）轴、蹄形等。

（3）测诊时主要用卷尺量怀疑部位周径，并与对侧同一部位进行比较，或量怀疑部位的长度。

（4）外围神经的麻醉诊断时应该从肢的最下部开始，因为最下部麻醉呈阴性时，仍可顺序向上进行麻醉，但麻醉重点怀疑部位和痛点浸润麻醉例外。

（5）温度记录法临床应用红外线扫描机时，要注意减少外界因素的影响。应在无日晒、不通风的室内检查；测前30min应解除患部绷带，应保持被检部位与机器之间的标准距离和最小的背景辐射；在检查前对肢体要清洁和干燥。

【实训报告】

简述跛行常用的检查方法与诊断要领。

实训十六 难产的诊断与助产

【实训目的】

掌握难产的诊断方法和助产技术。

【实训材料】

患难产的犬或猫1只，体温计、听诊器、导尿管、X射线诊断机、外科常用手术器械各1套，消毒乳胶手套、绷带、纱布、高锰酸钾、新洁尔灭、酒精、碘酊、青霉素、0.25%普鲁卡因溶液、生理盐水等。

【实训步骤】

(1) 难产诊断步骤

①病史调查：主要了解动物分娩过程中的表现，是否超过了正常分娩时间。

②临床检查：通过检查初步确定难产的原因，确认胎儿的胎向、胎位、胎势。为难产的助产确定方案。

(2) 难产的助产方法

①首先对患病动物进行全身检查，必要时可进行强心补液。

②对阵缩及努责微弱所引起的难产，可应用药物催产，垂体后叶素2~15U、催产素（缩宫素）5~10U、己烯雌酚0.5~1mg，皮下或肌内注射。注射后3~5min，子宫开始收缩，可持续30min，然后再注射1次，同时配合按压腹部。

③对产道狭窄和胎儿异常所引起的难产，经助产无效时，可施行剖腹手术。

【实训报告】

简述助产术的操作要领。

（胡永灵 杨兴东 成仲庚）

参考文献

[1] 张庆斌，史言．动物普通病学．长春：吉林科学技术出版社，1994
[2] 王小龙．兽医内科学．北京：中国农业大学出版社，2004
[3] 王建华．家畜内科学．北京：中国农业出版社，2003
[4] 西北农业大学．家畜内科学．第二版．北京：中国农业出版社，1988
[5] 高德仪．犬猫疾病学．第二版．北京：科学出版社，2001
[6] 邓干臻．宠物诊疗技术大全．北京：中国农业出版社，2005
[7] 中国农业大学．家畜外科手术学．第 3 版．北京：中国农业大学出版社，1999
[8] 王洪斌．家畜外科学．第 4 版．北京：中国农业出版社，2002
[9] 林德贵．动物医院临床技术．北京：中国农业大学出版社，2004
[10] 杜护华，王怀友．宠物内科疾病．北京：中国农业科学技术出版社，2008
[11] 高利，胡喜斌．宠物外科与产科．北京：中国农业科学技术出版社，2008
[12] 郑继昌，闫慎飞．动物外产科技术．北京：化学工业出版社，2009
[13] 林德贵．兽医外科手术学．北京：中国农业出版社，2004
[14] 侯加法．小动物外科学．北京：中国农业出版社，1996
[15] 彭广能．兽医外科学．成都：四川科学技术出版社，2004
[16] 郭定宗．兽医内科学．北京：高等教育出版社，2005
[17] 刘宗平．现代动物营养代谢病学．北京：化学工业出版社，2003
[18] 倪有煌，李毓义．家畜内科学．北京：中国农业出版社，1996
[19] 吴在德，吴肇汉．外科学．第 6 版．北京：人民卫生出版社，2004